医用仪器软件设计
——基于 WinForm

董　磊　王倪传　主　编

杨环宇　覃进宇　副主编

電子工業出版社·
Publishing House of Electronics Industry
北京·BEIJING

内 容 简 介

WinForm 是 Windows Form 的简称，是基于.NET Framework 平台的客户端（PC 软件）开发技术，通常使用 C#语言编程。本书基于美国微软公司的 Microsoft Visual Studio 平台，介绍医用电子技术领域的典型应用开发。全书共25 个实验，其中 12 个实验用于学习 C#语言，3 个实验用于熟悉 WinForm 程序设计，其余 10 个实验与医用仪器软件设计密切相关。

本书配有丰富的资料包，包括 WinForm 例程、软件包及配套的 PPT、视频等。这些资料会持续更新，下载链接可通过微信公众号"卓越工程师培养系列"获取。

本书既可以作为高等院校相关课程的教材，也可作为 WinForm 开发及相关行业工程技术人员的参考书。

图书在版编目（CIP）数据

医用仪器软件设计：基于 WinForm / 董磊，王倪传主编. —北京：电子工业出版社，2021.11
ISBN 978-7-121-42281-2

Ⅰ. ①医⋯　Ⅱ. ①董⋯ ②王⋯　Ⅲ. ①医疗器械—软件设计　Ⅳ. ①TH77

中国版本图书馆 CIP 数据核字（2021）第 225362 号

责任编辑：张小乐
印　　刷：三河市鑫金马印装有限公司
装　　订：三河市鑫金马印装有限公司
出版发行：电子工业出版社
　　　　　北京市海淀区万寿路 173 信箱　　邮编：100036
开　　本：787×1092　1/16　印张：17　字数：446 千字
版　　次：2021 年 11 月第 1 版
印　　次：2021 年 11 月第 1 次印刷
定　　价：59.80 元

凡所购买电子工业出版社图书有缺损问题，请向购买书店调换。若书店售缺，请与本社发行部联系，联系及邮购电话：（010）88254888，88258888。

质量投诉请发邮件至 zlts@phei.com.cn，盗版侵权举报请发邮件至 dbqq@phei.com.cn。

本书咨询联系方式：（010）88254462，zhxl@phei.com.cn。

前　　言

WinForm、WPF、MFC 和 Qt 是较常见的 GUI（Graphical User Interface，图形用户界面）框架，其中，WinForm 和 WPF 基于 C# 编程语言，MFC 和 Qt 基于 C++编程语言。应用这些框架可以设计出不同的医用仪器软件，如人体生理参数监护软件、体外诊断仪器控制系统和医学超声成像系统等。本书主要结合医疗电子技术领域的应用来介绍 WinForm 应用程序的开发设计。

在学习软件开发方面，很多初学者容易将过多的精力花费在一些细节方面，例如，纠结选择哪款开发平台，或深陷编程语言的语法之中，或在简单的例程中打转。其实通过开发一个软件项目来学习是非常高效的方式。可以选择一门应用较广的编程语言，在计算机中搭建相应的开发环境，通过简单实验掌握编程语言的部分重要语法，并在一个完整的项目开发中反复应用。当掌握了一门编程语言和开发环境后，再用相同的方法来学习其他编程语言和开发环境。总之，要想在短时间内从初学者变成一名卓越的工程师，就必须在高强度的实训中通过正确的方法来磨炼自己。

本书是一本介绍 WinForm 开发设计的书，严格意义上讲，本书也是一本实训手册。本书以 Visual Studio 为平台，共安排了 25 个实验。第 1 章通过 HelloWorld 实例介绍 WinForm 项目的开发流程，第 2 章、第 3 章通过 12 个实验介绍 C#语言，第 4 章通过 3 个实验重点介绍 WinForm 程序设计的部分核心知识点，其余 10 个实验与医用仪器软件系统开发密切相关。所有实验均包含实验内容、实验原理，并且都有详细的步骤和源代码，以确保读者能够顺利完成实验。在每章的最后都安排了一个任务，作为本章内容的延伸和拓展。本章习题用于检查读者是否掌握了本章的核心知识点。

基于 Visual Studio 的 WinForm 开发越来越完善，想要掌握其知识点，必须花费大量的时间和精力来熟悉 Visual Studio 的集成开发环境、版本更新与版本兼容等。为了减轻初学者查找资料和熟悉开发工具的负担，以便将更多的精力聚焦在实践环节并快速入门，本书将每个实验涉及的知识点汇总在"实验原理"中，将 Visual Studio 集成开发环境、常见类与控件等的使用方法穿插于各章节中。这样读者就可以通过本书轻松踏上学习 WinForm 的开发之路，在实践过程中不知不觉地掌握各种知识和技能。

本书的特点如下：

1. 本书内容条理清晰，首先引导读者学习 WinForm 开发使用的 C#语言，然后结合实验对 WinForm 的基础知识展开介绍，最后通过进阶实验使读者的水平进一步提高。这样可以让读者循序渐进地学习 WinForm 知识，即使是未接触过程序设计的初学者也可以快速上手。

2. 详细介绍每个实验所涉及的知识点，未涉及的内容尽量不予介绍，以便于初学者快速掌握 WinForm 开发设计的核心要点。

3. 将各种规范贯穿于整个 WinForm 开发设计过程中，如 Visual Studio 平台参数设置、项目和文件命名规范、版本规范、软件设计规范等。

4．所有实验严格按照统一的项目架构设计，每个子模块按照统一标准设计。

5．配有丰富的资料包，包括 WinForm 例程、软件包及配套的 PPT、视频等，这些资料会持续更新，下载链接可通过微信公众号"卓越工程师培养系列"获取。

本书中的程序严格按照《C#语言软件设计规范（LY-STD003-2019）》编写。设计规范要求每个模块的实现必须有清晰的模块信息，模块信息包括模块名称、模块摘要、当前版本、模块作者、完成日期、模块内容和注意事项。

董磊和王倪传总体策划了本书的编写思路，指导全书的编写，对全书进行统稿。彭芷晴负责第 1 章的编写；覃进宇负责第 2 章的编写；王倪传负责第 3、4 章的编写；杨环宇负责第 5、6 章的编写；董磊负责第 7~14 章的编写；彭芷晴对本书做了严格的审校。本书的例程由董磊和钟超强设计，覃进宇和郭文波审核。电子工业出版社张小乐编辑为本书的出版做了大量的工作。特别感谢深圳大学医学部生物医学工程学院、江苏海洋大学计算机工程学院、深圳市乐育科技有限公司和电子工业出版社的大力支持。在此一并致以衷心的感谢！

由于编者水平有限，书中难免有不成熟和错误的地方，恳请读者批评指正。读者反馈发现的问题、索取相关资料或遇实验平台技术问题，可发邮件至邮箱：ExcEngineer@163.com。

作 者
2021 年 8 月

目　　录

第1章 WinForm 开发环境

1.1 WinForm 介绍

WinForm 是 .NET 开发平台中对 Windows Form 的简称。利用 Microsoft Visual Studio 可以创建使用 WinForm 的应用程序和用户界面。WinForm 应用程序可以显示信息，从用户获取请求输入后通过网络与远程计算机通信，这种窗体应用程序通常称为桌面应用程序，如迅雷、QQ 等能够在 Windows 上直接运行的程序。

在 WinForm 中，窗体是用于向用户显示信息的可视界面。通过在窗体上放置控件并开发对用户操作（如单击）的响应来构建 WinForm 应用程序。控件是用于显示数据或接收数据输入的分立用户界面元素。

WinForm 通过事件来驱动。当用户对窗体或窗体中的某个控件执行某项操作时，会生成一个事件。应用程序会通过代码来响应事件，并在发生事件时进行处理。

WinForm 基于控件开发。WinForm 包含各种可以放置到窗体上的控件，如显示文本框、下拉列表、按钮等。如果某一控件不符合需求，还可以创建自定义控件。针对数据的显示和处理，WinForm 提供了一个名为 DataGridView 的灵活控件，用于以传统的行和列格式呈现数据表格，以便每段数据都可以占据自己的单元格。

1.2 Microsoft Visual Studio 2019 平台介绍

Microsoft Visual Studio（简称 Visual Studio）是美国微软公司的开发工具包系列产品。Visual Studio 是一个基本完整的开发工具集，包含了整个软件生命周期中所需的大部分工具，如 UML 工具、代码管控工具、集成开发环境（IDE）等。

本书使用面向对象的编程语言——C#（读作 C Sharp），该语言主要用于开发运行在 .NET 平台上的应用程序。Visual Studio 2019 是目前基于 C# 开发 WinForm 的最新工具。微软提供了诸多版本的 Visual Studio，本书使用 Visual Studio 2019 的 Community 版本，可以在官网上免费获取，该版本相对于付费版本缺少了部分功能，但并不影响使用 Community 版本来学习本书。本书中的实验例程均使用 Visual Studio Community 2019 版本。

1.3 安装 Visual Studio Community 2019

1.3.1 计算机配置要求

在安装 Visual Studio Community 2019 之前，为了确保开发顺畅，建议选用配置较高的计算机。对计算机的配置要求如下。

（1）操作系统：Win7 及以上版本（本书基于 Win10，推荐使用 Win10）；

（2）CPU：主频不低于 2.0GHz；

（3）内存：4GB 或以上，推荐 8GB；

（4）硬盘：80GB 或以上。

1.3.2　安装软件

初学者在安装软件时，为避免由于操作系统差异、软件安装不当等原因而安装失败，建议严格按照以下步骤进行安装。

本书用到的软件安装文件位于配套资料包的"02.相关软件"文件夹中。在安装 Visual Studio 2019 之前，先安装.NET Framework 4.6 框架，可在"02.相关软件\.NET Framework 4.6"文件夹中双击运行 NDP46-KB3045557-x86-x64-AIIOS-ENU.exe 进行安装，如果在安装过程中弹出"这台计算机中已经安装了.NET Framework 4.6 或版本更高的更新"提示信息，则不必安装.NET Framework 4.6 框架。注意，Visual Studio 需在联网状态下安装。使用 Win7 操作系统安装时，若遇到无法联网下载的情况，可以尝试安装"02.相关软件\补丁文件"文件夹中的两个补丁文件 KB4490628 和 KB4474419 来解决，双击运行即可开始安装。

双击运行本书配套资料包"02.相关软件\Visual Studio Community 2019"文件夹中的"vs_community_408779306.1590572925.exe"软件，弹出如图 1-1 所示的对话框，单击"继续"按钮。

图 1-1　Visual Studio 安装步骤 1

系统弹出如图 1-2 所示的安装界面，等待准备就绪。

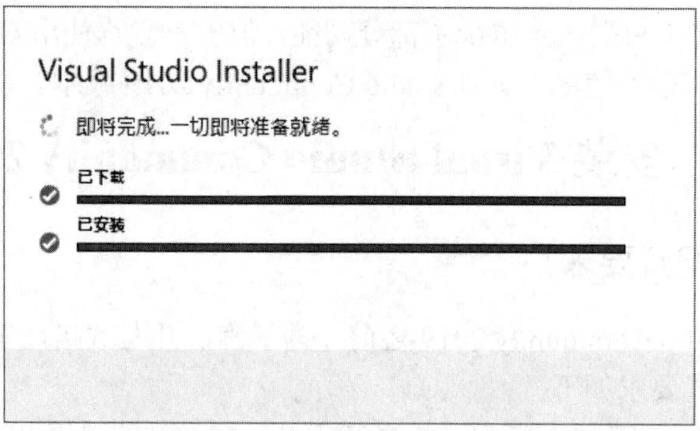

图 1-2　Visual Studio 安装步骤 2

在弹出的对话框中，在"工作负载"标签页下勾选".NET 桌面开发"和"使用 C++的桌面开发"，并在"可选"栏中勾选"适用于最新 v142 生成工具的 C++ MFC"，如图 1-3 所示。

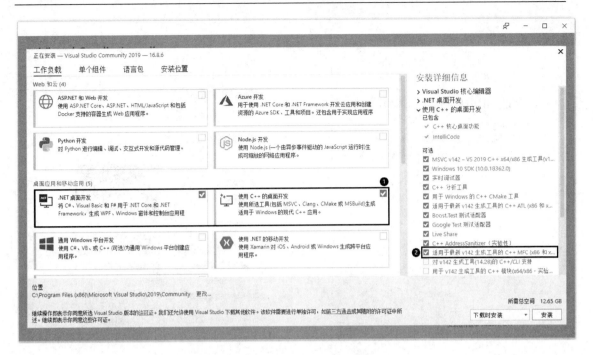

图 1-3　Visual Studio 安装步骤 3

系统弹出如图 1-4 所示的界面，表示正在进行下载和安装。

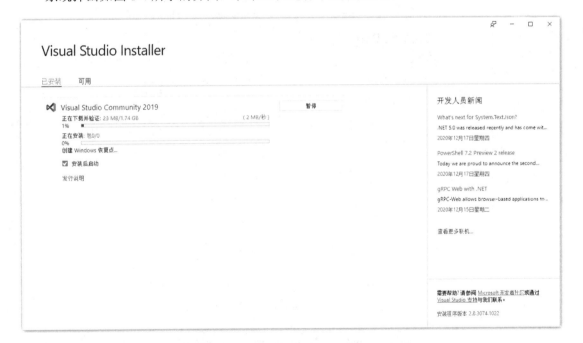

图 1-4　Visual Studio 安装步骤 4

安装完成，如图 1-5 所示。若有帐户，可以登录；若没有，建议创建一个。

如图 1-6 所示，在"开发设置"中选择 Visual C#，选择合适的颜色主题后，单击"启动
Visual Studio"按钮。

图 1-5　Visual Studio 安装步骤 5　　　　　　图 1-6　Visual Studio 安装步骤 6

等待系统配置完成后，弹出如图 1-7 所示的对话框，即可正常使用 Visual Studio。

图 1-7　Visual Studio 安装步骤 7

1.4　第一个 WinForm 项目

1.4.1　新建 HelloWorld 项目

安装好 Visual Studio Community 2019 后，便可以创建第一个 WinForm 项目。

在计算机的 D 盘中建立一个 WinFormTest 文件夹，在计算机的"开始"菜单中找到并单击 Visual Studio 2019 软件，弹出如图 1-7 所示的对话框，单击"创建新项目"按钮。

　　如图 1-8 所示，在"创建新项目"对话框中，语言选择 C#，平台选择 Windows，项目类型选择"桌面"，然后选择"Windows 窗体应用（.NET Framework）"，最后单击"下一步"按钮。

图 1-8　新建 WinForm 项目步骤 1

　　在弹出的如图 1-9 所示的对话框中，设置"项目名称"为 HelloWorld，"位置"选择"D:\WinFormTest\"，取消勾选"将解决方案和项目放在同一目录中"，选择默认的最新框架".NET Framework 4.7.2"，然后单击"创建"按钮。

图 1-9　新建 WinForm 项目步骤 2

新建项目完成后的界面如图 1-10 所示。

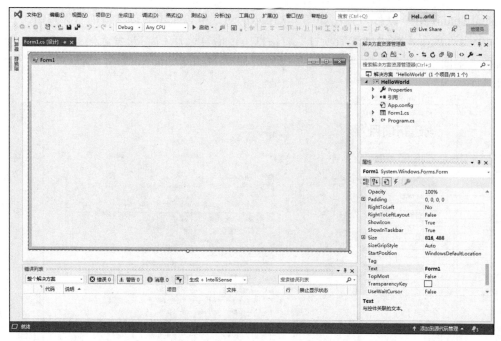

图 1-10　新建 WinForm 项目步骤 3

1.4.2　完善 HelloWorld 项目

如图 1-11 所示，在左上角的"工具箱"标签页中可以看到所有的控件，单击控件可将其拖拽到界面上进行布局。如果没有显示"工具箱"标签页，可以通过执行菜单命令"视图"→"工具箱"调出。单击"工具箱"标签页，在"所有 Windows 窗体"中选择 Button 控件，然后单击 Form1界面，界面中会出现一个按钮控件，或直接从"工具箱"中将 Button 控件拖拽到 Form1 界面中。

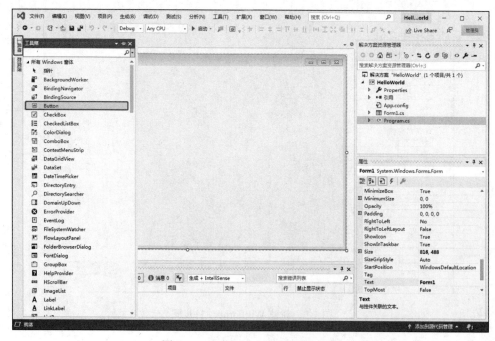

图 1-11　完善 WinForm 项目步骤 1

　　如图 1-12 所示，单击选中 button1，在"属性"标签页中将 Text 修改为 Click Me，button1 按钮显示的文本将改变。

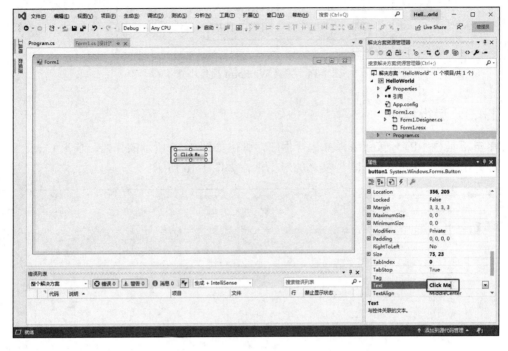

图 1-12　完善 WinForm 项目步骤 2

　　如图 1-13 所示，在选中 Click Me 按钮的状态下，单击"属性"标签页中的 ⚡ 按钮，然后双击 Click，进入 button1_Click 事件响应方法。

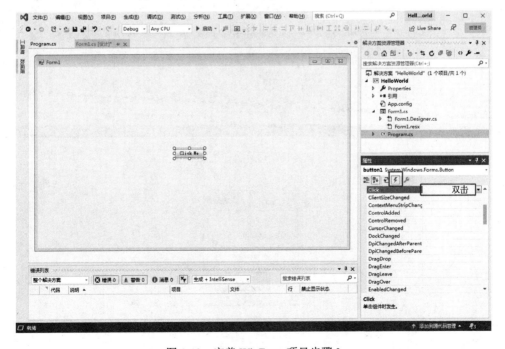

图 1-13　完善 WinForm 项目步骤 3

在 button1_Click 事件响应方法中输入相应代码，如图 1-14 所示。

```
1 个引用
private void button1_Click(object sender, EventArgs e)
{
    MessageBox.Show("Hello World!");
}
```

图 1-14 完善 WinForm 项目步骤 4

1.4.3 运行程序

单击工具栏中的 ▶ 按钮编译并运行程序，弹出如图 1-15 所示的界面，单击 Click Me 按钮，即弹出显示"Hello World!"文本的对话框，如图 1-16 所示。

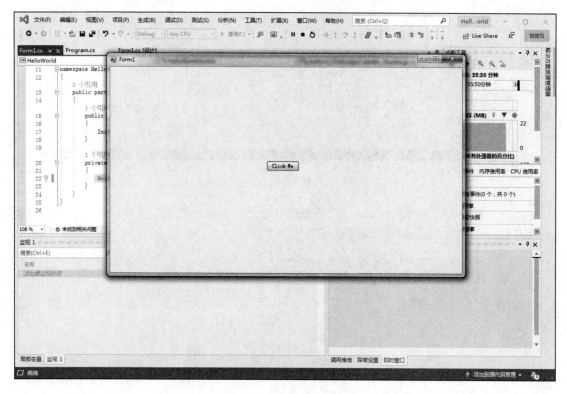

图 1-15 项目运行结果 1

图 1-16 项目运行结果 2

1.4.4　应用程序

项目编译运行一次之后，在项目的"…\bin\Debug"目录下会生成对应的 exe 应用程序，如图 1-17 所示，这个生成的 exe 应用程序可以在装有.NET Framework 软件的计算机上运行。

图 1-17　应用程序目录

1.5　详解 HelloWorld

成功运行 HelloWorld 项目后，接下来介绍整个项目开发界面的构成。如图 1-18 所示，开发界面共有 4 个主要窗口：①解决方案资源管理器窗口；②展示窗口（展示解决方案窗口中选中的项目内容，图 1-18 中展示的是 Form1 窗口界面）；③属性窗口（显示控件的属性信息）；④错误列表窗口。下面对各个窗口进行介绍。

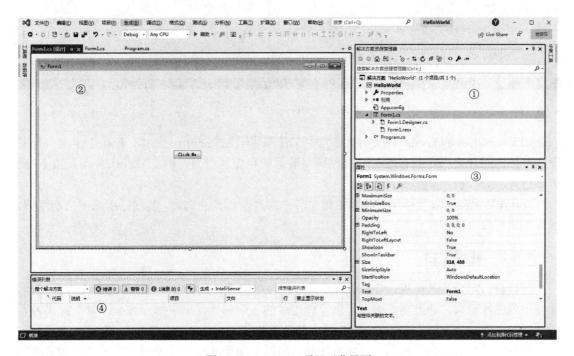

图 1-18　WinForm 项目开发界面

1.5.1 解决方案资源管理器窗口

在解决方案资源管理器窗口中需要关注的是.cs 文件。

（1）Program.cs 是在整个项目中起到统筹作用的文件，项目中所有窗口程序都是从 Program.cs 文件中的 Main 方法开始执行的。该文件是默认生成的，入口 Main 方法中默认设定 Form1 为项目的启动窗口，对应代码为 "Application.Run(new Form1());"，如图 1-19 所示。

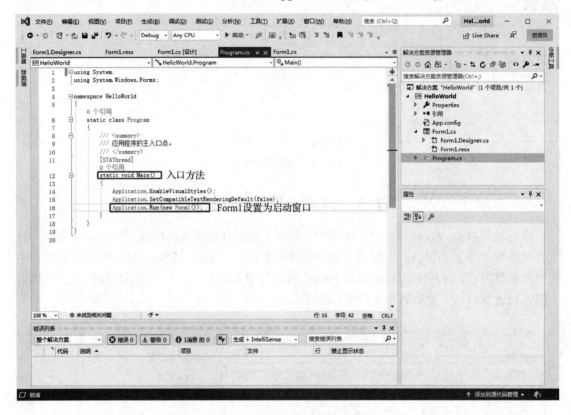

图 1-19　Program.cs 代码界面

（2）Form1.cs 和 Form1.Designer.cs 两个文件都用于控制 Form1 窗体。Form1.cs 文件控制窗体及控件的行为，双击 Form1.cs 文件即可看到整个窗体界面。单击 Form1 界面，按 F7 键可以进入 Form1.cs 代码编辑界面。

Form1.Designer.cs 文件用于控制窗体中各个控件的样式和布局，其代码由系统自动生成，通常不需要修改该文件。

1.5.2 属性窗口

属性窗口配合控件使用，当需要修改某个控件的属性时，单击对应控件或整个界面窗体，就会出现属性窗口。通过属性窗口可以设置控件的各个属性（如字体、大小、对齐方式等），以及添加事件响应方法。属性窗口默认显示控件属性设置界面，对应 🔧 按钮，如图 1-20 所示。

单击 ⚡ 按钮可显示控件包含的所有事件，如图 1-21 所示。双击事件，即可跳转到事件的响应方法。

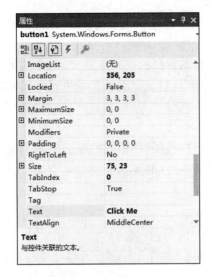

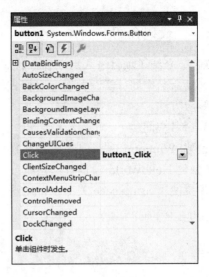

图 1-20　属性窗口 1　　　　　　　　　　　　　图 1-21　属性窗口 2

1.5.3　错误列表窗口

当程序代码中出现语法错误时，错误列表窗口会提示错误信息。例如，当删除第 15 行代码句末的分号时，错误提示窗口将提示具体的错误信息，如图 1-22 所示，此时项目将无法编译成功。

错误列表窗口有助于排查和纠正项目中的错误。双击错误信息，光标将跳转到源代码中的错误位置，并通过红色波浪符号标识。

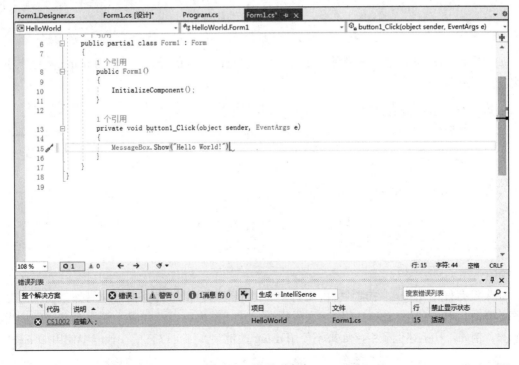

图 1-22　错误列表窗口

1.5.4　代码介绍

1.5.1 节介绍了项目进入启动窗口代码的方式，启动窗口的代码涉及 C#程序的重要组成部分，包括命名空间、类、关键字、标识符、C#语句和注释，以及常用的方法，如构造方法和事件响应方法。

（1）命名空间

在创建 WinForm 项目时，系统将自动生成一个与项目名称相同的命名空间。例如，在1.4 节中创建 HelloWorld 项目时，系统自动生成一个名为 HelloWorld 的命名空间。命名空间的定义需要使用 namespace 关键字，用法如下：

```
namespace [命名空间名]
{
    [代码]
}
```

可以理解为，命名空间将其中的代码做成一个封装，对内起到组织程序的作用，对外可以公开组织内容，即命名空间可以用来组织和重用代码。通过使用 using 关键字引入外部命名空间，即可使用该命名空间中的类和方法。用法如下：

```
using 命名空间名;
```

例如，定义一个名为 Student 的命名空间，在该命名空间中定义一个 Study 类，代码如下：

```
namespace Student
{
    Class Study
    {
    }
}
```

如果要在 School 命名空间中使用 Student 命名空间包含的类，需要使用 using 关键字引用命名空间，代码如下：

```
using Student;                          //引用自定义命名空间
namespace School
{
    class Program
    {
        static void Main(string[] args)
        {
            Study st = new Study();         //创建 Student 命名空间中的 Study 类对象
        }
    }
}
```

如果没有使用 using 关键字引用命名空间，错误列表窗口将会报错。另外，在使用命名空间的类时，若未使用 using 关键字来引用命名空间，也可以在代码中使用命名空间调用其中的类。例如，在上述例子中，如果不使用 using 关键字，则可以直接在代码中使用如下语句：

```
Student.Study st = new Student.Study();
```

命名空间解决了变量或函数重名的问题。通过 namespace 关键字进行封装，就可以避免命名冲突。

（2）类和构造方法

类定义了每个对象（也称为类的实例）可以包含的数据和功能。例如，如果一个类表示病人，可以定义字段为病人姓名、病人代号和病人地址等，以表示病人的信息。还可以定义处理这些数据的功能。然后可以实例化一个类的对象，来表示某个病人。即类实际上是创建对象的模板，可以用来描述实际需要解决的问题。

在使用类之前都需要进行声明，在 C#中通过 class 关键字来声明类，用法如下：

```
class [类名]
{
    [类中代码]
}
```

以上为最简单的类声明，类在声明时还可以添加修饰符和要继承的基类或接口等。如 HelloWorld 项目的 Form1.cs 文件中类的修饰符是 public 和 partial，public 表示该类是对外公开的，可以在全局范围内使用，partial 表示该类是部分类，即 Form1 类的一部分，当类分为不同部分放在不同文件中时会用到部分类。此外，类的名称最好能体现类的含义和用途，以方便代码的阅读。命名规则要求类首字母大写，如果由多个词组合而成，则每个词的首字母应大写。

构造方法是在实例化对象时自动调用的特殊方法。它们必须与所属的类同名，且没有返回值类型，通常用于初始化变量的值。Form1 构造方法中的 InitializeComponent();方法是由窗体设计器自动生成的代码，用来初始化窗体组件，通常不需要修改。

（3）关键字

关键字是 C#中被赋予特定含义的预定义保留标识符，它们不能在程序中用作标识符，即不能作为命名空间、类、方法或属性等来使用。C#常用关键字如表 1-1 所示。

表 1-1　C#常用关键字

int	short	long	float	byte	double
boolean	abstract	public	private	static	protected
finally	throw	continue	return	break	for
foreach	new	interface	if	goto	default
do	case	void	try	switch	else
catch	this	while	class	using	namespace

（4）标识符

在 C#中，不同类、方法、变量等都需要用名字来区分，标识符可以理解为名字，通过标识符来区分类名、方法名、变量名和数组名等各种成员。

C#标识符命名规则如下：①由任意顺序的字母、下画线和数字组成；②第一个字符不能是数字；③不能使用 C#中的关键字。

注意，C#中的标识符是严格区分大小写的，两个相同的单词如果大小写不一致，则代表不同的标识符。C#中虽然允许使用汉字作为标识符，编译时不会报错，但是建议尽量不要使用汉字作为标识符。

（5）C#语句

C#程序由语句组成，语句既可以声明变量、常量和类，还可以调用方法、创建对象及执行逻辑操作等。若干条 C#语句最终构成一个完整的项目。C#语句以分号终止。

例如，在 HelloWorld 项目中，弹出对话框的代码就是 C#语句：

```
MessageBox.Show("Hello World!");   //显示具有指定文本的消息框
```

上述代码通过弹出一个对话框向用户展示消息，其中使用了 MessageBox 类的 Show 方法，该类位于 System.Windows.Forms 命名空间中，需要先引用该命名空间，才能使用该类中的方法。

（6）事件响应方法

事件也是类的成员，当某些事件发生时，对象会调用事件响应方法来响应该事件。例如，单击 Form1 界面的按钮时，会触发事件，程序跳转到事件响应方法 private void button1_Click (object sender, EventArgs e)中继续执行。

（7）注释

注释是在程序编译时不被执行的代码或文字，主要用于对代码进行解释，便于理解和维护；也可用于代码调试时使某行或某段代码无效。

注释主要分为行注释和块注释。行注释以"//"符号开头，只对该行有效，其后是注释内容。示例如下：

```
MessageBox.Show("Hello World!");   //显示具有指定文本的消息框
```

如果需要对大段代码进行注释，则需要用到块注释。块注释从"/*"符号开始，以"*/"符号结束，两个符号之间为需要注释的内容。示例如下：

```
private void button1_Click(object sender, EventArgs e)
{
    /* 显示具有指定文本的消息框
    MessageBox.Show("Hello World!");
    */
}
```

1.6　程序调试

在 Visual Studio 中，可以采用两种方式执行应用程序，即调试模式和非调试模式。默认在调试模式下执行应用程序，通过单击工具栏中的 ▶ 按钮或按 F5 键执行。若想在非调试模式下执行应用程序，则执行菜单命令"调试"→"开始执行（不调试）"或按 Ctrl+F5 键。

程序可以在非中断（正常）模式下调试，也可以在中断模式下调试，下面进行简单介绍。

1.6.1　非中断模式下的调试

WriteLine()函数用于将文本输出到控制台，在开发 WinForm 应用程序时，使用此函数或断点可以将信息输出到 IDE 的 Output 窗口，便于获得额外的反馈信息。

1. 使用 WriteLine()方法输出调试信息

可以通过以下两个语句将文本输出到 Output 窗口：

```
Debug.WriteLine()
Trace.WriteLine()
```

这两个语句的用法几乎相同，主要区别在于 Debug.WriteLine()仅在调试模式下运行，在发布程序中无法使用，而 Trace.WriteLine()可以用于发布程序。注意，WriteLine()方法包含在 System.Diagnostics 命名空间中，使用前需要先引用该命名空间。

WriteLine()方法可以包含两个参数，第一个字符串参数用于输出消息，第二个（可选）参数用于输出文本类别，这样当遇到类似的消息时，可以区分消息的来源。具体用法如下：

输入为

```
Debug.WriteLine([消息], [类别]);
```

Output 窗口输出为

```
类别:消息
```

例如：

```
Debug.WriteLine("Added a and b", "AddFunc");
```

Output 窗口输出为

```
AddFunc:Added a and b
```

2．使用断点输出调试信息

使用断点输出调试信息的作用与使用 Debug.WriteLine()相同，区别为断点是 Visual Studio 自带的功能，而不是 C#的功能，可以实现输出调试信息而不修改代码。

添加断点的方法如下：

（1）单击代码行编号左侧的侧边栏，即可为该行添加断点；或者在光标所在的代码行上，执行菜单命令"调试"→"切换断点"添加断点；还可以按 F9 键，在光标所在的代码行上添加断点。

图 1-23　添加断点步骤 1

（2）单击断点右上方的 ⚙ 按钮，勾选"操作"选项，在"在输出窗口中显示一条消息"后的文本框中输入字符串，如果要输出变量值，则需要将变量名放在"{}"中。最后单击"关闭"按钮。

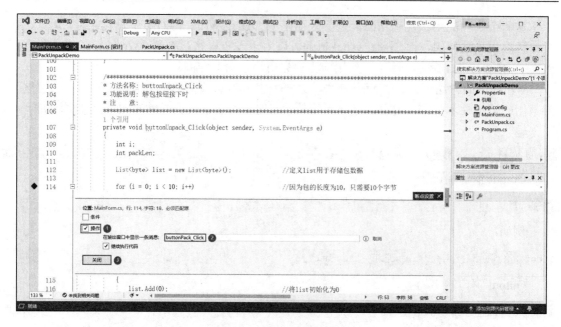

图 1-24　添加断点步骤 2

Visual Studio 中有特定的窗口可以查看应用程序中的断点，执行菜单命令"调试"→"窗口"→"断点"显示该窗口。窗口中显示的内容可通过下拉菜单设置，如图 1-25 所示，在"显示列"下拉菜单中选中"命中条件"，在窗口中即会增加"命中条件"一栏，显示与断点相关的信息。

图 1-25　断点查看窗口

如图 1-26 所示，右键单击断点，在弹出的快捷菜单中可以删除或禁用断点，或在断点窗口中通过断点左侧的复选框来控制是否启用断点。当被禁用时，断点将显示为菱形框而不是实心菱形。

图 1-26　删除或禁用断点

1.6.2　中断模式下的调试

1．进入中断模式

常用的进入中断模式的方法包括：①在程序运行中通过暂停进入中断模式；②设置断点自动进入中断模式。方法①是进入中断模式最简单的方法，但是程序停止的位置是随机的，不能很好地控制程序停止运行的位置，因此建议使用方法②。

运行应用程序时，调试工具栏如图 1-27 所示。左侧三个按钮的功能分别是：①暂停应用程序的执行，进入中断模式；②退出应用程序；③重新启动应用程序。

图 1-27　运行过程中的调试工具栏

在程序运行过程中，单击 Ⅱ 按钮将进入中断模式，但是具体中断的位置不可控。通过在运行程序前设置断点的方式，可以控制程序暂停的位置。

2．监视变量的内容

监视变量的调试功能对于查看变量有很大帮助。查看变量值最简单的方式是，在中断模式下，使光标指向源代码中的变量名，即可查看该变量的变量值；或者在中断模式下，右键单击需要查看的变量名，选择"添加监视"，即可在监视窗口中查看变量的信息。另外，在中断模式下，通过执行菜单命令"调试"→"窗口"→"监视（或自动窗口或局部变量）"也可以密切监视应用程序中的变量值。如图 1-28 所示，主要包含 3 个选项：①监视 N（N 为 1～4）：可定制的变量和表达式显示；②自动窗口：当前和当前语句使用的变量；③局部变量：作用域内的所有变量。

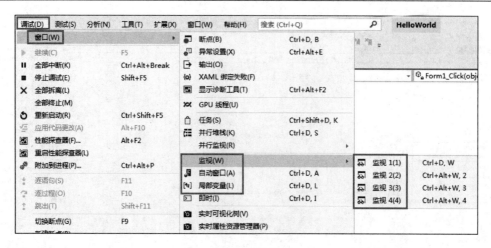

图 1-28　变量监视窗口

3. 单步执行代码

下面介绍如何在中断模式下单步执行代码，查看代码的执行结果。

进入中断模式后，可以在将要执行的代码左侧看到一个黄色的箭头光标（如果使用断点进入中断模式，该光标最初应显示在断点的红色圆圈中）。此时，可以在调试工具栏中看到逐步执行的按钮，如图 1-29 所示。

图 1-29　中断时的调试工具栏

图 1-29 中右侧三个按钮控制了中断模式下的程序流。它们分别表示：①逐语句：执行并移动到下一条要执行的语句上；②逐过程：执行并移动到下一条要执行的语句上，但是并不进入嵌套的代码块，包括方法；③跳出：执行到代码块的末尾处，在执行完该语句后，重新进入中断模式。

调试者根据需求选择程序流，如果逐语句执行不到需要的变量，可以选择逐过程，注意查看监视窗口，可以看到变量值的变化情况。

本 章 任 务

下载并安装 Visual Studio Community 2019。新建一个 Introduction 项目，在项目中添加一个按钮，单击该按钮弹出个人姓名、性别、学号和兴趣等。

本 章 习 题

1. 如何理解和使用命名空间？
2. Program.cs 文件对于整个项目的意义是什么？
3. 简述 Debug.WriteLine()和 Trace.WriteLine()语句用法的异同。

第2章 C#语言基础

C#语言是 Microsoft 专门为使用.NET 平台创建的，其语法与 C++和 JAVA 非常相似，若有 C++和 JAVA 的语法基础，学习 C#语言会比较轻松。C#语言简化了 C++复杂的语法操作，使用起来更容易。不同于 C++语言既支持面向过程设计，又支持面向对象设计，C#语言是完全面向对象的，在 C#中不存在全局函数、全局变量，所有的方法、变量等都必须定义在类中，避免了命名冲突。C#代码通常比 C++代码长一些，这是因为 C#是一种类型安全的语言，一旦为数据指定了类型，就不能转换为其他类型。若要类型转换，需要遵守严格的规则。下面通过几个实验来讲解 C#的语言基础。

2.1 简单的秒值-时间值转换实验

2.1.1 实验内容

一天有 24 小时、一小时有 60 分钟，一分钟有 60 秒，因此，一天就有 24×60×60=86400 秒，如果从 0 开始计算，每天按秒计数，则范围为 0~86399。通过键盘输入一个 0~86399 之间的值（本书不特别说明，均指整数），包括 0 和 86399，将其转换为小时值、分钟值和秒值，并通过控制台应用程序输出。

2.1.2 实验原理

1. 控制台应用程序

控制台应用程序编程是纯应用程序接口下的编程，类似于操作 DOS 系统，需要通过输入命令和参数对软件进行操作。控制台应用程序主要适用于对界面（User Interface，UI）设计没有太多需求的情景，不需要过多地考虑用户体验，实用、简洁且方便。通常用于开发一些简单的小工具。

2. 变量和类型

变量和数据类型是紧密关联的。如果将变量比作用来存放物体的容器，数据便是存储在容器中的物体，可以根据需求从变量中取出或查看它们。容器有不同的尺寸，用来存放不同的物体。同样，虽然计算机中所有数据的本质相同（一组 0 或 1），但是变量有不同的内涵，称为类型。将变量限定为不同类型更便于管理，因为不同类型的数据存储空间不同，对应的处理方法也不同。例如，组成图片的数据与组成波形的数据，其处理方式是不同的。

使用变量前，需要先声明，即给变量设定名称和类型。声明后就可以使用该变量，用于存储所声明类型的数据。

声明变量的 C#语法如下：

```
变量类型 变量名；                        //声明一个变量
变量类型 变量名1，变量名2，…，变量名n；    //声明多个同类型变量
```

变量的命名需要满足以下规则：①变量名只能由数字、字母和下画线组成；②变量名的第一个字符必须为字母或下画线，不能是数字；③不能使用 C#关键字作为变量名。

C#的数据类型分为值类型和引用类型。两种类型的区别在于复制方式不同，值类型的数据复制值，引用类型复制引用。

对于值类型，每个变量都有自己的数据副本。例如，将一个值赋值给变量 1，再将变量 1 赋值给变量 2，会在变量 2 的位置创建值的复制，而不是引用变量 1 的位置。其最主要的影响是改变变量 1 的值但不会改变变量 2 的值。由于值类型需要创建内存复制，因此定义时尽量避免让它们占用太多内存。

相反，引用类型的变量存储的是对数据存储位置的引用，而不是直接存储数据。由于引用类型的特性，可以有两个不同的变量引用相同的数据，在这种情况下，当其中一个变量更改数据值时，另一个变量的数据值也会相应改变。与值类型不同，引用类型不会创建数据的内存复制，只是复制引用，这使得引用类型比值类型更高效。

C#的数据类型结构如图 2-1 所示。从图中可以看出，值类型包括简单类型和复合类型，简单类型包括整数类型、浮点类型、布尔类型和字符类型，是最基本的类型。基本类型在使用时要关注类型所对应存储数据的大小、对应数据的范围和使用场景，表 2-1 列出了简单的介绍。

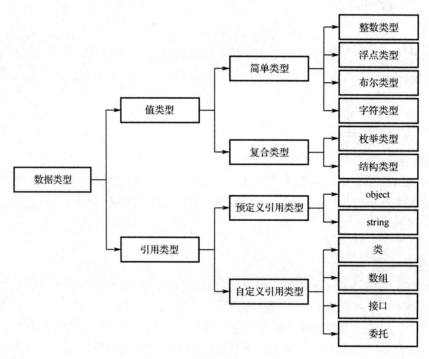

图 2-1　C#的数据类型结构

表 2-1　C#内置的基本类型

类　　型	关 键 字	大　　小	后　　缀	范　　围	说　　明
有符号整型	sbyte	8 位		$-2^7 \sim 2^{7-1}$	
	short	16 位		$-2^{15} \sim 2^{15-1}$	
	int	32 位		$-2^{31} \sim 2^{31-1}$	
	long	64 位	L	$-2^{63} \sim 2^{63-1}$	

续表

类　型	关 键 字	大　小	后　缀	范　围	说　明
无符号整型	byte	8 位		$0\sim2^{8-1}$	
	ushort	16 位		$0\sim2^{16-1}$	
	uint	32 位	U	$0\sim2^{32-1}$	
	ulong	64 位	UL	$0\sim2^{64-1}$	
浮点型	float	32 位	F	$-2^{128}\sim+2^{128}$	有效位数 7 位
	double	64 位	D	$-2^{1024}\sim+2^{1024}$	有效位数 15~16 位
decimal 类型	decimal	128 位	M	$\pm1.0\times10^{-28}\sim\pm7.9\times10^{-28}$	有效位数 28~29 位
布尔型	bool			布尔值：true 或 false	
字符型	char	16 位		一个 Unicode 字符	以单引号（''）表示

3．运算符

运算符的类型有很多种，这里介绍基本的算术运算符和赋值运算符。

算术运算符按操作数个数可分为单目运算符（含一个操作数）和双目运算符（含两个操作数），如表 2-2 和表 2-3 所示。单目运算符的优先级高于双目运算符。

表 2-2　单目运算符

运 算 符	说　明
+	正号
–	负号
++	增 1
––	减 1

表 2-3　双目运算符

运 算 符	说　明
+	求和
–	求差
*	求积
/	求商
%	求余

注意，递增运算符"++"和递减运算符"––"都有两种使用形式："++a""a++"和"––a""a––"，也称为前缀形式和后缀形式。"++a"为前缀形式，表示把变量 a 加 1 后的值作为该表达式的值，同时 a 自身的值加 1。"a++"为后缀形式，表示先直接把变量 a 当前的值作为该表达式的值，然后 a 的值加 1。

赋值操作是程序设计中最常用的操作之一，共有 11 个赋值运算符，均为双目运算符，其中只有"="为基本赋值运算符，其余 10 个均为复合赋值运算符，如表 2-4 所示。

表 2-4　复合赋值运算符

运　算　符	说　明
+=	加赋值
−=	减赋值
*=	乘赋值
/=	除赋值
%=	求余赋值
<<=	左移赋值
>>=	右移赋值
&=	按位与赋值
|=	按位或赋值
*A=	按位异或赋值

　　计算表达式时，并不一定会从左到右按顺序执行这些运算符，而是按照运算符的优先级顺序进行计算。先计算优先级高的运算符，优先级相同的运算符按照从左到右的顺序计算。运算符的优先级如表 2-5 所示。

表 2-5　运算符的优先级

优　先　级	运　算　符
优先级由高到低（↓）	++、−−（用作前缀）、+、−（单目）
	*、/、%
	+、−
	=、*=、/=、%=、+=、−=
	++、−−（用作后缀）

4．控制台应用程序的 Main 入口方法

　　创建控制台应用程序后，会自动生成一个 Program.cs 文件，在文件中有一个默认的 Main 方法，该方法的功能与 WinForm 项目中的 Main 方法一样，是程序主体入口方法，每个程序中都必须包含一个 Main 方法，相当于整个程序的开关。Main 方法的默认修饰符为 static，默认返回值为 void，方法中默认包含了命令行参数 string[] args。Main 方法的返回值还可以是 int 类型，参数可以为空，但必须由 static 修饰。

5．Console.WriteLine()、Console.ReadLine()和 Console.ReadKey()方法

　　这三种方法都包含在外部命名空间 System 的 Console 类中，因此，在代码开头需要引用该命名空间。WriteLine()方法用于打印提示信息，通常是加双引号的字符串。ReadLine()方法用于获取键盘输入的内容。ReadKey()方法实现的功能是通过任意键退出应用程序。如果没有该语句，控制台应用程序在执行完毕后会自动退出，不便于查看结果。

6．Convert.ToInt32()方法

　　Convert 类同样位于外部命名空间 System。利用该类可以进行显式类型转换，主要用于将一种基本数据类型转换为另一种基本数据类型。Convert 类中的 ToInt32()方法用于将指定的值转换为 32 位有符号整数。

2.1.3　实验步骤

首先，新建一个控制台应用程序，保存至"D:\WinFormTest\1.简单的秒值-时间值转换实验"文件夹中。本章涉及的例程并不需要用到复杂的窗体交互，均使用控制台应用程序。新建控制台应用程序与新建 WinForm 项目的不同在于选择创建的项目类型时，应选择"控制台应用（.NET Framework）"，如图 2-2 所示。

图 2-2　新建控制台应用程序 1

如图 2-3 所示，设置"项目名称"为 ConvertTime，"位置"选择"D:\WinFormTest\1.简单的秒值-时间值转换实验"文件夹，然后单击"创建"按钮。

图 2-3　新建控制台应用程序 2

在如图 2-4 所示的编程界面中，将程序清单 2-1 中的代码输入 Program.cs 文件的 Main 方法中。下面按照顺序对部分语句进行解释。

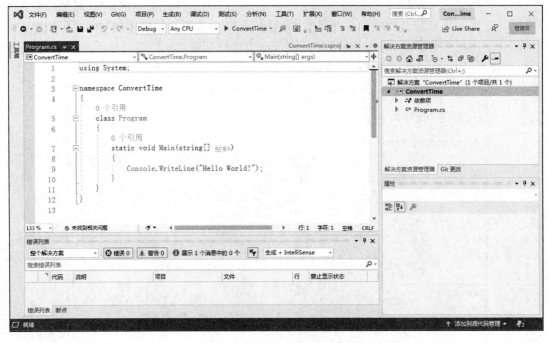

图 2-4　新建控制台应用程序 3

（1）第 1 行代码：因为第 15 行、16 行、23 行和 24 行代码使用了 Console 类和 Convert 类，所以需要引用外部命名空间 System。

（2）第 9 至 13 行代码：在 Main()方法中定义 4 个局部变量，tick 用于保存时间值对应的秒值，hour、min 和 sec 分别用于保存小时值、分钟值和秒值。

（3）第 15 至 16 行代码：通过 Console.WriteLine()方法打印提示信息，提示用户输入一个 0～86399 之间的值，然后通过 Console.ReadLine()方法获取键盘输入的内容，并转换为 32 位整型数据赋值给 tick。因为直接从键盘获取的内容为 string 类型，而需要赋值的变量被定义为 int 类型，即 32 位整型，所以需要进行类型转换，使得类型一致，否则会报错。

（4）第 18 至 20 行代码：将 tick 依次转换为小时值、分钟值和秒值。

（5）第 23 至 24 行代码：通过 Console.WriteLine()方法打印转换之后的时间结果，格式为"小时-分钟-秒"。通过 Console.ReadKey()方法实现按任意键退出应用程序。

程序清单 2-1

```
1.  using System;
2.
3.  namespace ConvertTime
4.  {
5.      class ConvertTime
6.      {
7.          static void Main(string[] args)
8.          {
9.              int tick;        //0~86399
10.
```

```
11.            int hour;    //小时值
12.            int min;     //分钟值
13.            int sec;     //秒值
14.
15.            Console.WriteLine("Please input a tick between 0~86399");
16.            tick = Convert.ToInt32(Console.ReadLine());
17.
18.            hour = tick / 3600;            //tick 对 3600 取模，赋值给 hour
19.            min = (tick % 3600) / 60;      //tick 对 3600 求余后再对 60 取模，结果赋值给 min
20.            sec = (tick % 3600) % 60;      //tick 对 3600 求余后再对 60 求余，结果赋值给 sec
21.
22.            //打印转换之后的时间结果
23.            Console.WriteLine("Current time : " + hour + "-" + min + "-" + sec);
24.            Console.ReadKey();
25.        }
26.    }
27. }
```

最后，按 F5 键编译并运行程序，在弹出的 Console 命令窗口中，输入 80000 后按回车键，可以看到运行结果，即输出"Current time : 22-13-20"，说明实验成功。

2.1.4　本节任务

2020 年有 366 天，将 2020 年 1 月 1 日作为计数起点，即计数 1，2020 年 12 月 31 日作为计数终点，即计数 366。计数 1 代表"2020 年 1 月 1 日-星期三"，计数 10 代表"2020 年 1 月 10 日-星期五"。参考本节实验，通过键盘输入一个 1~366 之间的值，包括 1 和 366，将其转换为年、月、日、星期，并输出转换结果。

2.2　基于数组的秒值-时间值转换实验

2.2.1　实验内容

通过键盘输入一个 0~86399 之间的值，包括 0 和 86399，将其转换为小时值、分钟值和秒值，而小时值、分钟值和秒值为数组 arrTimeVal 的元素，即 arrTimeVal[2]为小时值、arrTimeVal[1]为分钟值、arrTimeVal[0]为秒值，并输出转换结果。

2.2.2　实验原理

1. 创建一维数组

数组是相同类型数据的有序集合，数组描述的是相同类型的若干数据，按照一定的先后次序排列而成。其中，每一个数据称为一个元素，每个元素可以通过数组名和索引（下标）访问。数组有 3 个基本特点：①长度确定，因为数组一旦被创建，它的元素个数不可改变；②各元素类型必须相同，不允许出现混合类型；③数组类型可以是任何数据类型，包括基本类型和引用类型。可根据数组的维数将数组分为一维数组、二维数组……这里只介绍一维数组。

一维数组的创建有两种方式。第一种方式是先声明，再用 new 关键字分配内存，如下所示：

```
数组 元素类型[ ] 数组名; //声明一维数组
数组名 = new 数组元素类型[数组元素的个数]; //分配内存空间
```

例如：

```
int []arr; //声明一个 int 型数组，数组中的每个元素均为 int 型数值
arr = new int[4]; //分配内存空间，可以存放 4 个 int 型数据
```

本例中的 arr 为数组名，可通过中括号"[ ]"中的值来索引数组中的元素。注意，数组的索引是从 0 开始的。由于创建的数组 arr 中有 4 个元素，因此数组中元素的索引为 0～3，一旦出现 arr[4]便会报错，给出索引超出数组界限的提示。

第二种创建方式是在声明的同时为数组分配内存，如下所示：

```
数组元素类型[ ] 数组名= new 数组元素类型[数组元素的个数];
```

例如：

```
int [] arr = new int[4];
```

2．初始化一维数组

数组的初始化有两种方式，一种是为单个数组元素赋值，另一种是同时为整个数组赋值。为单个数组元素赋值，示例如下：

```
int [] arr = new int[4];          //定义一个 int 类型的数组，该数组包含 4 个元素
arr[0] = 1;                       //为数组的第 1 个元素赋值
arr[1] = 2;                       //为数组的第 2 个元素赋值
arr[2] = 3;                       //为数组的第 3 个元素赋值
arr[3] = 4;                       //为数组的第 4 个元素赋值
```

同时为整个数组赋值，示例如下：

```
int[] arr = new int[4] {1, 2, 3, 4};
int[] arr = new int[] {1, 2, 3, 4};
int[] arr = {1, 2, 3, 4};
```

本例中的三种赋值方式实现的效果是一样的，都是定义一个长度为 4 的 int 型数组，并进行赋初值。后面两种方式会根据数据个数自动计算数组的长度。

2.2.3　实验步骤

首先，新建一个控制台应用程序，设置"项目名称"为 ConvertTime，保存至"D:\WinFormTest\2.基于数组的秒值-时间值转换实验"文件夹中。然后，将程序清单 2-2 中的代码输入 Program.cs 文件中。下面按照顺序对部分语句进行解释。

（1）第 11 行代码：声明一个 int 型数组，数组名为 arrTimeVal，并分配内存空间，可以存放 3 个 int 型数据。

（2）第 16 至 21 行代码：通过 tick 计算小时值、分钟值和秒值，分别赋值给 arrTimeVal[2]、arrTimeVal[1]、arrTimeVal[0]。

（3）第 24 至 25 行代码：通过 Console.WriteLine()方法打印转换之后的时间结果，时间分别通过数组的索引获得，格式为"小时-分钟-秒"。

程序清单 2-2

```
1.   using System;
2.
3.   namespace ConvertTime
4.   {
5.       class ConvertTime
6.       {
7.           static void Main(string[] args)
8.           {
9.               int tick;    //0~86399
10.
11.              int[] arrTimeVal = new int[3];
12.
13.              Console.WriteLine("Please input a tick between 0~86399");
14.              tick = Convert.ToInt32(Console.ReadLine());
15.
16.              //tick 对 3600 取模赋值给 arrTimeVal[2]，即小时值
17.              arrTimeVal[2] = tick / 3600;
18.              //tick 对 3600 求余后再对 60 取模，结果赋值给 arrTimeVal[1]，即分钟值
19.              arrTimeVal[1] = (tick % 3600) / 60;
20.              //tick 对 3600 求余后再对 60 求余，结果赋值给 arrTimeVal[0]，即秒值
21.              arrTimeVal[0] = (tick % 3600) % 60;
22.
23.              //打印转换之后的时间结果
24.              Console.WriteLine("Current time : " + arrTimeVal[2] + "-" + arrTimeVal[1] + "-"
                                                                        + arrTimeVal[0]);
25.              Console.ReadKey();
26.          }
27.      }
28.  }
```

最后，按 F5 键编译并运行程序，在弹出的 Console 命令窗口中，输入 80000 后按回车键，可以看到运行结果，即输出"Current time : 22-13-20"，说明实验成功。

2.2.4　本节任务

基于数组，完成 2.1.4 节的任务。

2.3　基于方法的秒值-时间值转换实验

2.3.1　实验内容

通过键盘输入一个 0~86399 之间的值，包括 0 和 86399，用 calcHour() 方法计算小时值，用 calcMin() 方法计算分钟值，用 calcSec() 方法计算秒值，在主方法中通过调用上述三个方法实现秒值-时间值转换，并输出转换结果。

2.3.2　实验原理

1. 函数与方法

在 C#语言中，方法相当于 C 语言中的函数，但是它与传统的函数又有明显的不同：①在

结构化的语言中，函数是一等公民，整个程序是由一个个函数组成的；②在面向对象的语言中，类是一等公民，整个程序是由一个个类组成的。因此，在 C#语言中，方法不能独立存在，它只能属于类或对象。如果要定义一个方法，就必须在类中定义。注意，如果这个方法添加了修饰符 static，那么该方法就属于这个类；否则，该方法属于这个类的实例，必须实例化后才能使用。

2．方法的定义格式

方法的定义格式如下：

```
修饰符 返回值类型 方法名(参数类型 参数名 1，参数类型 参数名 2……)
{
    方法体
    return 返回值;
}
```

其中，修饰符是可选的，用于定义该方法的访问类型，如 public、private。返回值类型是方法返回值的数据类型，如 int、float。有些方法执行所需的操作，但没有返回值，在这种情况下，返回值类型是关键字 void。方法名是方法的实际名称，方法命名采用第一个单词首字母小写，后续单词的首字母大写，其余字母小写格式，如 calcHeartRate、playWave。参数列表是带有数据类型的变量名列表，称为形参，参数之间用逗号隔开，若方法没有参数，参数列表可以为 void 或为空。方法体包含具体的语句，用于实现该方法的功能。关键字 return 包含两层含义，首先是宣布该方法结束，其次将计算结果返回，如果返回值类型为 void，则不需要 return 语句。

2.3.3　实验步骤

首先，新建一个控制台应用程序，设置"项目名称"为 ConvertTime，保存至"D:\WinFormTest\3.基于方法的秒值-时间值转换实验"文件夹中。然后，将程序清单 2-3 中的代码输入 Program.cs 文件中。下面按照顺序对部分语句进行解释。

（1）第 7 至 26 行代码：在 ConvertTime 类中定义计算小时值的 calcHour()方法、计算分钟值的 calcMin()方法和计算秒值的 calcSec()方法。

（2）第 30 行代码：通过关键字 new 创建一个 ConvertTime 型对象，该对象名为 ct。

（3）第 41 至 43 行代码：通过调用 ct 对象的 calcHour()、calcMin()、calcSec()方法分别计算小时值、分钟值和秒值。

程序清单 2-3

```
1.    using System;
2.
3.    namespace ConvertTime
4.    {
5.        class ConvertTime
6.        {
7.            public int calcHour(int tick)
8.            {
9.                int hour;
10.               hour = tick / 3600;              //tick 对 3600 取模赋值给 hour
11.               return (hour);
12.           }
```

```
13.
14.         public int calcMin(int tick)
15.         {
16.             int min;
17.             min = (tick % 3600) / 60;        //tick 对 3600 求余后再对 60 取模，结果赋值给 min
18.             return (min);
19.         }
20.
21.         public int calcSec(int tick)
22.         {
23.             int sec;
24.             sec = (tick % 3600) % 60;        //tick 对 3600 求余后再对 60 求余，结果赋值给 sec
25.             return (sec);
26.         }
27.
28.         static void Main(string[] args)
29.         {
30.             ConvertTime ct = new ConvertTime();
31.
32.             int tick;        //0~86399
33.
34.             int hour;        //小时值
35.             int min;         //分钟值
36.             int sec;         //秒值
37.
38.             Console.WriteLine("Please input a tick between 0~86399");
39.             tick = Convert.ToInt32(Console.ReadLine());
40.
41.             hour = ct.calcHour(tick);        //计算小时值
42.             min = ct.calcMin(tick);          //计算分钟值
43.             sec = ct.calcSec(tick);          //计算秒值
44.
45.             //打印转换之后的时间结果
46.             Console.WriteLine("Current time : " + hour + "-" + min + "-" + sec);
47.             Console.ReadKey();
48.         }
49.     }
50. }
```

最后，按 F5 键编译并运行程序，在弹出的 Console 命令窗口中，输入 80000 后按回车键，可以看到运行结果，即输出"Current time : 22-13-20"，说明实验成功。

2.3.4　本节任务

基于方法，完成 2.1.4 节的任务。

2.4　基于枚举的秒值-时间值转换实验

2.4.1　实验内容

通过键盘输入一个 0～86399 之间的值，包括 0 和 86399，使用 calcTimeVal()方法计算时间值（包括小时值、分钟值和秒值），通过枚举区分具体是哪一种时间值，返回值为这种时间值对应的转换结果，在 Main()方法中通过调用 calcTimeVal()实现秒值-时间值转换，并输出转换结果。

2.4.2 实验原理

1．枚举类型

枚举类型是值类型的一种特殊形式，它继承自 System.Enum，为基础类型的值提供替代名称。基础类型可以是除 char 类型外的任何整型（如 Byte、Int32 或 UInt64）。也可以说，枚举类型是一组常量的集合。

enum 是定义枚举类型关键字，示例如下：

```
public enum EnumTimeVal
{
    TIME_VAL_HOUR,
    TIME_VAL_MIN,
    TIME_VAL_SEC
}
```

枚举使用一个基本类型来存储。枚举类型中的每个值都为该基本类型的数据，默认情况下该类型为 int 型，并默认为从 0、1、2、3……递增排序。通过在枚举声明中添加类型，就可以修改为其他基本类型。以上枚举的示例中没有指定类型，故默认为 int 类型。当需要在类中使用以上常量时，可以使用 EnumTimeVal.TIME_VAL_HOUR 来表示。

2．switch…case…语句

switch…case…语句用于判断一个变量与一系列值中某个值是否相等，语法如下：

```
switch(表达式)
{
    case 常量值 1:
        语句块 1
        [break;]
    ……
    case 常量值 n:
        语句块 n
        [break;]
    default :
        语句块 n+1
        [break;]
}
```

switch 语句中表达式的值必须为整型、字符型或字符串类型。同样，case 常量值也必须为整型、字符型或字符串类型，而且表达式的值必须与 case 常量值的数据类型相同。switch…case…语句遵守以下规则：

（1）当表达式的值与 case 常量值相等时，执行 case 语句后面的语句块，直到遇到 break 语句继续为止。

（2）当遇到 break 语句时，switch…case…语句终止，程序跳转到 switch…case…语句后面的语句继续执行。

（3）case 语句并不一定都要包含 break 语句，如果没有 break 语句，程序会继续执行下一

条 case 语句，直到出现 break 语句为止。

（4）switch 语句可以包含一个 default 分支，该分支通常是 switch 语句的最后一个分支（可以在任意位置，但建议在最后一个分支处），当所有 case 语句的值都不等于变量值时，default 才执行，default 分支可以不需要 break 语句。

2.4.3　实验步骤

首先，新建一个控制台应用程序，设置"项目名称"为 ConvertTime，保存至"D:\WinFormTest\4.基于枚举的秒值-时间值转换实验"文件夹中。然后，将程序清单 2-4 中的代码输入 Program.cs 文件中。下面按照顺序对部分语句进行解释。

（1）第 7 至 12 行代码：定义一个名称为 EnumTimeVal 的枚举类型，然后使用该枚举类型定义 3 个常量，分别为 TIME_VAL_HOUR、TIME_VAL_MIN 和 TIME_VAL_SEC。

（2）第 14 至 34 行代码：基于枚举和 switch…case…语句，计算小时值、分钟值和秒值。

（3）第 49 至 51 行代码：通过调用 ct 对象的 calcTimeVal()方法计算小时值、分钟值和秒值，类型通过枚举常量区分。

程序清单 2-4

```
1.   using System;
2.
3.   namespace ConvertTime
4.   {
5.       class ConvertTime
6.       {
7.           public enum EnumTimeVal
8.           {
9.               TIME_VAL_HOUR,
10.              TIME_VAL_MIN,
11.              TIME_VAL_SEC,
12.          }
13.
14.          public int calcTimeVal(int tick, EnumTimeVal type)
15.          {
16.              int timeVal = 0;
17.
18.              switch (type)
19.              {
20.                  case EnumTimeVal.TIME_VAL_HOUR:
21.                      timeVal = tick / 3600;
22.                      break;
23.                  case EnumTimeVal.TIME_VAL_MIN:
24.                      timeVal = (tick % 3600) / 60;
25.                      break;
26.                  case EnumTimeVal.TIME_VAL_SEC:
27.                      timeVal = (tick % 3600) % 60;
28.                      break;
29.                  default:
30.                      break;
31.              }
32.
```

```
33.              return timeVal;
34.          }
35.
36.      static void Main(string[] args)
37.      {
38.          ConvertTime ct = new ConvertTime();
39.
40.          int tick;        //0~86399
41.
42.          int hour;        //小时值
43.          int min;         //分钟值
44.          int sec;         //秒值
45.
46.          Console.WriteLine("Please input a tick between 0~86399");
47.          tick = Convert.ToInt32(Console.ReadLine());
48.
49.          hour = ct.calcTimeVal(tick, EnumTimeVal.TIME_VAL_HOUR);
50.          min = ct.calcTimeVal(tick, EnumTimeVal.TIME_VAL_MIN);
51.          sec = ct.calcTimeVal(tick, EnumTimeVal.TIME_VAL_SEC);
52.
53.          //打印转换之后的时间结果
54.          Console.WriteLine("Current time : " + hour + "-" + min + "-" + sec);
55.          Console.ReadKey();
56.      }
57.   }
58. }
```

最后，按 F5 键编译并运行程序，在弹出的 Console 命令窗口中，输入 80000 后按回车键，可以看到运行结果，即输出"Current time : 22-13-20"，说明实验成功。

2.4.4　本节任务

基于枚举，完成 2.1.4 节的任务。

2.5　基于结构体的秒值–时间值转换实验

2.5.1　实验内容

通过键盘输入一个 0～86399 之间的值，包括 0 和 86399，使用 calcTimeVal()方法计算时间值（包括小时值、分钟值和秒值），通过结构体区分具体是哪一种时间值，返回值为这种时间值对应的转换结果，在 Main()方法中通过调用 calcTimeVal()实现秒值–时间值转换，并输出转换结果。

2.5.2　实验原理

1. 结构体类型

结构体类型是另一种复杂的变量类型，是由多个数据组成的数据结构，与枚举类型不同的是，这些数据可能是不同的类型。例如，定义一个病人结构体，该结构体可以包含病人姓名和病人 ID 号等，分别是不同的类型，示例如下：

```
public struct StructPatient
{
    public string name;
    public int ID;
};
```

2．结构体类型和枚举类型的区别

从结构体和枚举的例子中可以看出，枚举针对的是单一类型（整型），结构体针对的是多种类型。可以将结构体类型看成几个类型组成的一个新类型，而枚举的单一数据类型限制很多，它相当于助记符，帮助程序员记忆。

2.5.3　实验步骤

首先，新建一个控制台应用程序，设置"项目名称"为 ConvertTime，保存至"D:\WinFormTest\5.基于结构体的秒值-时间值转换实验"文件夹中。然后，将程序清单 2-5 中的代码输入 Program.cs 文件中。下面按照顺序对部分语句进行解释。

（1）第 7 至 13 行代码：定义一个名称为 StructTimeVal 的结构体类型，然后使用该结构体类型定义 3 个变量，分别为 hour、min 和 sec。

（2）第 15 至 25 行代码：声明和实现计算小时值、分钟值和秒值的 calcTimeVal()方法，返回值的类型为结构体。

（3）第 36 行代码：通过调用 calcTimeVal()方法计算小时值、分钟值和秒值。

程序清单 2-5

```
1.    using System;
2.
3.    namespace ConvertTime
4.    {
5.        class ConvertTime
6.        {
7.            //定义一个时间值结构体，包括 3 个成员变量，分别是 hour、min 和 sec
8.            public struct StructTimeVal
9.            {
10.               public int hour;
11.               public int min;
12.               public int sec;
13.           };
14.
15.           //计算小时值、分钟值和秒值，返回值为一个结构体类型的变量
16.           public static StructTimeVal calcTimeVal(int tick)
17.           {
18.               StructTimeVal tv;
19.
20.               tv.hour = tick / 3600;
21.               tv.min = (tick % 3600) / 60;
22.               tv.sec = (tick % 3600) % 60;
23.
24.               return (tv);
25.           }
26.
27.           static void Main(string[] args)
28.           {
```

```
29.            int tick = 0;
30.
31.            StructTimeVal tv;
32.
33.            Console.WriteLine("Please input a tick between 0~86399");
34.            tick = Convert.ToInt32(Console.ReadLine());
35.
36.            tv = calcTimeVal(tick);
37.
38.            //打印转换之后的时间结果
39.            Console.WriteLine("Current time : " + tv.hour + "-" + tv.min + "-" + tv.sec);
40.            Console.ReadKey();
41.        }
42.    }
43. }
```

最后，按 F5 键编译并运行程序，在弹出的 Console 命令窗口中，输入 80000 后按回车键，可以看到运行结果，即输出"Current time : 22-13-20"，说明实验成功。

2.5.4　本节任务

基于结构体，完成 2.1.4 节的任务。

本 章 任 务

本章共有 5 个实验，首先学习各实验的原理，然后按照实验步骤完成实验，最后按照要求完成本节任务。

本 章 习 题

1．简述变量的命名规则。
2．short 和 int 类型的数据分别占多少字节？取值范围是多少？
3．简述数组的基本特点。
4．在方法中，return 语句的作用是什么？
5．简述结构体类型与枚举类型最主要的区别。

第3章 基于C#的面向对象程序设计

本章介绍 C#面向对象程序设计的基础知识，包含类与对象、static 关键字、类的封装、类的继承、类的多态、抽象类和接口等。

3.1 类的封装实验

3.1.1 实验内容

创建 ConvertTime 类，在类中定义一个 CalcTime 类，进一步在 CalcTime 类中依次定义用于指定小时值、分钟值和秒值的常量 TIME_VAL_HOUR、TIME_VAL_MIN 和 TIM_VAL_SEC；用于保存小时值、分钟值和秒值的成员变量 mHour、mMin 和 mSec；用于计算小时值、分钟值和秒值的 calcHour()、calcMin()和 calcSec()方法；用于计算三个时间值的 calcTimeVal()方法；用于获取三个时间值的 getTimeVal()方法。其中，calcTimeVal()和 getTimeVal()方法及三个常量用 public 修饰，其余的成员变量和成员方法均用 private 修饰。在 Main()方法中获取键盘输入值（0～86399 之间的值，包括 0 和 86399），然后实现秒值-时间值转换，并输出转换结果。

3.1.2 实验原理

1. 面向过程和面向对象

在面向对象出现之前，广泛采用的是面向过程。面向过程是一种以过程为中心的编程思想，以什么正在发生为目标进行编程。即程序是一步一步地按照一定的顺序从头到尾执行一系列的函数。面向对象是一种以事物为中心的编程思想。即当解决一个问题时，面向对象会从这些问题中抽象出一系列对象，再抽象出这些对象的属性和方法，让每个对象去执行自己的方法。面向对象中的方法相当于面向过程中的函数。

面向过程的优点是其性能比面向对象的高，因为类调用时需要实例化，消耗较多资源，如单片机、嵌入式、Linux/Unix 等对性能要求高的一般采用面向过程开发。

面向对象的优点是易维护、易复用、易扩展，由于面向对象有封装、继承、多态性的特性，可以设计出低耦合的系统，使系统更加灵活。

2. 类与对象

类与对象是整个面向对象中最基本的组成单元。其中，类是抽象的概念集合，表示一个共性的产物，类中定义的是属性和行为（方法）；对象是一种个性的表示，表示一个独立而具体的个体。可以用一句话来总结类和对象的区别：类是对象的模板，对象是类的实例。类只有通过对象才可以使用，在开发中先产生类，再产生对象。类不能直接使用，对象是可以直接使用的。

例如，尝试以面向对象的思想来解决从汉堡店购买汉堡的问题，可分为以下 4 个步骤：

（1）从问题中抽象出对象，这里的对象就是汉堡店。

（2）抽象出这个对象的属性，如汉堡种类、汉堡尺寸、汉堡层数、烘烤时间等，这些属性都是静态的。

（3）抽象出这个对象的行为，如选择汉堡、支付费用、制作汉堡、交付汉堡等，这些行为都是动态的。

（4）抽象出对象的属性和行为，就完成了对这个对象的定义，接下来就可以根据这些属性和行为，制定出从汉堡店购买汉堡的具体方案，从而解决问题。

当然，抽象出这个对象及其属性和行为，不仅仅是为了解决一个简单的问题。可以发现所有的汉堡店要么具有以上相同的属性和行为，要么是对以上的属性和行为进行删减或更改，这样，就可以将这些属性和行为封装起来，用于描述汉堡店这类餐饮店。因此，可以将类理解为封装对象属性和行为的载体，而对象则是类抽象出来的一个实例，两者之间的关系如图 3-1 所示。

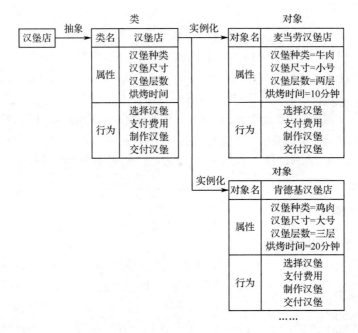

图 3-1　类与对象之间的关系

在 C#语言中，属性是以成员变量的形式定义的，行为是以方法的形式定义的，而类包括对象的属性和方法，下面在 C#语言中定义汉堡店的类：

```csharp
public class HamburgerShop
{
    public HamburgerShop
    {
        //构造方法
    }

    public int mBurgerType;        //汉堡种类
    public int mBurgerSize;        //汉堡尺寸
    public int mBurgerLayer;       //汉堡层数
    private int mBakingTime;       //烘烤时间

    //选择汉堡
    public void selectBurger()
    {
```

```
    }

    //支付费用
    public void pay()
    {
    }

    //制作汉堡
    private void makeBurger()
    {
    }

    //交付汉堡
    public void deliverBurger()
    {
    }
}
```

3．类包含的变量类型

2.1.2 节已经对变量及其命名规范进行了介绍，下面再对类中包含的变量进行补充说明。

（1）成员变量：成员变量是定义在类体中、方法体之外的变量。成员变量在创建对象的时候实例化。成员变量可以被类中方法、构造方法和特定类的语句块访问。

（2）局部变量：在方法（包含构造方法）和语句块中定义的变量称为局部变量。这种变量的声明和初始化都是在方法中进行的，方法结束后，变量自动销毁。

（3）类变量：类变量也声明在类体中、方法体之外，但必须声明为 static 类型。类变量也称为静态变量。

4．类的成员方法和构造方法

成员方法对应类的行为，如汉堡店类中的 selectBurger()、public void pay()、private void makeBurger()和 public void deliverBurger()方法。一个成员方法可以不带参数，也可以带一个或若干参数，这些参数可以是对象也可以是基本数据类型的变量。同时，成员方法可以有返回值也可以不返回任何值，返回值可以是计算结果也可以是其他数值和对象。

在类中除了成员方法，还存在一种特殊类型的方法，那就是构造方法。构造方法是一个与类同名的方法，如汉堡店类中的 HamburgerShop()方法，对象的创建就是通过构造方法完成的。每当类实例化一个对象时，类都会自动调用构造方法。构造方法没有返回值，每个类都有构造方法，一个类可以有多个构造方法。如果没有显式地为类定义构造方法，C#编译器将会为该类提供一个默认的无参构造方法。注意，如果在类中定义的构造方法都不是无参的构造方法，那么编译器也不会为类设置一个默认的无参构造方法，当试图调用无参构造方法实例化一个对象时，编译器会报错。所以只有在类中没有定义任何构造方法时，编译器才会在该类中自动创建一个不带参数的构造方法。

5．访问修饰符

C#中常见的访问修饰符包括 private、public、protected 和 internal，这些修饰符控制着对类、类的成员变量及成员方法的访问，修饰符权限如表 3-1 所示。类的默认访问权限和类的位置有关，当类外置时，修饰符只有 public 和 internal，默认为 internal。如果类是内置的，则作为类的成员，修饰符可以是全部可用修饰符，默认为 private。示例如下：

```
class a   //类 a 默认修饰符 internal
{
}
class b
{
    class a    //类 a 默认修饰符 private
    {
    }
}
```

表 3-1　C#中的修饰符权限

访问修饰符	说　　　明
public	公有访问。不受任何限制
private	私有访问。只限于本类成员访问，子类和实例都不能访问
protected	保护访问。只限于本类和子类访问，实例不能访问
internal	内部访问。只限于本项目内访问，其他不能访问

6. 对象的创建、操作和销毁

对象是根据类创建的。在 C#中，使用关键字 new 来创建一个新的对象。创建对象需要以下 3 步。①声明：声明一个对象，包括对象名称和对象类型；②实例化：使用关键字 new 来创建一个对象；③初始化：使用关键字 new 创建对象时，会调用构造方法初始化对象。

每个对象都有生命周期，当对象的生命周期结束时，分配给该对象的内存地址将会被回收。C#拥有一套完整的垃圾回收机制，用户不必担心废弃的对象占用内存，垃圾回收器将回收无用但占用内存的资源。

7. 类的封装

在面向对象程序设计中，封装是指一种将抽象性方法接口的实现细节部分包装、隐藏起来的方法。封装可以被认为是一个保护屏障，防止该类的代码和数据被外部类定义的代码随机访问。要访问该类的代码和数据，必须通过严格的接口控制，这样就避免了外部操作对内部数据的影响，提高了程序的可维护性。封装最主要的功能在于设计类的一方可以修改已封装的代码，而使用类实例化对象的一方不允许修改这部分代码。适当的封装可以让代码更容易理解和维护，也加强了代码的安全性。封装有以下优点：①良好的封装能够减少耦合；②类内部的结构可以自由修改；③可以对成员变量进行更精确的控制；④隐藏信息，实现细节。

实现封装的步骤：①修改属性的可见性来限制对属性的访问（一般限制为 private），将某些成员变量属性设置为私有，只有本类才能访问，其他类都无法访问，如此就对信息进行了隐藏；②对每个值属性提供对外的公共方法访问，也就是创建一对赋取值方法，用于对私有属性的访问。

例如，在汉堡类中，汉堡种类、尺寸、层数这三个属性，以及选择汉堡、支付费用、交付汉堡这三个行为要对客户可见，因此，可以将其设置为 public。而烘烤时间属性和制作汉堡行为客户不关心，也没有必要让客户可见，因此，可以将烘烤时间属性和制作汉堡行为设置为 private。

8. 本节实验剖析

类的封装实验是通过键盘输入一个 0～86399 之间的值，包括 0 和 86399，创建 ConvertTime 类，在类中定义 CalcTime 内部类。对用户而言，可见的方法越少越好，因此，可以抽象出

calcTimeVal()方法用于计算三个时间值，getTimeVal()方法用于获取三个时间值，这两个方法用 public 修饰。具体计算小时值的 calcHour()方法、计算分钟值的 calcMin()方法、计算秒值的 calcSec()方法只需被 calcTimeVal()方法调用，这三个方法用 private 修饰。计算结果最终保存在三个成员变量中，分别为 mHour、mMin 和 mSec，然后 getTimeVal()方法用于获取这三个时间值，这三个成员变量用 private 修饰。但是用户必须知道是哪种类型，因此还需要定义三个用 public 修饰的常量，分别为用于指定小时值、分钟值和秒值类型的 TIME_VAL_HOUR、TIME_VAL_MIN 和 TIME_VAL_SEC。

完成 CalcTime 类的创建后，就可以在 ConvertTime 类中实例化一个 CalcTime 型对象，该对象名为 ct，然后定义一个 dispTime()方法用于计算和显示时间，这样，就可以在 Main()方法中实例化一个 ConvertTime 型对象，然后通过调用该对象的 dispTime()方法计算和显示时间。类的封装实验原理图如图 3-2 所示。

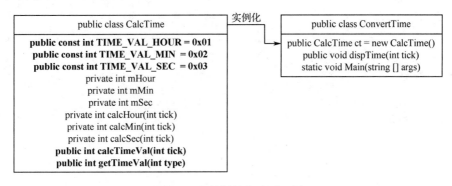

图 3-2　类的封装实验原理图

3.1.3　实验步骤

首先，新建一个控制台应用程序，设置"项目名称"为 ConvertTime，保存至"D:\ WinFormTest\ OOP01.类的封装实验"文件夹中。然后，将程序清单 3-1 中的代码输入 Program.cs 文件中。下面按照顺序对部分语句进行解释。

（1）第 7 行代码：通过关键字 new 创建一个 CalcTime 型对象，该对象名为 ct。

（2）第 9 至 25 行代码：在 ConvertTime 类中定义一个用于计算和显示时间值的 dispTime()方法。

（3）第 39 至 107 行代码：创建 CalcTime 类，在该类中定义用于指定小时值、分钟值和秒值类型的常量，分别是 TIME_VAL_HOUR、TIME_VAL_MIN 和 TIME_VAL_SEC；定义用于保存计算结果的三个成员变量，分别是 mHour、mMin 和 mSec；定义用于计算小时值、分钟值和秒值的三个成员方法，分别是 calcHour()、calcMin()和 calcSec()；定义计算三个时间值的成员方法 calcTimeVal()；定义获取三个时间值的成员方法 getTimeVal()。其中，calcTimeVal()和 getTimeVal()及三个常量用 public 修饰，其余的成员变量和成员方法均用 private 修饰。

程序清单 3-1

```
1.   using System;
2.
3.   namespace ConvertTime
4.   {
5.       class ConvertTime
```

```
6.          {
7.              private CalcTime ct = new CalcTime(); //创建一个 CalcTime 类的对象
8.
9.          public void dispTime(int tick)
10.         {
11.             int hour;   //小时值
12.             int min;    //分钟值
13.             int sec;    //秒值
14.
15.             if (ct.calcTimeVal(tick) == 1)
16.             {
17.                 hour = ct.getTimeVal(CalcTime.TIME_VAL_HOUR);
18.                 min = ct.getTimeVal(CalcTime.TIME_VAL_MIN);
19.                 sec = ct.getTimeVal(CalcTime.TIME_VAL_SEC);
20.
21.                 //打印转换之后的时间结果
22.                 Console.WriteLine("Current time : " + hour + "-" + min + "-" + sec);
23.                 Console.ReadKey();
24.             }
25.         }
26.
27.         static void Main(string[] args)
28.         {
29.             ConvertTime convert = new ConvertTime();
30.
31.             int tick;   //0~86399
32.
33.             Console.WriteLine("Please input a tick between 0~86399");
34.             tick = Convert.ToInt32(Console.ReadLine());
35.
36.             convert.dispTime(tick);
37.         }
38.
39.         public class CalcTime
40.         {
41.             public const int TIME_VAL_HOUR = 0x01;
42.             public const int TIME_VAL_MIN = 0x02;
43.             public const int TIME_VAL_SEC = 0x03;
44.
45.             private int mHour;       //小时值
46.             private int mMin;        //分钟值
47.             private int mSec;        //秒值
48.
49.             private int calcHour(int tick)
50.             {
51.                 int hour;
52.                 hour = tick / 3600;   //tick 对 3600 取模赋值给 hour
53.                 return (hour);
54.             }
55.
56.             private int calcMin(int tick)
57.             {
```

```
58.              int min;
59.              min = (tick % 3600) / 60; //tick 对 3600 求余后再对 60 取模，结果赋值给 min
60.              return (min);
61.          }
62.
63.          private int calcSec(int tick)
64.          {
65.              int sec;
66.              sec = (tick % 3600) % 60; //tick 对 3600 求余后再对 60 求余，结果赋值给 sec
67.              return (sec);
68.          }
69.
70.          public int calcTimeVal(int tick)
71.          {
72.              int validFlag = 0;
73.
74.              if (tick >= 0 && tick <= 86399)
75.              {
76.                  validFlag = 1;
77.
78.                  mHour = calcHour(tick);
79.                  mMin = calcMin(tick);
80.                  mSec = calcSec(tick);
81.              }
82.
83.              return validFlag;
84.          }
85.
86.          public int getTimeVal(int type)
87.          {
88.              int timeVal = 0;
89.
90.              switch (type)
91.              {
92.                  case TIME_VAL_HOUR:
93.                      timeVal = mHour;
94.                      break;
95.                  case TIME_VAL_MIN:
96.                      timeVal = mMin;
97.                      break;
98.                  case TIME_VAL_SEC:
99.                      timeVal = mSec;
100.                     break;
101.                 default:
102.                     break;
103.             }
104.
105.             return timeVal;
106.         }
107.     }
108. }
109. }
```

最后，按 F5 键编译并运行程序，在弹出的 Console 命令窗口中，输入 80000 后按回车键，可以看到运行结果，即输出 "Current time : 22-13-20"，说明实验成功。

3.1.4 本节任务

2020 年有 366 天，将 2020 年 1 月 1 日作为计数起点，即计数 1，2020 年 12 月 31 日作为计数终点，即计数 366。计数 1 代表 "2020 年 1 月 1 日-星期三"，计数 10 代表 "2020 年 1 月 10 日-星期五"。参考本节实验，通过键盘输入一个 1～366 之间的值，包括 1 和 366，将其转换为年、月、日、星期，并输出转换结果。

3.2 类的继承实验

3.2.1 实验内容

创建 ConvertTime 类，在类中定义一个父类 CalcTime，在父类中依次定义用于指定小时值、分钟值的常量 TIME_VAL_HOUR 和 TIME_VAL_MIN；用于保存小时值和分钟值的成员变量 mHour 和 mMin；用于计算小时值和分钟值的 calcHour() 和 calcMin()。然后定义一个继承父类的 CalcAllTime 子类，在子类中定义用于指定秒值类型的常量 TIME_VAL_SEC；用于保存秒值的成员变量 mSec；用于计算秒值的 calcSec() 方法。最后，重写用于计算时间值的 calcTimeVal() 方法和获取时间值的 getTimeVal() 方法。在 ConvertTime 类中，通过关键字 new 创建一个 CalcAllTime 型对象，该对象名为 cat，再在 ConvertTime 类中定义一个用于计算和显示时间的 dispTime() 方法。在 Main() 方法中获取键盘输入值（0～86399 之间的值，包括 0 和 86399），然后实现秒值-时间值转换，并输出转换结果。

3.2.2 实验原理

1. 类的继承

继承是一种新建类的方式，新建的类称为子类，被继承的类称为父类。继承是类与类之间的关系，使用继承可以减少代码的冗余。

例如，现在有两个问题，第一个是使用看门犬解决看家问题，第二个是使用牧羊犬解决放牧问题。由于看门犬和牧羊犬都属于犬类，具有与犬类相同的属性和行为，如性别和身长属性，以及行走和奔跑行为，这样就可以先定义一个犬类。在使用看门犬解决看家问题时，就可以创建一个继承犬类的看门犬类，并且在看门犬类中新增看门行为的定义；在使用牧羊犬解决放牧问题时，就可以创建一个继承犬类的牧羊犬类，并且在牧羊犬类中新增牧羊行为的定义，如图 3-3 所示。这样，就节省了定义犬类与看门狗、牧羊犬共同具有的属性和行为的时间，这就是继承的基本思想。

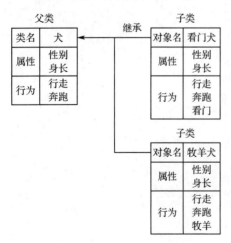

图 3-3 类的继承实例

2. 继承的优点和缺点

如果不使用继承的思想，分别定义看门犬类和牧羊犬类，代码就会出现重复，这样不仅会导致代码臃肿，而且在后期维护中，一旦重复性的地方出错，就需要修改大量的代码，使得系统维护性降低。而使用继承的思想，以上问题都可以解决，因此，继承的优点有：①代码冗余度低，开发时间短；②代码扩展性高，系统开发灵活性强；③代码重用性高，系统出错概率低。除了优点，类也有相应的缺点：①继承是侵入性的，只要继承，就必须拥有父类的所有属性和方法；②子类拥有父类的属性和方法，增加了子类代码的约束，降低了代码的灵活性；③当父类的常量、变量和方法被修改时，需要考虑子类的修改，而且在缺乏规范的环境下，这种修改可能带来大段代码需要重构的后果，增强了代码的耦合性。

3. 继承的实现

在 C#中使用 "："来实现子类对父类的继承，而且所有的类都继承自 System.Object，如果一个类的定义没有使用 "："，则默认继承 Object 祖先类。注意，C#中的对象仅能直接派生于一个基类，当然基类也可以有自己的基类。

在继承一个基类时，成员的访问性成为一个重要的问题。派生类不能访问基类的私有成员，可以访问公共成员。但是，外部代码也可以访问基类的公共成员。为了区分派生类和外部代码的访问属性，C#提供了第三种可访问性 protected，只有派生类才能访问 protected 成员。对于外部代码来说，这个访问性和私有成员一样。

构造函数的继承需要特别注意，子类不能继承父类的构造函数。在子类实例化对象的过程中，子类会首先默认执行父类的无参构造函数，然后执行自己的构造函数。在没有指定任何构造函数的情况下，程序默认会指派一个无参的构造函数。但是当手动添加构造函数后，默认的构造函数就会被清除。所以，当父类含有有参构造函数时，代码会报错。即子类采用默认构造函数时，父类必须有一个无参的构造函数才能编译通过。当父类是有参构造函数时，子类必须显式调用父类的构造函数，使用 base 关键字。

子类重新实现父类的方法有 override（重写）和 new（覆盖）两种，本书主要使用重写方法。这两种重新实现父类的方法，在实现时方法的签名必须相同，不同的是使用 override 重新实现父类时，父类方法必须用 virtual 修饰，表示这个方法是虚方法，可以被重写。而 new 方法则不必使用 virtual 修饰。两种方法的实质性区别体现在子类变为父类时，本书不涉及，不做具体介绍。

父类的继承、构造函数的继承和子类重新实现父类的方法的具体实例如下：

```
public class Dog //父类
{
    private int sex;
    private int length;
    public Dog(int dogSex, int dogLength)        //父类有参构造函数
    {
        //初始化属性值
    }
    public void walk()
    {
        Console.WriteLine("Dog is walking.");
    }
    //重写对应虚函数
    public virtual void run()
    {
        Console.WriteLine("Dog is running.");
```

```
    }

    /* 覆盖无须虚函数
    public void run()
    {
        Console.WriteLine("Dog is running.");
    }*/
}

public class WatchDog : Dog //子类
{
    //调用父类构造方法
    public WatchDog(int dogSex, int dogLength):base(dogSex, dogLength)
    {
    }

    //重写
    public override void run()
    {
        Console.WriteLine("WatchDog is running.");  //重写父类方法
    }

    /* 覆盖示例
    public new void run()
    {
        Console.WriteLine("WatchDog is running.");  //重写父类方法
    }*/

    public void watchDoor()
    {
        this.run(); //调用子类成员方法
        Console.WriteLine("WatchDog is watching door.");
    }
}
```

注意，在子类中，可以通过 this 关键字来实现对自己成员的访问。

4．本节实验剖析

有些计算和显示时间的场合只需要小时和分钟，有些则需要小时、分钟和秒。因此，可以先设计一个父类 CalcTime，然后子类 CalcAllTime 继承父类。同时，在子类中依次定义用于指定秒值类型的常量 TIME_VAL_SEC；用于保存秒值的成员变量 mSec；用于计算秒值的 calcSec()方法。最后，重写用于计算时间值的 calcTimeVal()方法和获取时间值的 getTimeVal()方法。完成 CalcAllTime 类的创建之后，就可以在 ConvertTime 类中实例化一个 CalcAllTime 对象，该对象名为 cat，然后定义一个 dispTime()方法用于计算和显示时间，这样，就可以在 Main()方法中实例化一个 ConvertTime 对象，通过调用该对象的 dispTime()方法计算和显示时间，如图 3-4 所示。

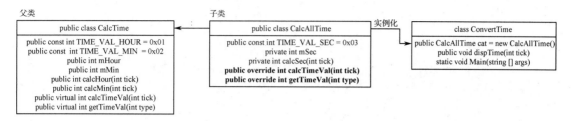

图 3-4　类的继承实验原理图

3.2.3　实验步骤

首先，新建一个控制台应用程序，设置"项目名称"为 ConvertTime，保存至"D:\ WinFormTest\ OOP02.类的继承实验"文件夹中。然后，将程序清单 3-2 中的代码输入 Program.cs 文件中。下面按照顺序对部分语句进行解释。

（1）第 40 至 95 行代码：创建 CalcTime 父类，在该类中实现小时值和分钟值的计算。

（2）第 97 至 147 行代码：定义一个继承 CalcTime 父类的 CalcAllTime 子类，在子类中实现秒值的计算，并重写用于计算时间值的 calcTimeVal()方法和获取时间值的 getTimeVal()方法。

程序清单 3-2

```
1.   using System;
2.
3.   namespace ConvertTime
4.   {
5.       class ConvertTime
6.       {
7.           public CalcAllTime cat = new CalcAllTime(); //创建一个 CalcAllTime 类的对象
8.
9.           public void dispTime(int tick)
10.          {
11.              int hour;
12.              int min;
13.              int sec;
14.
15.              if (cat.calcTimeVal(tick) == 1)
16.              {
17.                  hour = cat.getTimeVal(CalcTime.TIME_VAL_HOUR);
18.                  min = cat.getTimeVal(CalcTime.TIME_VAL_MIN);
19.                  sec = cat.getTimeVal(CalcAllTime.TIME_VAL_SEC);
20.
21.                  //打印转换之后的时间结果
22.                  Console.WriteLine("Current time : " + hour + "-" + min + "-" + sec);
23.                  Console.ReadKey();
24.              }
25.          }
26.
27.          static void Main(string[] args)
28.          {
29.
30.              ConvertTime convert = new ConvertTime();
```

```
31.
32.            int tick = 0;    //0~86399
33.
34.            Console.WriteLine("Please input a tick between 0~86399");
35.            tick = Convert.ToInt32(Console.ReadLine());
36.
37.            convert.dispTime(tick);
38.        }
39.
40.    public class CalcTime
41.    {
42.            public const int TIME_VAL_HOUR = 0x01;
43.            public const int TIME_VAL_MIN = 0x02;
44.
45.            public int mHour;
46.            public int mMin;
47.
48.            public int calcHour(int tick)
49.            {
50.                int hour;
51.                hour = tick / 3600; //tick 对 3600 取模赋值给 hour
52.                return (hour);
53.            }
54.
55.            public int calcMin(int tick)
56.            {
57.                int min;
58.                min = (tick % 3600) / 60; //tick 对 3600 求余后再对 60 取模，结果赋值给 min
59.                return (min);
60.            }
61.
62.            public virtual int calcTimeVal(int tick)
63.            {
64.                int validFlag = 0;
65.
66.                if (tick >= 0 && tick <= 86399)
67.                {
68.                    validFlag = 1;
69.
70.                    mHour = calcHour(tick);
71.                    mMin = calcMin(tick);
72.                }
73.
74.                return validFlag;
75.            }
76.
77.            public virtual int getTimeVal(int type)
78.            {
79.                int timeVal = 0;
80.
81.                switch (type)
82.                {
```

```
83.                    case TIME_VAL_HOUR:
84.                        timeVal = mHour;
85.                        break;
86.                    case TIME_VAL_MIN:
87.                        timeVal = mMin;
88.                        break;
89.                    default:
90.                        break;
91.                }
92.
93.                return timeVal;
94.            }
95.        }
96.
97.        public class CalcAllTime : CalcTime
98.        {
99.            public const int TIME_VAL_SEC = 0x03;
100.
101.            private int mSec;
102.
103.            private int CalcSec(int tick)
104.            {
105.                int sec;
106.                sec = (tick % 3600) % 60; //tick 对 3600 求余后再对 60 求余，结果赋值给 sec
107.                return (sec);
108.            }
109.
110.            public override int calcTimeVal(int tick)
111.            {
112.                int validFlag = 0;
113.
114.                if (tick >= 0 && tick <= 86399)
115.                {
116.                    validFlag = 1;
117.
118.                    mHour = calcHour(tick);
119.                    mMin = calcMin(tick);
120.                    mSec = CalcSec(tick);
121.                }
122.
123.                return validFlag;
124.            }
125.
126.            public override int getTimeVal(int type)
127.            {
128.                int timeVal = 0;
129.
130.                switch (type)
131.                {
132.                    case TIME_VAL_HOUR:
133.                        timeVal = mHour;
134.                        break;
```

```
135.                case TIME_VAL_MIN:
136.                    timeVal = mMin;
137.                    break;
138.                case TIME_VAL_SEC:
139.                    timeVal = mSec;
140.                    break;
141.                default:
142.                    break;
143.            }
144.
145.            return timeVal;
146.        }
147.    }
148.  }
149. }
```

最后，按 F5 键编译并运行程序，在弹出的 Console 命令窗口中，输入 80000 后按回车键，可以看到运行结果，即输出"Current time : 22-13-20"，说明实验成功。

3.2.4 本节任务

基于类的继承，完成 3.1.4 节的任务。

3.3 类的多态实验

3.3.1 实验内容

创建 ConvertTime 类，在类中定义一个 DispTime 类，之后在 DispTime 类中定义一个虚方法 dispTime()。然后创建一个继承 DispTime 类的 CalcTime 子类，进一步在 CalcTime 类中依次定义用于保存小时值、分钟值和秒值的成员变量 mHour、mMin 和 mSec；用于计算小时值、分钟值和秒值的 calcHour()、calcMin()和 calcSec()方法，并重写 dispTime()方法。其中 calcHour()、calcMin()、calcSec()和 dispTime()方法用 public 修饰，其余的成员变量和成员方法均用 private 修饰。在 Main()方法中获取键盘输入值（0～86399 之间的值，包括 0 和 86399），然后实现秒值-时间值转换，并输出转换结果。

3.3.2 实验原理

1. 类的多态性

多态性是指在父类中定义的属性和方法被子类继承后，可以具有不同的数据类型或表现出不同的行为，这使得同一个属性或方法在父类及其各个子类中具有不同的含义。类的多态性可以表现为：①重载式多态，也称编译时多态，这种多态在编译时已经确定好调用哪个方法；②重写式多态，也称运行时多态，这种多态只有当程序运行起来，才知道调用的是哪个子类的方法；③父类引用指向子类对象，当对象需要调用的方法在父类和子类中都存在时，默认调用子类中的方法；而当对象需要调用的方法只存在于父类或子类中时，则调用对应类中的方法。

2. 重载与重写的区别

如果同一个类中包含两个或两个以上方法名相同、参数列表不同（与返回值类型无关）

的方法，则称为方法重载。所谓重载，就是要求"两同一不同"：同一个类中方法名相同；参数列表不同。对于方法其他部分（返回值类型、修饰符等）与重载没有任何关系。参数列表不同包括：①参数个数不同；②参数类型不同；③参数顺序不同（很少使用）。

很多初学者经常将重写与重载混淆，重写方法需要遵循以下规则：①父类方法与子类重写的方法参数列表、返回值类型与方法名必须相同；②子类重写的方法不能拥有比父类方法更低的访问权限，而 public 权限最低，private 权限最高；③当父类中方法的访问权限修饰符为 private 时，该方法在子类中是不能被重写的；④如果父类方法抛出异常，那么子类重写的方法也要抛出异常，而且抛出的异常不能多于父类中抛出的异常（可以等于父类中抛出的异常）。

3．实验剖析

本节实现类的多态，主要体现在方法的重写及父类引用指向子类的对象。首先创建一个父类 DispTime，在类中定义一个虚方法 dispTime()。然后继承父类创建一个 CalcTime 子类，在该类中重写 dispTime()方法。最后在 Main()方法中实例化一个父类指向子类的对象，通过这个对象调用 dispTime()方法实现时间值的转换，如图 3-5 所示。

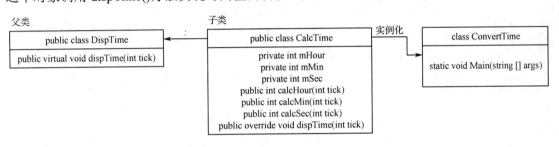

图 3-5　类的多态实验原理图

3.3.3　实验步骤

首先，新建一个控制台应用程序，设置"项目名称"为 ConvertTime，保存至"D:\WinFormTest\ OOP03.类的多态实验"文件夹中。然后，将程序清单 3-3 中的代码输入 Program.cs文件中。下面按照顺序对部分语句进行解释。

（1）第 7 至 14 行代码：定义 DispTime 基类，在类中定义一个虚方法 dispTime()。

（2）第 17 行代码：定义一个继承 DispTime 类的子类 CalcTime。

（3）第 23 至 39 行代码：分别计算小时值、分钟值和秒值。

（4）第 41 至 62 行代码：重写父类的 dispTime()方法，实现时间值的输出。

（5）第 68 行代码：定义一个父类指向子类的对象。

程序清单 3-3

```
1.   using System;
2.
3.   namespace ConvertTime
4.   {
5.       class ConvertTime
6.       {
7.           //基类
8.           public class DispTime
9.           {
```

```
10.        public virtual void dispTime(int tick)
11.        {
12.            Console.WriteLine("Current time : **-**-**");
13.        }
14.    }
15.
16.    //继承 DispTime 类的子类
17.    public class CalcTime : DispTime
18.    {
19.        private int mHour;    //小时值
20.        private int mMin;     //分钟值
21.        private int mSec;     //秒值
22.
23.        public int calcHour(int tick)
24.        {
25.            mHour = tick / 3600;
26.            return (mHour);
27.        }
28.
29.        public int calcMin(int tick)
30.        {
31.            mMin = (tick % 3600) / 60;
32.            return (mMin);
33.        }
34.
35.        public int calcSec(int tick)
36.        {
37.            mSec = (tick % 3600) % 60;
38.            return (mSec);
39.        }
40.
41.        public override void dispTime(int tick)
42.        {
43.            int hour;    //小时值
44.            int min;     //分钟值
45.            int sec;     //秒值
46.
47.            if (tick >= 0 && tick <= 86399)
48.            {
49.                hour = calcHour(tick);
50.                min  = calcMin(tick);
51.                sec  = calcSec(tick);
52.
53.                //打印转换之后的时间结果
54.                Console.WriteLine("Current time : " + hour + "-" + min + "-" + sec);
55.            }
56.            else
57.            {
58.                Console.WriteLine("Tick value is not valid");
59.            }
```

```
60.
61.              Console.ReadKey();
62.          }
63.      }
64.
65.      static void Main(string[] args)
66.      {
67.          //父类引用指向子类的对象
68.          DispTime convert = new CalcTime();
69.
70.          int tick;    //0~86399
71.
72.          Console.WriteLine("Please input a tick between 0~86399");
73.          tick = Convert.ToInt32(Console.ReadLine());
74.
75.          convert.dispTime(tick);
76.      }
77.  }
78. }
```

最后，按 F5 键编译并运行程序，在弹出的 Console 命令窗口中，输入 80000 后按回车键，可以看到运行结果，即输出"Current time : 22-13-20"，说明实验成功。

3.3.4　本节任务

基于方法的重写，完成 3.1.4 节的任务。

3.4　抽象类实验

3.4.1　实验内容

创建 ConvertTime 类，在类中定义一个 Time 抽象类，在抽象类中依次定义用于保存小时值、分钟值和秒值的成员变量 mHour、mMin 和 mSec，以及用于显示时间的 dispTime()方法，该方法为抽象方法。然后定义一个继承抽象类的 CalcTime 子类，在子类中定义用于计算小时值的 calcHour()方法，用于计算分钟值的 calcMin()方法，用于计算秒值的 calcSec()方法，最后，重写用于显示时间的 dispTime()方法。在 ConvertTime 类中，通过关键字 new 创建一个 CalcTime 型对象，该对象名为 ct，再在 ConvertTime 类中分别定义一个用于计算和显示时间的 calcDispTime()方法。在 Main()方法中获取键盘输入值（0～86399 之间的值，包括 0 和 86399），然后实现秒值-时间值转换，并输出转换结果。

3.4.2　实验原理

1. 抽象类

抽象类也是类，只是抽象类具备一些特殊的性质。通常编写一个类时，会为这个类定义具体的属性和方法，但某些情况下只知道一个类需要哪些属性和方法，不知道这些方法具体是什么，这时就需要用到抽象类。

例如，产品经理定义了一个产品，要求设计一个成本不高于 80 元的电子血压计，能测量收缩压、舒张压和脉率。在这个例子中，产品就是一个抽象类，包括两个抽象属性：价格不高于 80 元和电子血压计。还包括三个抽象方法：测量收缩压、测量舒张压和测量脉率。现在工程师就可以按照产品经理的要求（即抽象类）去设计产品。抽象类就像一个大纲，规范了一个项目。

抽象类除了不能实例化对象，类的其他功能依然存在，成员变量、成员方法和构造方法的访问方式与普通类一样。抽象类不能实例化对象，所以抽象类必须被继承后，才能被使用。

定义抽象类时，需要使用 abstract 关键字，定义抽象类的语法如下：

```
[权限修饰符] abstract class 类名
{
    //类体
}
```

在 C#中，抽象类有以下规定：

（1）抽象类不能被实例化，只有抽象类的非抽象子类才可以被实例化；

（2）抽象类中不一定包含抽象方法，但是有抽象方法的类一定是抽象类；

（3）抽象类中的抽象方法只是声明，不包含方法体；

（4）构造方法和类方法（用 static 修饰的方法）不能声明为抽象方法；

（5）抽象类的子类必须给出抽象类中抽象方法的具体实现，除非该子类也是抽象类。

2．抽象方法

如果一个类中的方法的具体实现由它的子类确定，那么可以在父类中声明该方法为抽象方法。定义抽象方法时，同样需要使用 abstract 关键字，定义抽象方法的语法如下：

```
[权限修饰符] abstract 返回值类型 方法名(参数列表);
```

在 C#中，抽象方法有以下规定：

（1）抽象方法后面直接跟一个分号，而不是花括号；

（2）抽象方法的修饰符必须为 public 或 protected（如果为 private，则不能被子类继承），通常情况下默认为 public；

（3）任何子类必须重写父类的抽象方法，或者声明该子类为抽象类。

3．继承抽象类

定义继承抽象类的子类时，需要使用"："，语法如下：

```
[权限修饰符] class 子类名 ： 抽象类名
{
    //类体
}
```

4．实验剖析

无论是需要显示时间的场合，还是需要计算和显示时间的场合，都有一个共同点，就是需要有保存时间的三个变量，以及显示时间的方法。因此，可以定义一个 Time 抽象类，在抽象类中依次定义用于保存小时值、分钟值和秒值的成员变量 mHour、mMin 和 mSec，以及用于显示时间的 dispTime()抽象方法。抽象类 Time 不能被实例化，因此，还需要创建一个继承 Time 抽象类的 CalcTime 子类。最后，在 ConvertTime 类中实例化一个 CalcTime 型对象，然后定义一个 calcDispTime()方法用于计算和显示时间，如图 3-6 所示。

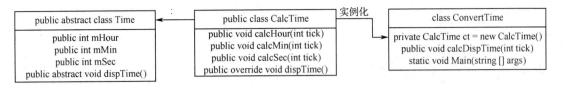

图 3-6　抽象类实验原理图

3.4.3　实验步骤

首先，新建一个控制台应用程序，设置"项目名称"为 ConvertTime，保存至"D:\
WinFormTest\OOP04.抽象类实验"文件夹中。然后，将程序清单 3-4 中的代码输入 Program.cs
文件中。下面按照顺序对部分语句进行解释。

（1）第 30 至 37 行代码：创建 Time 抽象类，在该类中定义用于保存计算结果的三个成员
变量，分别是 mHour、mMin 和 mSec，以及用于显示时间的 dispTime()方法，该方法为抽象
方法。

（2）第 39 至 63 行代码：定义一个继承抽象类的 CalcTime 子类，在子类中定义用于计算
小时值、分钟值和秒值的 calcHour()、calcMin()和 calcSec()方法，最后，重写用于显示时间的
dispTime()方法。

程序清单 3-4

```
1.   using System;
2.
3.   namespace ConvertTime
4.   {
5.       class ConvertTime
6.       {
7.           private CalcTime ct = new CalcTime(); //创建一个 CalcTime 类的对象
8.
9.           public void calcDispTime(int tick)
10.          {
11.              ct.calcHour(tick);
12.              ct.calcMin(tick);
13.              ct.calcSec(tick);
14.              ct.dispTime();
15.          }
16.
17.          static void Main(string[] args)
18.          {
19.
20.              ConvertTime convert = new ConvertTime();
21.
22.              int tick;    //0~86399
23.
24.              Console.WriteLine("Please input a tick between 0~86399");
25.              tick = Convert.ToInt32(Console.ReadLine());
26.
27.              convert.calcDispTime(tick);
28.          }
29.
```

```
30.        public abstract class Time
31.        {
32.            public int mHour;      //小时值
33.            public int mMin;       //分钟值
34.            public int mSec;       //秒值
35.
36.            public abstract void dispTime();
37.        }
38.
39.        public class CalcTime : Time
40.        {
41.            public void calcHour(int tick)
42.            {
43.                mHour = tick / 3600;
44.            }
45.
46.            public void calcMin(int tick)
47.            {
48.                mMin = (tick % 3600) / 60;
49.            }
50.
51.            public void calcSec(int tick)
52.            {
53.                mSec = (tick % 3600) % 60;
54.            }
55.
56.            public override void dispTime()
57.            {
58.                //throw new NotImplementedException();
59.                //打印转换之后的时间结果
60.                Console.WriteLine("Current time : " + mHour + "-" + mMin + "-" + mSec);
61.                Console.ReadKey();
62.            }
63.        }
64.    }
65. }
```

　　最后，按 F5 键编译并运行程序，在弹出的 Console 命令窗口中，输入 80000 后按回车键，可以看到运行结果，即输出"Current time : 22-13-20"，说明实验成功。

3.4.4　本节任务

　　基于抽象类，完成 3.1.4 节的任务。

3.5　接口实验

3.5.1　实验内容

　　创建 ConvertTime 类，在类中定义一个接口 ITime，在接口中依次定义小时值、分钟值、秒值的默认值 DEFAULT_HOUR、DEFAULT_MIN 和 DEFAULT_SEC；用于显示时间的 dispTime()方法，该方法为抽象方法。然后定义一个实现接口 ITime 的 CalcTime 类，在该类中定义用于保存小时值、分钟值和秒值的成员变量 mHour、mMin 和 mSec；用于计算小时值、分钟值和秒值的 calcHour()、calcMin()和 calcSec()方法；最后，重写用于显示时间的 dispTime()方法。在 ConvertTime 类中，通过关键字 new 创建一个 CalcTime 型对象，该对象名为 ct，再在 ConvertTime 类中分别定义一个用于计算和显示时间的 calcDispTime()方法。在 Main()方法中获取键盘输入值（0～86399 之间的值，包括 0 和 86399），然后实现秒值-时间值转换，并输出转换结果。

3.5.2　实验原理

1．接口

接口是抽象类的延伸，通常用 interface 来声明。一个类通过实现接口的方式，从而继承接口的抽象方法。接口并不是类，定义接口的方式与类相似，但它们属于不同的概念。类描述对象的属性和方法，接口则包含类要实现的方法。抽象类无法被实例化，但可以被继承，同样，接口无法被实例化，但可以被实现。一个实现接口的类，必须实现接口内所描述的所有方法，否则就必须声明为抽象类。

例如，鸟都有 fly()和 eat()两个行为，因此可以定义一个抽象类，代码如下：

```
public abstract class Bird {
    public abstract void fly();
    public abstract void eat();
}
```

也可以定义一个接口，代码如下：

```
public interface Bird {
    public abstract void fly();
    public abstract void eat();
}
```

现在需要解决通过鸟送信的问题，以下有两种思路。

（1）将 fly()、eat()和 send()这三个行为都定义在抽象类中，送信的鸟继承该抽象类没有问题，但其他鸟类继承该抽象类后也具备了送信功能，这并不是希望的结果。

（2）将 fly()、eat()和 send()这三个行为都定义在接口中，需要用到送信功能的类就要实现这个接口中的 fly()和 eat()，但有些类并不具备 fly()和 eat()这两个功能，如送信机器人。

从上面的分析可以看出，Bird 的 fly()、eat()和 send()属于两个不同范畴的行为，fly()、eat()属于鸟固有的行为特性，而 send()属于延伸的附加行为。因此，最优化的解决办法是单独将送信设计为一个接口，包含 send()行为，将 Bird 设计成一个单独的抽象类，包含 fly()、eat()两种行为。这样，就可以完美地设计出一个送信鸟继承 Bird 类和实现 SendMail 接口，代码如下：

```
public interface SendMail
{
    public abstract void send();
}
public abstract class Bird
{
    public abstract void fly();
```

```
    public abstract void eat();
}
public class MailBird : Bird , SendMail
{
    public override void fly()
    {
        //方法体
    }
    public override void eat()
    {
        //方法体
    }
    public void send()
    {
        //方法体
    }
}
```

2. 抽象类与接口的区别

抽象类是对一种事物的抽象，即对类抽象；接口是对行为的抽象。抽象类是对整个类整体进行抽象，包括属性、行为；接口是对类局部（行为）进行抽象。类的继承和接口的实现都用到"："，抽象类与接口的区别如下：

（1）抽象类可以包含构造方法，接口没有构造方法；

（2）抽象类既可以有抽象方法也可以有非抽象方法，接口中的方法必须是抽象方法；

（3）抽象类中的成员变量可以为各种类型，而接口中的成员变量只能是静态常量；

（4）抽象类可以包含静态代码块和静态代码，而接口不能包含；

（5）一个类只能继承一个抽象类，却可以实现多个接口。

3. 接口的定义与实现

接口中可以含有变量和方法。接口中的变量会被隐式地指定为 public const 变量，所有变量必须给出初始值，且绝对不会被修改；接口中的方法会被隐式地指定为 public abstract 方法，并且只能是 public abstract 方法；接口中所有的方法不能有具体的实现，即接口中的方法必须都是抽象方法。定义接口时，需要使用 interface 关键字，语法如下：

```
[权限修饰符] interface 接口名
{
    [public] [const] 常量;
    [public] [abstract] 方法;
}
```

一个类既可以实现一个接口，也可以实现多个接口，实现接口需要使用"："，语法如下：

```
[权限修饰符] class 子类名 ：  接口名1, 接口名 2……
{
    //类体
}
```

4. 实验剖析

无论是需要显示时间的场合，还是需要计算和显示时间的场合，都有一个共同点，就是需要有保存时间的三个变量，以及显示时间的方法。除了通过抽象类的方式，还可以通过接口的方式，定义一个 ITime 接口，在接口中定义用于显示时间的 dispTime()抽象方法。接口不能被实例化，因此，还需要创建一个实现 ITime 接口的 CalcTime 子类。最后，在 ConvertTime 类中实例化一个 CalcTime 型对象，然后定义一个 calcDispTime()方法用于计算和显示时间，如图 3-7 所示。

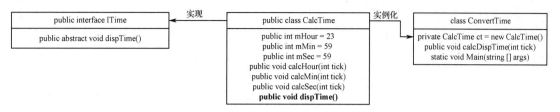

图 3-7 接口实验 1 原理图

有些需要显示时间的场合还需要计算时间值，因此，将计算时间值的功能单独定义为一个 ITime 接口。先定义一个 Time 接口，在接口中定义用于显示时间的 dispTime()抽象方法；再定义一个 Calc 接口，在接口中定义用于计算小时值、分钟值和秒值的 calcHour()、calcMin()、calcSec()方法。创建一个实现 Time 接口和 ICalc 接口的 CalcTime 子类。最后，在 ConvertTime 类中实例化一个 CalcTime 型对象，并定义一个 calcDispTime()方法用于计算和显示时间，如图 3-8 所示。

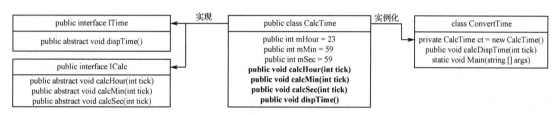

图 3-8 接口实验 2 原理图

3.5.3 实验步骤

首先，新建一个控制台应用程序，设置"项目名称"为 ConvertTime，保存至"D:\WinFormTest\ OOP05.1.接口实验"文件夹中。然后，将程序清单 3-5 中的代码输入 Program.cs 文件中。下面按照顺序对部分语句进行解释。

（1）第 28 至 31 行代码：定义一个 ITime 接口，在接口中定义用于显示时间的 dispTime()方法，该方法为抽象方法。

（2）第 33 至 60 行代码：定义一个实现接口 ITime 的 CalcTime 类，在该类中定义用于保存小时值、分钟值和秒值的成员变量 mHour、mMin 和 mSec，用于计算小时值、分钟值和秒值的 calcHour()、calcMin()和 calcSec()方法。最后，重写用于显示时间的 dispTime()方法。

程序清单 3-5

```
1.  using System;
2.
3.  namespace ConvertTime
4.  {
5.      class ConvertTime
6.      {
```

```
7.          private CalcTime ct = new CalcTime(); //创建一个 CalcTime 类的对象
8.
9.          public void calcDispTime(int tick)
10.         {
11.             ct.calcHour(tick);
12.             ct.calcMin(tick);
13.             ct.calcSec(tick);
14.             ct.dispTime();
15.         }
16.
17.         static void Main(string[] args)
18.         {
19.             int tick;    //0~86399
20.
21.             Console.WriteLine("Please input a tick between 0~86399");
22.             tick = Convert.ToInt32(Console.ReadLine());
23.
24.             ConvertTime convert = new ConvertTime();
25.             convert.calcDispTime(tick);
26.         }
27.
28.         public interface ITime
29.         {
30.             public abstract void dispTime();
31.         }
32.
33.         public class CalcTime : ITime
34.         {
35.             public int mHour = 23; //小时值
36.             public int mMin = 59;  //分钟值
37.             public int mSec = 59;  //秒值
38.
39.             public void calcHour(int tick)
40.             {
41.                 mHour = tick / 3600;
42.             }
43.
44.             public void calcMin(int tick)
45.             {
46.                 mMin = (tick % 3600) / 60;
47.             }
48.
49.             public void calcSec(int tick)
50.             {
51.                 mSec = (tick % 3600) % 60;
52.             }
53.
54.             public void dispTime()
55.             {
56.                 //打印转换之后的时间结果
57.                 Console.WriteLine("Current time : " + mHour + "-" + mMin + "-" + mSec);
58.                 Console.ReadKey();
```

```
59.                }
60.            }
61.
62.        }
63.    }
```

按 F5 键编译并运行程序，在弹出的 Console 命令窗口中，输入 80000 后按回车键，可以看到运行结果，即输出 "Current time : 22-13-20"，说明实验成功。

然后，新建一个控制台应用程序，设置 "项目名称" 为 ConvertTime，保存至 "D:\WinFormTest\OOP05.2.接口实验" 文件夹中。将程序清单 3-6 中的代码输入 Program.cs 文件中。下面按照顺序对部分语句进行解释。

（1）第 33 至 38 行代码：定义一个 ICalc 接口，在接口中依次定义用于计算小时值、分钟值和秒值的 calcHour()、calcMin()和 calcSec()方法，这些方法均为抽象方法。

（2）第 40 至 67 行代码：定义一个实现 ITime 接口和 ICalc 接口的 CalcTime 类，在该类中定义用于保存小时值、分钟值和秒值的成员变量 mHour、mMin 和 mSec，重写用于计算小时值、分钟值和秒值的 calcHour()、calcMin()和 calcSec()方法，以及用于显示时间的 dispTime()方法。

程序清单 3-6

```
1.    using System;
2.
3.    namespace ConvertTime
4.    {
5.        class ConvertTime
6.        {
7.            private CalcTime ct = new CalcTime(); //创建一个 CalcTime 类的对象
8.
9.            public void calcDispTime(int tick)
10.           {
11.               ct.calcHour(tick);
12.               ct.calcMin(tick);
13.               ct.calcSec(tick);
14.               ct.dispTime();
15.           }
16.
17.           static void Main(string[] args)
18.           {
19.               int tick;    //0~86399
20.
21.               Console.WriteLine("Please input a tick between 0~86399");
22.               tick = Convert.ToInt32(Console.ReadLine());
23.
24.               ConvertTime convert = new ConvertTime();
25.               convert.calcDispTime(tick);
26.           }
27.
28.           public interface ITime
29.           {
30.               public abstract void dispTime();
31.           }
32.
```

```
33.        public interface ICalc
34.        {
35.            public abstract void calcHour(int tick);
36.            public abstract void calcMin(int tick);
37.            public abstract void calcSec(int tick);
38.        }
39.
40.        public class CalcTime : ITime, ICalc
41.        {
42.            public int mHour = 23; //小时值
43.            public int mMin = 59;  //分钟值
44.            public int mSec = 59;  //秒值
45.
46.            public void calcHour(int tick)
47.            {
48.                mHour = tick / 3600;
49.            }
50.
51.            public void calcMin(int tick)
52.            {
53.                mMin = (tick % 3600) / 60;
54.            }
55.
56.            public void calcSec(int tick)
57.            {
58.                mSec = (tick % 3600) % 60;
59.            }
60.
61.            public void dispTime()
62.            {
63.                //打印转换之后的时间结果
64.                Console.WriteLine("Current time : " + mHour + "-" + mMin + "-" + mSec);
65.                Console.ReadKey();
66.            }
67.        }
68.
69.    }
70. }
```

　　最后，按 F5 键编译并运行程序，在弹出的 Console 命令窗口中，输入 80000 后按回车键，可以看到运行结果，即输出 "Current time : 22-13-20"，说明实验成功。

3.5.4　本节任务

基于接口，完成 3.1.4 节的任务。

3.6　命名空间实验

3.6.1　实验内容

创建 CalcTime 类，该类位于命名空间 ConvertTime.com.leyutek.calc 中，在 CalcTime 类

中依次定义用于指定小时值、分钟值和秒值的常量 TIME_VAL_HOUR、TIME_VAL_MIN 和 TIM_VAL_SEC；用于保存小时值、分钟值和秒值的成员变量 mHour、mMin 和 mSec；用于计算小时值、分钟值和秒值的 calcHour()、calcMin()和 calcSec()方法；用于计算三个时间值的 calcTimeVal()方法；用于获取三个时间值的 getTimeVal()方法。其中，calcTimeVal()和 getTimeVal()方法及三个常量用 public 修饰，其余的成员变量和成员方法均用 private 修饰。新建一个 ConvertTime 类，通过 using 导入 CalcTime 类包，并在 ConvertTime 类中通过关键字 new 创建一个 CalcTime 型对象，该对象名为 ct，然后在 ConvertTime 类中定义用于计算和显示时间的 dispTime()方法。在 Main()方法中获取键盘输入值（0～86399 之间的值，包括 0 和 86399），实现秒值-时间值转换，并输出转换结果。

3.6.2　实验原理

1．C#命名空间

命名空间提供了一种能够有效解决命名冲突的方式。在一个命名空间中声明的类不会与另一个命名空间中声明的相同的类产生命名冲突。通过命名空间可以很好地管理类代码，避免命名冲突带来的问题。此外，通过使用命名空间的机制，更容易实现访问控制，让定位相关类更加简单。

2．创建命名空间

在代码中，通过使用关键字 namespace 来定义命名空间，使用关键字 using 可以导入命名空间。具体的语法已在 1.5.4 节中介绍。

3．实验剖析

当程序规模较大时，常常需要将一些功能模块独立为单个.cs 文件，并将其归属于一个命名空间。在应用中，通过 using 关键字导入命名空间，就可以使用命名空间中的类，使程序脉络清晰。因此，将计算时间的 CalcTime 类归属于 ConvertTime.com.leyutek.calc 命名空间，再在 ConvertTime 类中，通过 using 关键字导入 ConvertTime.com.leyutek.calc 命名空间中的 CalcTime 类，在 ConvertTime 类中实例化一个 CalcTime 型对象，并定义一个 dispTime()方法用于计算和显示时间，如图 3-9 所示。

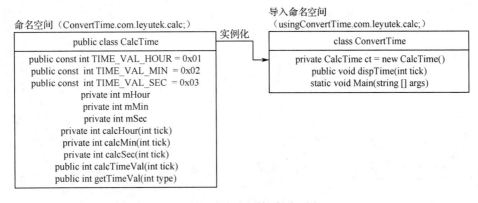

图 3-9　命名空间实验原理图

3.6.3　实验步骤

首先，新建一个控制台应用程序，设置"项目名称"为 ConvertTime，保存至"D:\

WinFormTest\OOP06.命名空间实验"文件夹中。在"解决方案资源管理器"中右键单击 ConvertTime，在快捷菜单中依次选择"添加"→"新建文件夹"，将文件夹命名为 com。用同样的方法在 com 文件夹中新建 leyutek 文件夹，再在 leyutek 文件夹中新建 calc 文件夹。右键单击 calc，在快捷菜单中依次选择"添加"→"新建项"，在弹出的对话框中选择"类"，并命名为 CalcTime.cs，单击"添加"按钮。将程序清单 3-7 中的代码输入 CalcTime.cs 文件中。下面按照顺序对这些语句进行解释。

（1）第 1 行代码：定义命名空间。

（2）第 2 至 71 行代码：在命名空间中创建 CalcTime 类，在该类中实现小时值、分钟值和秒值的计算。

程序清单 3-7

```
1.   namespace ConvertTime.com.leyutek.calc
2.   {
3.       public class CalcTime
4.       {
5.           public const int TIME_VAL_HOUR = 0x01;
6.           public const int TIME_VAL_MIN = 0x02;
7.           public const int TIME_VAL_SEC = 0x03;
8.
9.           private int mHour;  //小时值
10.          private int mMin;   //分钟值
11.          private int mSec;   //秒值
12.
13.          private int calcHour(int tick)
14.          {
15.              int hour;
16.              hour = tick / 3600;
17.              return (hour);
18.          }
19.
20.          private int calcMin(int tick)
21.          {
22.              int min;
23.              min = (tick % 3600) / 60;
24.              return (min);
25.          }
26.
27.          private int calcSec(int tick)
28.          {
29.              int sec;
30.              sec = (tick % 3600) % 60;
31.              return (sec);
32.          }
33.
34.          public int calcTimeVal(int tick)
35.          {
36.              int validFlag = 0;
37.
38.              if (tick >= 0 && tick <= 86399)
39.              {
```

```
40.              validFlag = 1;
41.
42.              mHour = calcHour(tick);
43.              mMin = calcMin(tick);
44.              mSec = calcSec(tick);
45.          }
46.
47.          return validFlag;
48.      }
49.
50.      public int getTimeVal(int type)
51.      {
52.          int timeVal = 0;
53.
54.          switch (type)
55.          {
56.              case TIME_VAL_HOUR:
57.                  timeVal = mHour;
58.                  break;
59.              case TIME_VAL_MIN:
60.                  timeVal = mMin;
61.                  break;
62.              case TIME_VAL_SEC:
63.                  timeVal = mSec;
64.                  break;
65.              default:
66.                  break;
67.          }
68.
69.          return timeVal;
70.      }
71.  }
72. }
```

将程序清单 3-8 中的代码输入 Program.cs 文件中。下面按照顺序对部分语句进行解释。

（1）第 1 行代码：ConvertTime 类将用到 CalcTime 类，但是到底使用哪个命名空间的类？using 关键字用于告知编译器，使用的是 ConvertTime.com.leyutek.calc 命名空间的类。

（2）第 8 行代码：通过关键字 new 创建一个 CalcTime 型对象，对象名为 ct。若省略第 1 行代码，也可通过 "private com.leyutek.calc.CalcTime ct = new com.leyutek.calc. CalcTime();" 代码来创建对象，且第 18 至 20 行中的 CalcTime 必须改为 com.leyutek.calc.CalcTime。

程序清单 3-8

```
1.  using ConvertTime.com.leyutek.calc;
2.  using System;
3.
4.  namespace ConvertTime
5.  {
6.      class ConvertTime
7.      {
8.          private CalcTime ct = new CalcTime(); //创建一个 CalcTime 类的对象
9.
```

```
10.          public void dispTime(int tick)
11.          {
12.              int hour;  //小时值
13.              int min;   //分钟值
14.              int sec;   //秒值
15.
16.              if (ct.calcTimeVal(tick) == 1)
17.              {
18.                  hour = ct.getTimeVal(CalcTime.TIME_VAL_HOUR);
19.                  min = ct.getTimeVal(CalcTime.TIME_VAL_MIN);
20.                  sec = ct.getTimeVal(CalcTime.TIME_VAL_SEC);
21.
22.                  //打印转换之后的时间结果
23.                  Console.WriteLine("Current time : " + hour + "-" + min + "-" + sec);
24.                  Console.ReadKey();
25.              }
26.          }
27.
28.      static void Main(String[] args)
29.      {
30.
31.          ConvertTime convert = new ConvertTime();
32.
33.          int tick;   //0~86399
34.
35.          Console.WriteLine("Please input a tick between 0~86399");
36.          tick = Convert.ToInt32(Console.ReadLine());
37.
38.          convert.dispTime(tick);
39.      }
40.  }
41. }
```

最后，按 F5 键编译并运行程序，在弹出的 Console 命令窗口中，输入 80000 后按回车键，可以看到运行结果，即输出"Current time : 22-13-20"，说明实验成功。

3.6.4　本节任务

基于类包，完成 3.1.4 节的任务。

3.7　异常处理实验

3.7.1　实验内容

创建 TickException 自定义异常类，实现构造方法。然后创建 ConvertTime 类，在该类中依次定义用于保存小时值、分钟值和秒值的成员变量 mHour、mMin 和 mSec；用于计算和显示时间值的 calcTimeVal()方法，如果 tick 值小于 0 或大于 86399，则通过 throw 实例化 TickException 自定义异常类。在 Main()方法中获取键盘输入值（0～86399 之间的值，包括 0 和 86399），在 try 语句中通过调用 ct 对象的 calcTimeVal()方法计算和显示时间值，在 catch 语句中输出异常信息，最后，在 finally 语句中关闭控制台输入对象。

3.7.2　实验原理

1．C#异常处理

当预先知道有可能会出现错误，但是不能百分百肯定会出现时，可以在可能出现错误的地方，编写完善的代码来处理错误和异常，从而避免中断程序的执行。这便是异常处理的意义所在。

2．C#异常类型

C#中所有的异常类都是 System.Exception 的直接或间接子类，这些异常类包含了异常的相关信息。配合异常处理语句，应用程序能够轻易地避免可能导致程序中断的各种错误。C#中常见的异常如表 3-2 所示。

表 3-2　C#中常见的异常

异 常 类	描 述
System.ArithmeticException	在算术运算期间发生的异常
System.ArrayTypeMismatchException	当存储一个数组时，若被存储的元素的实际类型与数组的实际类型不兼容而导致存储失败，就会引发此异常
System.DivideByZeroException	在试图用零除整数值时引发此异常
System.IndexOutOfRangeException	在试图使用小于零或超出数组界限的下标索引数组时引发此异常
System.InvalidCastException	当从基类或派生类的显示转换在运行时失败，就会引发此异常
System.NullRefferenceException	在需要使用引用对象的场合，如果使用 null 引用，就会引发此异常
System.OutOfMemoryException	在分配内存的尝试失败时引发此异常
System.OverflowException	在选中的上下文中所进行的算术运算、类型转换或转换操作导致溢出时引发的异常
System.StackOverflowException	挂起的方法调用过多而导致执行堆栈溢出时引发的异常
System.TypeInitializationException	在静态构造函数引发异常，并且不能捕捉它的 catch 子句时引发

3．C#捕获异常

在 C#中，捕获异常使用 try…catch…finally 语句。其中，try 语句块中是可能发生异常的代码，如果发生异常，那么异常对象被抛出，catch 语句块根据所抛出的异常对象进行捕获，并对这个异常进行相应的处理；反之，如果未发生异常，则 catch 语句块被忽略，程序将从 catch 语句块后的第一条语句开始执行；finally 语句块是异常处理结构的最后执行部分，无论 try 语句块中的代码是否产生异常，finally 语句块都将得到执行。如果没有 catch 语句块，则必须有 finally 语句块。try…catch…finally 语句块的语法如下：

```
try
{
    //代码块
}
catch(异常类名　异常对象名)
{
    //对异常进行处理
}
……
finally
{
```

```
    //代码块
}
```

一个 try 语句块后可以跟随多个 catch 语句块，这种情况称为多重捕获。可以在 try 语句后面添加任意数量的 catch 语句块。如果 try 语句块中发生异常，那么异常对象会被抛出给第一个 catch 语句块，如果该异常对象的类型与第一个异常类名匹配，则执行第一个 catch 语句块；否则，不执行第一个 catch 语句块，与第二个 catch 语句块的异常类名匹配，若匹配成功，则执行当前 catch 语句块，以此类推。多重捕获语法如下：

```
try
{
    //代码块
}
catch(异常类名 1    异常对象名 1)
{
    //对异常进行处理
}
catch(异常类名 2    异常对象名 2)
{
    //对异常进行处理
}
......
finally
{
    //代码块
}
```

4．通过 throw 关键字抛出异常

throw 关键字通常在方法体中使用，并且常常用于抛出一个用户自定义的异常对象。当程序执行到 throw 语句时立即终止，throw 后面的语句将不再执行。可以使用 try…catch…finally 语句捕获 throw 抛出的异常，通常将使用了 throw 关键字的方法置于 try 语句块中，再通过 catch 语句块对异常进行处理。

5．本节实验剖析

按照异常处理的思想，在计算小时值、分钟值和秒值实验中，如果用户输入一个小于 0 或大于 86399 的值，则应该抛出异常，并处理异常。因此，可以创建一个继承 Exception 类的 TickException 类，并在该类中实现构造方法。由于 TickException 是自定义类，因此需要使用 throw 关键字在 calcTimeVal()方法中抛出 TickException 型异常对象。然后，在 Min()方法中将可能出现异常的 calcTimeVal()方法置于 try 语句块中；通过 catch 语句块输出异常信息；通过 finally 语句块关闭控制台输入对象。

3.7.3　实验步骤

首先，新建一个控制台应用程序，设置"项目名称"为 ConvertTime，保存至"D:\WinFormTest\OOP07.异常处理实验"文件夹中。然后，将程序清单 3-9 中的代码输入 Program.cs 文件中。下面按照顺序对部分语句进行解释。

（1）第 5 至 11 行代码：创建继承 Exception 类的 TickException 类，并实现构造方法。

（2）第 19 至 34 行代码：定义用于计算和显示时间值的 calcTimeVal()方法，如果 tick 值

小于 0 或大于 86399，通过 throw 实例化 TickException 自定义异常类。

（3）第 43 至 54 行代码：在 try 语句中通过调用 ct 对象的 calcTimeVal()方法计算和显示时间值，在 catch 语句中输出异常信息，最后，在 finally 语句中关闭控制台输入对象。

程序清单 3-9

```
1.    using System;
2.
3.    namespace ConvertTime
4.    {
5.        class TickException : Exception
6.        {
7.            public TickException(String message)
8.            {
9.                Console.WriteLine(message);
10.           }
11.       }
12.
13.       class ConvertTime
14.       {
15.           public int hour; //小时值
16.           public int min;  //分钟值
17.           public int sec;   //秒值
18.
19.           public void calcTimeVal(int tick)
20.           {
21.               if (tick < 0 || tick > 86399)
22.               {
23.                   throw new TickException("Tick value is not valid");
24.               }
25.               else
26.               {
27.                   hour = tick / 3600;
28.                   min = (tick % 3600) / 60;
29.                   sec = (tick % 3600) % 60;
30.
31.                   //打印转换之后的时间结果
32.                   Console.WriteLine("Current time : " + hour + "-" + min + "-" + sec);
33.               }
34.           }
35.           static void Main(string[] args)
36.           {
37.               ConvertTime ct = new ConvertTime();
38.               int tick;    //0~86399
39.
40.               Console.WriteLine("Please input a tick between 0~86399");
41.               tick = Convert.ToInt32(Console.ReadLine());
42.
43.               try
44.               {
45.                   ct.calcTimeVal(tick);
46.               }
47.               catch (Exception e)
```

```
48.              {
49.                  Console.WriteLine(e.Message);
50.              }
51.          finally
52.              {
53.                  Console.ReadKey();
54.              }
55.          }
56.      }
57. }
```

最后，按 F5 键编译并运行程序，在弹出的 Console 命令窗口中，输入 80000 后按回车键，可以看到运行结果，即输出"Current time：22-13-20"；若输入一个不在 0～86399 之间的值，运行结果为抛出异常，说明实验成功。

3.7.4　本节任务

2020 年有 366 天，将 2020 年 1 月 1 日作为计数起点，即计数 1，2020 年 12 月 31 日作为计数终点，即计数 366。计数 1 代表"2020 年 1 月 1 日-星期三"，计数 10 代表"2020 年 1 月 10 日-星期五"。参考本节实验，通过键盘输入一个值，如果该值在 1～366 之间（包括 1 和 366），将其转换为年、月、日、星期，并输出转换结果；否则，通过异常处理机制，输出异常信息。

本 章 任 务

本章共 7 个实验，首先学习各实验的原理，然后按照实验步骤完成实验，最后按照要求完成本节任务。

本 章 习 题

1. 面向过程和面向对象有什么区别？
2. 类与对象是面向对象程序设计中的两个最基本的组成单元，简述类与对象的关系。
3. 什么是成员变量？什么是局部变量？什么是类变量？
4. 定义一个类时，是否可以不定义构造方法？为什么？
5. 类的封装有什么优点？
6. 什么是类的继承？简述继承的优点和缺点。
7. 子类如何继承父类？子类通过什么关键字实现接口？
8. 简述继承和接口的区别。
9. 简述方法重载和方法重写的区别。
10. 什么是抽象方法和抽象类？简述两者之间的关系。
11. 为什么要使用命名空间？如何创建和导入命名空间？
12. 什么是 C#异常处理？

第4章　WinForm 程序设计

在 WinForm 程序设计过程中，有一些非常重要的知识点需要熟练掌握。本章重点讲解多线程、委托和事件、画图，掌握这些知识点有助于让程序开发变得更简单。

4.1　多线程实验

4.1.1　实验内容

本实验主要对比有无 lock 死锁对程序结果的影响。首先，新建一个控制台应用程序，在 Program 类中定义一个 ticket()方法，用于显示剩余预约号大于 0 时各个线程的调用情况（剩余预约号的初始值设为 5）。在 Main()方法中实例化 Program 类，新建 4 个线程，分别命名为"线程一""线程二""线程三"和"线程四"，线程入口都调用 ticket()方法，然后打开线程，显示每个线程的调用情况。

再新建一个控制台应用程序，代码与前一个相同，不同的是在 ticket()方法中使用 lock，以确保代码块完成运行。

4.1.2　实验原理

1．线程的定义

线程容易与进程混淆，在介绍线程之前，先了解进程。进程是系统中资源分配和资源调度的基本单位。每个独立执行的程序在系统中都是一个进程，如 QQ。每个进程同时包含多个线程，例如，在 QQ 中可以同时聊天、听音乐和下载文件等，这些工作可以同时运行且互不干扰。

线程是进程中的基本执行单元，是操作系统分配 CPU 时间的基本单元。一个进程可以包含若干线程，各线程同时运行且互不干扰，这是如何做到的？Windows 操作系统是多任务操作系统，以进程为单位，每个独立执行的程序称为进程，系统可以给每个进程分配一段有限的使用 CPU 的时间，CPU 在片段时间内执行此进程，在下一个片段时间执行另一个进程。由于 CPU 转换速度较快，使得每个进程好像是同时进行的。线程则是进程中的执行流程，在进程得到 CPU 执行时间的同时，线程也得到程序执行的时间，这样一个进程就可以具有多个并发执行的线程。

2．多线程的优缺点

通常，为了使目标任务尽快完成，需要有效地利用系统资源，因此会使用多线程。使用多线程有以下优点：

（1）多线程使程序的响应速度更快，在进行后台复杂计算时，也能使用户界面处于活跃状态；

（2）多线程可以提高 CPU 的利用率，因为在处理耗时任务时可以定期将处理器时间让给其他任务；

（3）多线程可以分别设置优先级优化性能。

使用多线程有好处，但过多地使用也存在弊端：

（1）线程也需要占用内存，线程越多，占用的内存就越多；

（2）跟踪线程需要占用大量的 CPU 时间，线程过多，会使线程的进度变缓；

（3）线程过多会导致控制复杂，造成很多程序缺陷；

（4）线程之间对共享资源的访问会互相影响，解决不当会影响执行效果。

3．创建线程

在 C#中，线程可以使用 Thread 类处理，该类位于 System.Threading 命名空间中，主要用于创建并控制线程、设置线程优先级并控制其状态。

使用 Thread 类创建线程时，只需要提供线程入口，线程入口通过委托的方式告诉这个线程需要做什么。通过实例化一个 Thread 类的对象来创建线程，同时将创建新的托管线程。Thread 类接收 ThreadStart 委托的构造函数，该委托包含了调用 Start 方法时由线程调用的方法，示例如下：

```
Thread thread = new Thread(new ThreadStart(method)); //创建 Thread 类的对象
thread.Start(); //启动线程
```

创建 Thread 类的对象后，再调用 Start 方法，才会创建实际的线程。

4．使用 lock 关键字实现线程同步

lock 关键字用来确保代码块完整运行，不会被其他线程中断。lock 语句语法格式如下：

```
object thisLock = new object();
lock (thisLock)
{
    //要运行的代码块
}
```

lock 语句以关键字 lock 开头，提供给 lock 语句的参数必须为基于引用类型的对象，该对象用于定义锁的范围。可以将提供给 lock 语句的参数看成一个标识，标识了多个线程共享的资源。

4.1.3　实验步骤

首先，新建一个控制台应用程序，设置"项目名称"为 DemoThread，保存至"D:\WinFormTest\WinForm1.多线程实验"文件夹中。然后，将程序清单 4-1 中的代码输入Program.cs 文件中。下面按照顺序对部分语句进行解释。

（1）第 10 至 20 行代码：创建 ticket 方法，当剩余预约号大于 0 时，线程挂起 100ms 后显示此时所在的线程和剩余的预约号数量，然后数量减 1。

（2）第 23 至 35 行代码：实例化 Program 类为 p 对象，新建 4 个线程，并将 p 对象的 ticket()方法作为这 4 个线程的执行方法，再依次打开 4 个线程。

程序清单 4-1

```
1.   using System;
2.   using System.Threading;
3.
4.   namespace DemoThread
5.   {
6.       class Program
7.       {
8.           int num = 5;
```

```
9.
10.        void ticket()
11.        {
12.            while (true)
13.            {
14.                if (num > 0)
15.                {
16.                    Thread.Sleep(100);
17.                    Console.WriteLine(Thread.CurrentThread.Name + "----剩余预约号" + num--);
18.                }
19.            }
20.        }
21.        static void Main(string[] args)
22.        {
23.            Program p = new Program();
24.            Thread tA = new Thread(new ThreadStart(p.ticket));
25.            tA.Name = "线程一";
26.            Thread tB = new Thread(new ThreadStart(p.ticket));
27.            tB.Name = "线程二";
28.            Thread tC = new Thread(new ThreadStart(p.ticket));
29.            tC.Name = "线程三";
30.            Thread tD = new Thread(new ThreadStart(p.ticket));
31.            tD.Name = "线程四";
32.            tA.Start();
33.            tB.Start();
34.            tC.Start();
35.            tD.Start();
36.            Console.ReadLine();
37.        }
38.    }
39. }
```

　　执行结果如图 4-1 所示，可以看出，由于 4 个线程都公用同一块代码，出现了争抢共同资源的现象。在某一线程还未执行完的情况下，另一个线程调用了相同的代码，并修改了代码内容，导致剩余预约号没有依次递减。

图 4-1　多线程示例 1 结果

　　针对以上问题，可以通过 lock 语句来避免资源争抢。新建一个控制台应用程序，命名为 DemoThreadLock，保存至"D:\WinFormTest\WinForm1.多线程实验"文件夹中。然后将程序清单 4-2 中的代码输入 Program.cs 文件中，下面按照顺序对部分语句进行解释。

（1）第 9 行代码：实例化 object 类的对象，用来作为 lock 语句的参数，标识共享的代码。

（2）第 10 至 23 行代码：将 ticket()方法中的共享代码放入 lock 语句块中。

程序清单 4-2

```
1.    using System;
2.    using System.Threading;
3.
4.    namespace DemoThreadLock
5.    {
6.        class Program
7.        {
8.            int num = 5;
9.            object thisLock = new object();
10.           void ticket()
11.           {
12.               while (true)
13.               {
14.                   lock (thisLock)
15.                   {
16.                       if (num > 0)
17.                       {
18.                           Thread.Sleep(100);
19.                           Console.WriteLine(Thread.CurrentThread.Name + "----预约号" + num--);
20.                       }
21.                   }
22.               }
23.           }
24.           static void Main(string[] args)
25.           {
26.               Program p = new Program();
27.               Thread tA = new Thread(new ThreadStart(p.ticket));
28.               tA.Name = "线程一";
29.               Thread tB = new Thread(new ThreadStart(p.ticket));
30.               tB.Name = "线程二";
31.               Thread tC = new Thread(new ThreadStart(p.ticket));
32.               tC.Name = "线程三";
33.               Thread tD = new Thread(new ThreadStart(p.ticket));
34.               tD.Name = "线程四";
35.               tA.Start();
36.               tB.Start();
37.               tC.Start();
38.               tD.Start();
39.               Console.ReadLine();
40.           }
41.       }
42.   }
```

执行结果如图 4-2 所示，剩余预约号依次递减直至为 1，没有出现资源争抢的情形。

图 4-2　多线程示例 2 结果

4.1.4　本节任务

基于对本节实验内容的理解，编写一个包含 10 个线程的控制台应用程序。

4.2　委托和事件实验

4.2.1　实验内容

本实验主要通过委托实现参数在不同界面中传输的功能。项目包含两个界面：主界面和子界面。主界面显示当前的病人类型和"修改类型"按钮，单击该按钮进入子界面。子界面包含下拉列表和"确定"按钮，通过下拉列表可以选择"成人""儿童"或"新生儿"病人类型，单击"确定"按钮，选中的病人类型将显示在主界面中。

4.2.2　实验原理

1．委托的本质

程序设计中经常会将数据作为参数传递给方法，是否可以将方法传递给其他方法？在 C#中，通过委托可以实现对方法的引用。当执行某个方法时，需要调用另一个方法，则将第二个方法作为参数传递给第一个方法。例如，在引发事件时，运行库需要知道应该执行哪个方法，就需要把处理事件的方法作为一个参数传递给委托。委托的本质就是实现将方法当参数传递。

2．声明委托类型

委托是类型安全的类，它定义了返回类型和参数的类型，相当于将要传递的方法的细节封装在委托中。声明委托类型的语法如下：

```
delegate void setTypeHandle (string type);
```

示例中声明了一个委托类型 setTypeHandle，并指定该委托类型的每个实例都可以包含一个方法的引用，该方法带有一个 string 类型的参数，返回值为 void。从语法上看，委托的类型安全性非常高，在定义委托时必须给出它所表示的方法的签名和返回类型等信息。

3．事件

事件基于委托。委托在 Windows 应用程序中很常见，如 Button 提供了 Click 事件，这类事件就是委托。触发 Click 事件时调用的处理程序方法需要预先定义，其参数由委托类型定义。声明委托类型的事件的方法如下：

```
public event setTypeHandle sendTypeEvent; //定义委托类型
sendTypeEvent(mType);//触发委托事件
```

其中，用关键字 event 来声明事件，委托类型为 setTypeHandle，该委托类型的事件为 sendTypeEvent。sendTypeEvent(mType)方法用于触发事件，其中的参数类型必须与委托类型的参数类型一致。另外，需要定义委托方法，并将委托方法添加到事件中。示例代码如下：

```
private void procType(string type) //定义委托方法
{

}
sendTypeEvent += new setTypeHandle(procType);//将委托方法添加到 sendTypeEvent 事件中
```

添加完以上代码后，整个委托事件代码才完整。当运行到触发委托事件的语句 "sendTypeEvent(mType);" 时，便会调用委托方法 procType，触发语句中的 mType 参数将传递给此委托方法。

4.2.3　实验步骤

首先，参考 1.4 节新建一个 WinForm 项目，命名为 DemoDelegate，保存至 "D:\WinFormTest\WinForm2.委托和事件实验" 文件夹中。本实验用到两个用户界面，新建 WinForm 项目时会默认生成界面 Form1。再创建一个界面 Form2，右键单击 DemoDelegate，在快捷菜单中选择 "添加" → "新建项"，在弹出的对话框中选择 "窗体（Windows 窗体）"，如图 4-3 所示，单击 "添加" 按钮便生成一个空的界面 Form2。

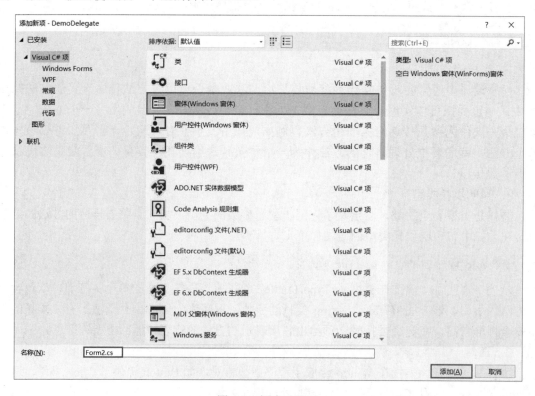

图 4-3　新建子界面

　　切换到 Form1 的窗体设计界面，根据需求拉伸窗体的大小，然后从"工具箱"中拖出 2 个 Label 和 1 个 Button 控件，如图 4-4 所示。

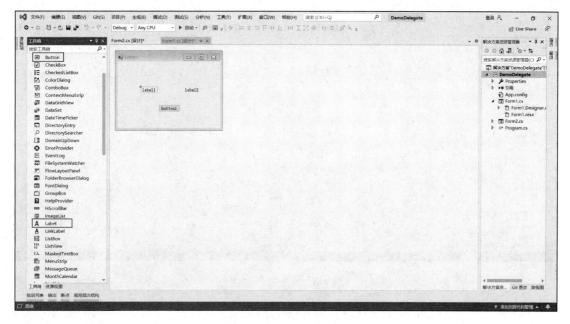

图 4-4　设计 Form1 窗体

　　右键单击 label1，在快捷菜单中选择"属性"，如图 4-5 所示。

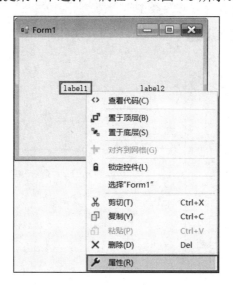

图 4-5　打开属性标签页

　　在"属性"标签页中，单击 Font 属性后面的⸬按钮，在弹出的"字体"对话框中，设置字体为"宋体，常规，12 号"，完成后单击"确定"按钮；再将 Text 属性设置为"病人类型："，如图 4-6 所示。

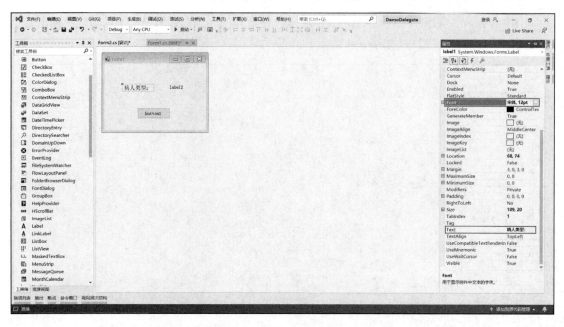

图 4-6　设置控件属性

同样将 label2 的（Name）属性设置为 labelType，Font 属性设置为"宋体，常规，12 号"，Text 属性设置为"成人"，如图 4-7 所示。

最后将 button1 控件的（Name）属性设置为 buttonChangeType，Font 属性设置为"宋体，常规，12 号"，Text 属性设置为"修改类型"，然后调整控件的效果如图 4-8 所示。

图 4-7　设置 label2 属性

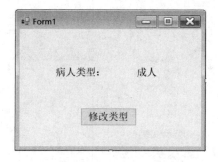

图 4-8　Form1 界面

完成 Form1 界面设计后，为"修改类型"按钮添加响应方法。打开"修改类型"按钮的"属性"标签页，单击 ⚡ 按钮，然后双击事件列表的 Click 事件，生成"修改类型"按钮的响应方法，如图 4-9 所示。

切换到 Form2 窗体设计界面，参考设置 Form1 界面的操作和表 4-1，设置 Form2 界面。Form2 界面最终效果如图 4-10 所示。

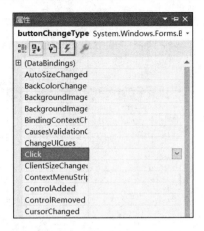

图 4-9　生成按钮的响应方法

图 4-10　Form2 界面

表 4-1　Form2 界面控件说明

编号	控件类型	功　　能	属 性 设 置	响 应 方 法
①		Form2 窗体		Form2_Load()
②	Label		Font：宋体，12pt Text：病人类型	
③	ComboBox	病人类型下拉列表	(Name)：comboBoxType Font：宋体，12pt Items：成人、儿童、新生儿	comboBoxType_SelectedIndexChanged()
④	Button	确定按钮	(Name)：buttonOK Font：宋体，12pt Text：确定	buttonOK_Click()

　　表 4-1 中，编号①的响应方法的添加步骤与"修改类型"按钮类似，首先单击选中 Form2 窗体，打开"属性"标签页，单击 ⚡ 按钮，然后双击事件列表的 Load 事件生成，如图 4-11 所示。

　　编号③的 Items 为下拉选项的集合，设置方法为：选中该控件，打开"属性"标签页，单击 Items 后面的 … 按钮，如图 4-12 所示。

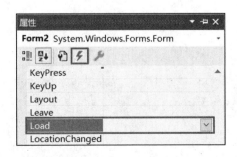

图 4-11　生成 Load 方法

图 4-12　Items 设置

　　在弹出的"字符串集合编辑器"对话框中设置选项，分别为成人、儿童和新生儿，一个选项占一行，然后单击"确定"按钮退出设置，如图 4-13 所示。

接着为 ComboBox 添加响应方法。单击⚡按钮，双击事件列表中的 SelectedIndexChanged 事件生成，如图 4-14 所示。

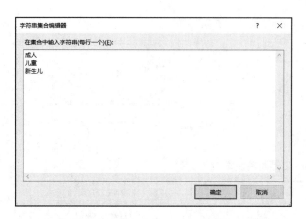

图 4-13　下拉列表的 Items 选项设置　　　　图 4-14　生成 SelectedIndexChanged 事件

最后，对每个界面进行代码编辑。选中 Form2 界面，按 F7 键进入代码编辑窗口。完善 Form2.cs 文件中的代码，如程序清单 4-3 所示。下面按照顺序对部分语句进行解释。

（1）第 7 行代码：定义 SetTypeHandle 委托，该委托包含一个 string 类型参数，无返回值。

（2）第 13 行代码：声明委托 SetTypeHandle 的事件 SendTypeEvent，用于将子界面的病人类型同步至主界面。

（3）第 15 至 20 行代码：Form2 的构造方法，在实例化 Form2 时进行调用。其中第 17 行代码用于初始化窗体组件，第 19 行代码用于将主界面的病人类型参数传递给子界面。

（4）第 22 至 25 行代码：加载 Form2 窗口时，将构造方法传入的病人类型参数传递至子界面的下拉列表中显示。

（5）第 27 至 31 行代码：当下拉列表中的病人类型改变后，触发该事件，将更新后的病人类型通过 SendTypeEvent 委托事件传递给主界面。

（6）第 33 至 36 行代码：单击"确定"按钮后界面将关闭。

程序清单 4-3

```
1.  using System;
2.  using System.Windows.Forms;
3.
4.  namespace DemoDelegate
5.  {
6.      //定义 SetTypeHandle 委托，该委托包含一个 string 类型参数，无返回值
7.      public delegate void SetTypeHandle(string tpye);
8.
9.      public partial class Form2 : Form
10.     {
11.         private string mType;
12.         //声明委托 SetTypeHandle 的事件 SendTypeEvent，用于将子界面的病人类型同步至主界面
13.         public event SetTypeHandle SendTypeEvent;
```

```
14.
15.         public Form2(string type)
16.         {
17.             InitializeComponent();
18.             //将主界面的的参数传到子界面
19.             mType = type;
20.         }
21.
22.         private void Form2_Load(object sender, EventArgs e)
23.         {
24.             comboBoxType.Text = mType;        //窗口加载时显示主窗口传过来的病人类型
25.         }
26.
27.         private void comboBoxType_SelectedIndexChanged(object sender, EventArgs e)
28.         {
29.             mType = comboBoxType.Text;        //获得更新后的病人类型
30.             SendTypeEvent(mType);             //将病人类型更改后的值传递到主界面
31.         }
32.
33.         private void buttonOK_Click(object sender, EventArgs e)
34.         {
35.             this.Close();                     //关闭界面
36.         }
37.     }
38. }
```

完善 Form1.cs 文件中的代码，如程序清单 4-4 所示，下面按照顺序对部分语句进行解释。

（1）第 18 至 19 行代码：实例化 Form2 窗口，并将窗口的位置设置为居中。

（2）第 23 行代码：将委托方法添加到委托事件中。

（3）第 25 行代码：显示设置好的 Form2 窗口。

（4）第 28 至 32 行代码：定义委托方法，用于同步病人类型。子界面触发下拉列表改变事件后，将改变后的病人类型通过委托传递到主界面并显示。

程序清单 4-4

```
1.  using System;
2.  using System.Windows.Forms;
3.
4.  namespace DemoDelegate
5.  {
6.      public partial class Form1 : Form
7.      {
8.          //初始化病人类型为"成人"
9.          public string mType = "成人";
10.
11.         public Form1()
12.         {
13.             InitializeComponent();
14.         }
15.
16.         private void buttonChangeType_Click(object sender, EventArgs e)
17.         {
```

```
18.        Form2 typeSetForm = new Form2(mType);                          //实例化窗口 Form2
19.        typeSetForm.StartPosition = FormStartPosition.CenterParent;//设置窗口位置为居中
20.
21.        //加载委托 SetTypeHandle, 对应事件为 SendTypeEvent, 添加方法名为 procType
22.        //功能: 同步 Form2 中的病人类型至主界面 Form1
23.        typeSetForm.SendTypeEvent += new SetTypeHandle(procType);
24.
25.        typeSetForm.ShowDialog(); //显示 Form2 窗口
26.    }
27.
28.    private void procType(string type)
29.    {
30.        mType = type;
31.        labelType.Text = mType;
32.    }
33.    }
34. }
```

按 F5 键编译并运行程序, 在弹出的对话框中单击"修改类型"按钮, 如图 4-15 所示。
在弹出的 Form2 对话框中, 改变病人类型后, 单击"确定"按钮, 如图 4-16 所示。

图 4-15 修改病人类型

图 4-16 病人选择

可以看到 Form1 对话框中的病人类型变成了所选择的类型, 如图 4-17 所示。

图 4-17 修改后的结果

4.2.4 本节任务

基于对本实验内容的理解, 编写一个 WinForm 项目, 实现两个界面间数据的相互传递。

4.3　画 图 实 验

4.3.1　实验内容

本实验主要实现在界面上连续画正弦波。在数组中存储波形数据，通过定时器使用画笔画波形。

4.3.2　实验原理

1．GDI+概述

GDI+提供了图形图像操作的应用程序编程接口（API），就像一个绘图仪，可以将图形绘制在指定的模板中，并对图形的颜色、线条粗细和位置等进行设置。GDI+将程序设计和图形硬件分离开，使用时无须考虑特定显示设备的细节，使开发人员能够创建与设备无关的应用程序。

2．Graphics 绘图类

Graphics 绘图类是 GDI+的核心，用于创建图形图像的对象，提供了将对象绘制到显示设备的方法。创建 Graphics 对象有多种方法，下面介绍通过窗口句柄来创建 Graphics 对象，示例如下：

```
Graphics graphics = Graphics.FromHwnd(dataGridViewSin.Handle);
```

该语句表示通过数据表格控件 DataGridViewSin 的句柄创建一个 Graphics 对象，表明将绘图内容与控件 DataGridViewSin 绑定。

3．设置画刷并填充图形

设置画刷用到 Brush 类，主要用于填充几何图形的颜色。Brush 类是一个抽象基类，不能进行实例化。如果要创建一个画刷对象，需要使用从 Brush 类派生出的类。从 Brush 类派生出的类有很多种，下面介绍使用 Brush 类派生出的 SolidBrush 类创建画刷。

SolidBrush 类定义单色画刷，用于填充图形形状，语法如下：

```
public SolidBrush(Color color)
```

其中，参数 color 表示画刷的颜色。例如，创建一个黑色画刷对象，代码如下：

```
Brush br = new SolidBrush(Color.Black);        //创建黑色画刷
```

Graphics 类填充几何图形的方法都是以 Fill 开头的，示例如下：

```
graphics.FillRectangle(br, rect);
```

该语句表示将 rect 长方形区域刷成画刷 br 对应的颜色。

4．设置画笔并绘制图形

Pen 类主要用于设置画笔，其构造函数语法如下：

```
public Pen(Color color, flaot width)
```

其中，参数 color 用来设置画笔的颜色，width 用来设置画笔的宽度。例如，创建一个 Pen 对象，颜色为白色，宽度为 1，代码如下：

```
Pen mSinWavePen = new Pen(Color.White, 1);          //Sin 波形画笔
```

在 C#中使用 Graphics 类来绘制几何图形，Graphics 类使用不同的方法实现不同图形的绘制，下面介绍本实验使用的绘制直线方法 DrawLine，用法如下：

```
Graphics.DrawLine(Pen pen, float x1, float y1, float x2, float y2)
```

该语句表示，使用 pen 画笔连接两点，第一个点的坐标为（x1, y1），第二个点的坐标为（x2, y2）。

5．Timer 组件

Timer 组件即计时器组件，可以定期引发事件，时间间隔由 Interval 属性定义，其属性以 ms 为单位。若要正常使用定时器，需要将 Enabled 属性设置为 True。若启用了该组件，则每个时间间隔引发一次 Tick 事件，开发人员可以在 Tick 事件中添加需要执行的代码。

6．DataGridView 控件

DataGridView 控件主要用于绘制数据表格，本书将其作为画布来绘制波形。主要用到的属性有：名字设置（Name）、背景色设置 BackgroundColor、大小设置 Size。因为波形必须绘制在画布上，代码中需要用到画布的大小信息。

4.3.3　实验步骤

首先，新建一个 WinForm 项目，命名为 DemoDraw，保存至"D:\WinFormTest\WinForm3.画图实验"文件夹中。设置好的波形显示界面如图 4-18 所示。控件说明如表 4-2 所示，添加响应方法 timerOneMS_Tick()的操作可参考 4.2.2 节。

图 4-18　Form1 界面

表 4-2　Form1 界面控件说明

编号	控件类型	功能	属性设置	响应方法
①	Label	静态文本	Text：SinWave	
②	Timer	定时器	(Name)：timerOneMS Enabled：True Interval：10	timerOneMS_Tick()

续表

编号	控件类型	功　能	属 性 设 置	响 应 方 法
③	DataGridView	画布	(Name): dataGridViewSin Size: 800，200 BackgroundColor: ActiveCaptionText	

最后，完善 Form1.cs 文件中的代码，如程序清单 4-5 所示，下面按照顺序对部分语句进行解释。

（1）第 9 至 12 行代码：定义绘制波形区域的长和宽，这两个值必须与界面中的 dataGridViewSin 绘图区域的长和宽保持一致，如果绘图区域的长或宽更改，代码中的值也必须相应地更改。

（2）第 13 行代码：定义波形数组的索引。

（3）第 14 行代码：创建白色的 Sin 波形画笔。

（4）第 15 行代码：初始化 Sin 波形的横坐标值为 0，这里使用的是 float 类型，因为该数据会作为方法的参数，必须与方法中的参数类型保存一致。

（5）第 17 至 26 行代码：将 Sin 波形数据存储到数组中。

（6）第 33 至 36 行代码：定时器方法中引用了绘制 Sin 波形的方法。

（7）第 38 至 64 行代码：绘制 Sin 波形的方法。先通过句柄创建 Graphics 对象。再定义一个黑色画刷和长方形区域，将长度为 10 的待画波形区域刷成黑色。通过 DrawLine()方法绘制直线，每画完一次，索引值加 1，将相邻两个数据点连接。由于波形数据点划分得很细，相邻两数据点连接后能形成视觉上平滑的 Sin 波形。当数据画满整个画布后，需要将横坐标值重新置 0，让波形从画布开头重新画起。当数组加载满之后，同样需要将波形索引值置 0，重新加载波形。

程序清单 4-5

```
1.   using System;
2.   using System.Drawing;
3.   using System.Windows.Forms;
4.
5.   namespace DemoDraw
6.   {
7.       public partial class Form1 : Form
8.       {
9.           //绘制波形区域的长，如果绘图区域长度更改，则更改此值
10.          public const int WAVE_X_SIZE = 800;
11.          //绘制波形区域的宽，如果绘图区域宽度更改，则更改此值
12.          public const int WAVE_Y_SIZE = 200;
13.          public int index = 0;                    //Sin 波形数组索引
14.          private Pen mSinWavePen = new Pen(Color.White, 1);        //Sin 波形画笔
15.          private float mSinXStep = 0.0f;                   //Sin 横坐标
16.
17.          //数组 mSinArr 内容为 Sin 的波形数据
18.          float[] mSinArr = new float[73]
19.          {   50.00f,54.36f,58.68f,62.94f,67.10f,71.13f,75.00f,78.68f,82.14f,85.36f,
20.              88.30f,90.96f,93.30f,95.32f,96.98f,98.30f,99.24f,99.81f,100.00f,99.81f,
```

```
21.        99.24f,98.30f,96.98f,95.32f,93.30f,90.96f,88.30f,85.36f,82.14f,78.68f,
22.        75.00f,71.13f,67.10f,62.94f,58.68f,54.36f,50.00f,45.64f,41.32f,37.06f,
23.        32.90f,28.87f,25.00f,21.32f,17.86f,14.64f,11.70f,9.04f,6.70f,4.68f,3.02f,
24.        1.70f,0.76f,0.19f,0.00f,0.19f,0.76f,1.70f,3.02f,4.68f,6.70f,9.04f,11.70f,
25.        14.64f,17.86f,21.32f,25.00f,28.87f,32.90f,37.06f,41.32f,45.64f,50.00f
26.    };
27.
28.    public Form1()
29.    {
30.        InitializeComponent();
31.    }
32.
33.    private void timerOneMS_Tick(object sender, EventArgs e)
34.    {
35.        drawSinWave();
36.    }
37.
38.    private void drawSinWave()
39.    {
40.        //通过窗口句柄创建一个 Graphics 对象，用于后面的绘图操作
41.        Graphics graphics = Graphics.FromHwnd(dataGridViewSin.Handle);
42.
43.        Brush br = new SolidBrush(Color.Black);      //定义黑色画刷
44.
45.        //定义待画波形区域，区域长度为 10
46.        Rectangle rct = new Rectangle((int)mSinXStep, 0, 10, WAVE_Y_SIZE);
47.        //将绘制波形区域刷成黑色
48.        graphics.FillRectangle(br, rct);
49.
50.        //定时器每触发一次（每毫秒）画一次波形
51.        graphics.DrawLine(mSinWavePen, mSinXStep - 1, mSinArr[index] + 50,
52.            mSinXStep, mSinArr[index + 1] + 50);
53.
54.        index++;                                //数组索引加 1
55.        mSinXStep += 1f;                        //横坐标加 1
56.        if (mSinXStep >= WAVE_X_SIZE)           //波形画满整个绘制波形区域后，从头开始画
57.        {
58.            mSinXStep = 0;
59.        }
60.        if (index >= mSinArr.Length - 1)        //数组加载满，重新加载
61.        {
62.            index = 0;
63.        }
64.    }
65.  }
66. }
```

按 F5 键编译并运行程序，可以看到界面正常绘制正弦波，如图 4-19 所示。

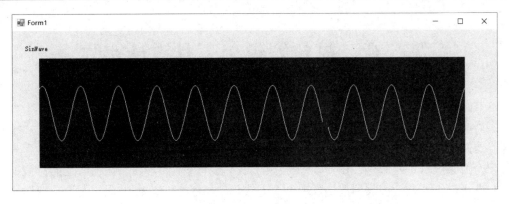

图 4-19　波形显示

4.3.4　本节任务

基于对本节实验内容的理解，编写一个 WinForm 项目，实现在界面上连续画三角波。

本 章 任 务

本章共 3 个实验，首先学习各个实验的实验原理，然后按照实验步骤完成实验，最后完成本节任务。

本 章 习 题

1. 什么是进程？什么是线程？
2. 多线程相比单线程的优势有哪些？
3. 简述委托和事件的用法及实现过程。
4. 简述 SolidBrush 类的功能。
5. Timer 组件的功能是什么？简述使用方法。

第5章　打包解包小工具设计实验

本书的目标是开发基于 WinForm 的人体生理参数监测系统软件平台，在该软件平台中可将一系列控制命令（如启动血压测量、停止血压测量等）发送到人体生理参数监测系统硬件平台，硬件平台返回的五大生理参数（体温、血氧、呼吸、心电、血压）信息可显示在计算机上。为确保数据（或命令）在传输过程中的完整性和安全性，需要在发送之前对数据（或命令）进行打包处理，接收到数据（或命令）之后进行解包处理。因此，无论是软件还是硬件平台，都需要有一个共同的模块，即打包解包模块（PackUnpack），该模块遵照某种通信协议。本章将介绍 PCT 通信协议及 WinForm 中的部分控件，并通过开发一个打包解包小工具，来深入理解 PCT 通信协议。

5.1　实验内容

学习 PCT 通信协议及 C#中的部分控件，如标签控件（Label）、文本框控件（TextBox）和按钮控件（Button）等。设计一个打包解包小工具，在文本框中输入模块 ID、二级 ID 及 6 字节数据后，通过"打包"按钮实现打包操作，并将打包结果显示在打包结果显示区。另外，还可以根据用户输入的 10 字节待解包数据，通过"解包"按钮实现解包操作，并将解包结果显示在解包结果显示区。

5.2　实验原理

5.2.1　PCT 通信协议

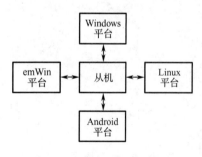

图 5-1　主机与从机交互框图

从机常作为执行单元，用于处理一些具体的事务，而主机（如 Windows、Linux、Android 和 emWin 平台等）常用于与从机进行交互，向从机发送命令，或处理来自从机的数据，主机与从机交互框图如图 5-1 所示。

主机与从机之间的通信过程如图 5-2 所示。主机向从机发送命令的具体过程是：①主机对待发命令进行打包；②主机通过通信设备（串口、蓝牙、Wi-Fi 等）将打包好的命令发送出去；③从机接收到命令之后，对命令进行解包；④从机按照相应的命令执行任务。

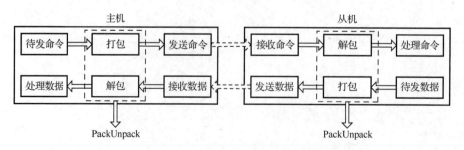

图 5-2　主机与从机之间的通信过程（打包/解包框架图）

从机向主机发送数据的具体过程是：①从机对待发数据进行打包；②从机通过通信设备（串口、蓝牙、Wi-Fi 等）将打包好的数据发送出去；③主机在接收到数据之后，对数据进行解包；④主机对接收到的数据进行处理，如计算、显示等。

5.2.2　PCT 通信协议格式

在主机与从机的通信过程中，主机和从机有一个共同的模块，即打包解包模块（PackUnpack），该模块遵循某种通信协议。通信协议有很多种，本实验采用的 PCT 通信协议由本书作者设计，该协议可由 C、C++、C#、Java 等编程语言实现。打包后的 PCT 通信协议的数据包格式如图 5-3 所示。

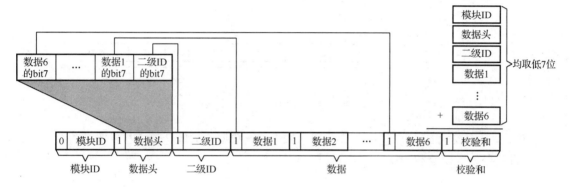

图 5-3　打包后的 PCT 通信协议的数据包格式

PCT 通信协议规定：

（1）数据包由 1 字节模块 ID+1 字节数据头+1 字节二级 ID+6 字节数据+1 字节校验和构成，共 10 字节。

（2）数据包中有 6 个数据，每个数据为 1 字节。

（3）模块 ID 的最高位 bit7 固定为 0。

（4）模块 ID 的取值范围为 0x00～0x7F，最多有 128 种类型。

（5）数据头的最高位 bit7 固定为 1，数据头的低 7 位按照从低位到高位的顺序，依次存放二级 ID 的最高位 bit7、数据 1～数据 6 的最高位 bit7。

（6）校验和的低 7 位为模块 ID+数据头+二级 ID+数据 1+数据 2+…+数据 6 求和的结果（取低 7 位）。

（7）二级 ID、数据 1～数据 6 及校验和的最高位 bit7 固定为 1。注意，并不是说二级 ID、数据 1～数据 6 和校验和只有 7 位，而是在打包后，它们的低 7 位位置不变，最高位均位于数据头中，因此，依然还是 8 位。

5.2.3　PCT 通信协议打包过程

PCT 通信协议的打包过程分为 4 步。

第 1 步，准备原始数据，原始数据由模块 ID（0x00～0x7F）、二级 ID、数据 1～数据 6 组成，如图 5-4 所示。其中，模块 ID 的取值范围为 0x00～0x7F，二级 ID 和数据的取值范围为 0x00～0xFF。

图 5-4　PCT 通信协议打包第 1 步

第 2 步，依次取出二级 ID、数据 1～数据 6 的最高位 bit7，将其存放于数据头的低 7 位，按照从低位到高位的顺序依次存放二级 ID、数据 1～数据 6 的最高位 bit7，如图 5-5 所示。

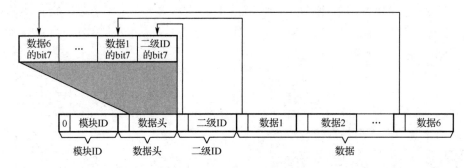

图 5-5　PCT 通信协议打包第 2 步

第 3 步，对模块 ID、数据头、二级 ID、数据 1～数据 6 的低 7 位求和，取求和结果的低 7 位，将其存放于校验和的低 7 位，如图 5-6 所示。

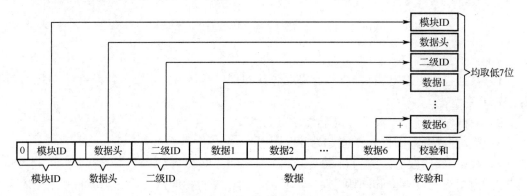

图 5-6　PCT 通信协议打包第 3 步

第 4 步，将数据头、二级 ID、数据 1～数据 6 及校验和的最高位置 1，如图 5-7 所示。

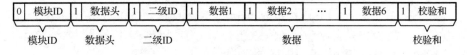

图 5-7　PCT 通信协议打包第 4 步

5.2.4　PCT 通信协议解包过程

PCT 通信协议的解包过程也分为 4 步。

第 1 步，准备解包前的数据包，原始数据包由模块 ID、数据头、二级 ID、数据 1～数据 6、校验和组成，如图 5-8 所示。其中，模块 ID 的最高位为 0，其余字节的最高位均为 1。

图 5-8　PCT 通信协议解包第 1 步

第 2 步，对模块 ID、数据头、二级 ID、数据 1～数据 6 的低 7 位求和，如图 5-9 所示，取求和结果的低 7 位与数据包的校验和低 7 位对比，如果两个值的结果相等，则说明校验正确。

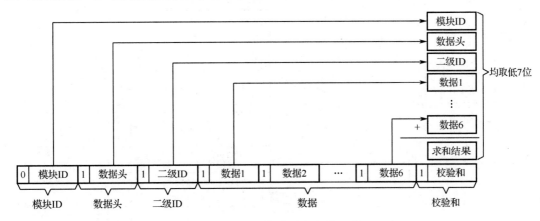

图 5-9　PCT 通信协议解包第 2 步

第 3 步，数据头的最低位 bit0 与二级 ID 的低 7 位拼接之后作为最终的二级 ID，数据头的 bit1 与数据 1 的低 7 位拼接之后作为最终的数据 1，数据头的 bit2 与数据 2 的低 7 位拼接之后作为最终的数据 2，以此类推，如图 5-10 所示。

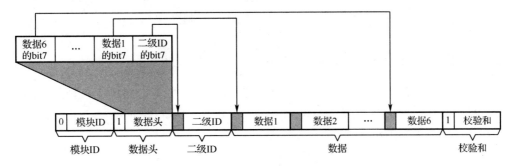

图 5-10　PCT 通信协议解包第 3 步

第 4 步，图 5-11 所示即为解包后的结果，由模块 ID、二级 ID、数据 1～数据 6 组成。其中，模块 ID 的取值范围为 0x00～0x7F，二级 ID 和数据的取值范围为 0x00～0xFF。

图 5-11　PCT 通信协议解包第 4 步

5.2.5　设计框图

打包解包小工具设计框图如图 5-12 所示。

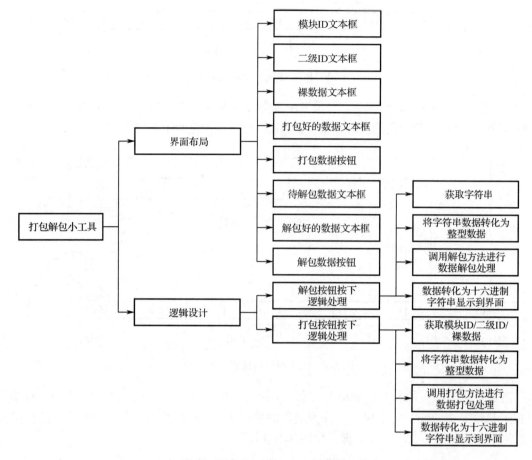

图 5-12　打包解包小工具设计框图

5.2.6　PackUnpack.cs 文件介绍

本书资料包提供的 PackUnpack.cs 文件中包含 PCT 通信协议的 C#语言实现代码，其中包含了 4 个 API 方法，分别为构造方法 PackUnpack()、打包方法 packData()、解包方法 unpackData() 及获得解包后的数据包方法 getUnpackRslt()，如表 5-1 所示。

表 5-1　PackUnpack.cs 文件的方法说明

方　　法	说　　明
public PackUnpack()	构造方法，对模块进行初始化
public bool packData()	待打包的数据必须是 8 字节，模块 ID 必须是 0x00 到 0x7F
public bool unpackData()	通过该方法逐个对数据进行解包和判断，解包后的数据通过 getUnpackRslt() 方法获取
public List<byte> getUnpackRslt()	返回值为获得解包后的数据包

5.2.7　界面介绍

PackUnpackDemo 项目的最终布局界面如图 5-13 所示。该界面主要用到 3 种控件，分别为 Button、TextBox 和 Label。此外，还用到了视觉辅助用的容器控件 GroupBox，将打包和解包的内容进行视觉分类。PackUnpackTool 为标题栏，打包前，要先填入 6 字节的裸数据、模块 ID 和二级 ID，然后单击"打包"按钮进行打包操作，打包的结果会显示在"输出打包好的数据（10 字节）"文本框中。解包前，要先填入 10 字节的待解包数据，然后单击"解包"按钮进行解包操作，解包的结果会显示在"输出解包好的数据（8 字节）"文本框中。

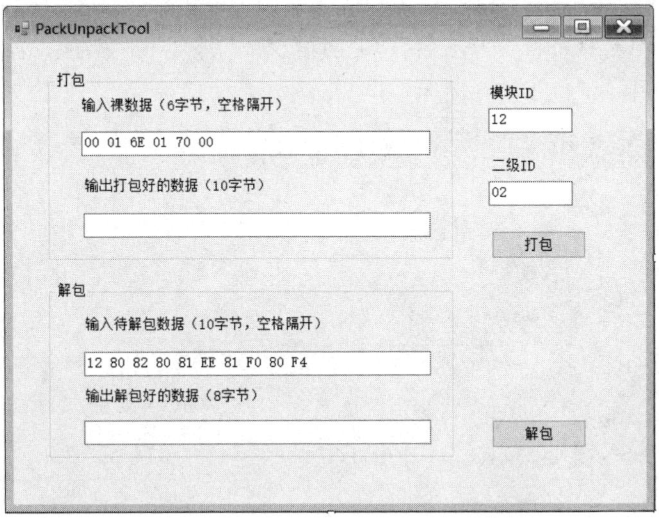

图 5-13 PackUnpackDemo 项目布局界面

PackUnpackDemo 界面控件属性如表 5-2 所示。

表 5-2 PackUnpackDemo 界面控件属性

控 件	(Name)	Text
窗体	PackUnpackDemo	PackUnpackTool
"输入裸数据"文本框	textBoxDataBeforePack	00 01 6E 01 70 00
"输出打包好的数据"文本框	textBoxDataAfterPack	
"模块 ID"文本框	textBoxID	12
"二级 ID"文本框	textBoxSecID	02
"打包"按钮	buttonPack	打包
"输入待解包数据"文本框	textBoxDataBeforeUnpack	12 80 82 80 81 EE 81 F0 80 F4
"输出解包好的数据"文本框	textBoxDataAfterUnpack	—
"解包"按钮	buttonUnpack	解包

5.3 实验步骤

步骤 1：复制基准项目

首先，将本书配套资料包中的"Material\01.PackUnpackDemo\01.PackUnpackDemo"文件夹复制到"D:\WinFormTest"目录下。

步骤 2：添加 PackUnpack.cs 文件

将本书配套资料包中的"Material\01.PackUnpackDemo\StepByStep\PackUnpack.cs"文件复制到"D:\WinFormTest\01.PackUnpackDemo\PackUnpackDemo\PackUnpackDemo"目录下。

然后双击 PackUnpackDemo.sln 文件打开项目。在 Visual Studio 中右键单击 PackUnpackDemo，选择"添加"→"现有项"，然后选择目录中的 PackUnpack.cs 文件，单击"添加"按钮导入。

步骤 3：添加控件的响应方法

双击打开 MainForm.cs 文件，PackUnpackDemo 项目界面如图 5-14 所示，按照表 5-3 所示的控件说明为控件添加响应方法。系统生成的响应方法的命名方式为：控件名_事件名，所以可以通过控件说明表中的响应方法名获知控件添加了哪种事件响应，添加响应方法的操作步骤可以参考 4.2.3 节。

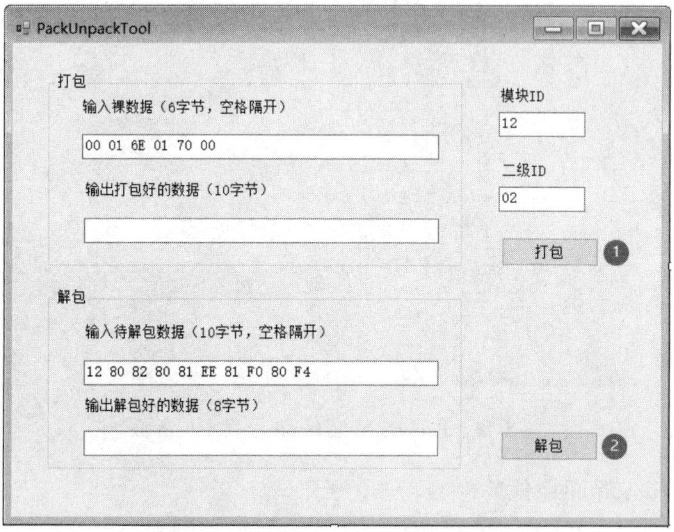

图 5-14　PackUnpackDemo 项目界面

表 5-3　PackUnpackDemo 界面控件说明

编　号	（Name）	功　能	响 应 方 法
①	buttonPack	打包数据	buttonPack_Click()
②	buttonUnpack	解包数据	buttonUnpack_Click()

步骤 4：完善 MainForm.cs 文件

在 MainForm.cs 文件的 PackUnpackDemo 类中，添加第 3 行代码实例化 PackUnpack 类，如程序清单 5-1 所示。

程序清单 5-1

```
1.   public partial class PackUnpackDemo : Form
2.   {
3.       PackUnpack mPackUnpack = new PackUnpack();           //定义一个打包解包类对象
4.
5.       public PackUnpackDemo()
6.       {
7.           InitializeComponent();
8.       }
9.   }
```

完善 buttonPack_Click()方法的实现代码，如程序清单 5-2 所示，下面按照顺序对部分语句进行解释。

（1）第 7 行代码：实例化一个 list，用于存储包数据。

（2）第 9 至 12 行代码：将 list 的内容初始化为 0。

（3）第 15 行代码：取出 TextBox 中的数据，并将空格去掉。

（4）第 18 至 19 行代码：取出 TextBox 中的模块 ID 和二级 ID。

（5）第 21 行代码：获取数据字符串的长度。

（6）第 23 至 27 行代码：若获取的数据字符串长度不等于 6，则清空 TextBox 控件中的内容，并弹出"数据长度应等于 6！"的提示窗口。

（7）第 28 至 48 行代码：若获取的数据字符串长度等于 6，则清空 TextBox 控件中的内容，将模块 ID 和二级 ID 添加到 list 中，再将 6 位数据依次添加到 list 中，组成无校验和及数据头的数据包，将该数据包进行打包，并将打包后的数据显示在 TextBox 控件上。

程序清单 5-2

```
1.   private void buttonPack_Click(object sender, EventArgs e)
2.   {
3.       int i;
4.       byte packId;                                        //模块 ID
5.       byte packSecId;                                     //二级 ID
6.       int packLen;                                        //包长
7.       List<byte> list = new List<byte>();                 //定义 list 用于存储包数据
8.
9.       for (i = 0; i < 10; i++)                            //将 list 初始化为 0
10.      {
11.          list.Add(0);
12.      }
13.
14.      //从 TextBox 控件中取出以空格隔开的字符串
15.      string[] arrString = textBoxDataBeforePack.Text.Trim().Split(' ');
16.
17.      //从 TextBox 空间中取出模块 ID 和二级 ID
18.      packId = byte.Parse(textBoxID.Text, NumberStyles.HexNumber);
19.      packSecId = byte.Parse(textBoxSecID.Text, NumberStyles.HexNumber);
20.
21.      packLen = arrString.Length;                         //获取数据字符串的长度
22.
23.      if (packLen != 6)                                   //输入数据长度必须为 6
24.      {
25.          textBoxDataAfterPack.Text = string.Empty;       //清空 TextBox 控件中的内容
26.          MessageBox.Show("数据长度应等于 6！");
27.      }
28.      else
29.      {
30.          textBoxDataAfterPack.Text = string.Empty;       //清空 TextBox
31.
32.          //将数据添加到链表中
33.          list[0] = packId;
34.          list[1] = packSecId;
35.
36.          for (i = 2; i < packLen + 2; i++)
```

```
37.         {
38.             list[i] = byte.Parse(arrString[i - 2], NumberStyles.HexNumber);
39.         }
40.
41.         //对链表 list 中的数据包进行打包，打包前为 8 字节，打包后为 10 字节
42.         mPackUnpack.packData(ref list);
43.
44.         for (i = 0; i < 10; i++)                      //将打包后的结果显示在 Textbox 控件上
45.         {
46.             textBoxDataAfterPack.Text += list[i].ToString("X2") + " ";
47.         }
48.     }
49. }
```

完善 buttonUnpack_Click()方法的实现代码，如程序清单 5-3 所示，下面按照顺序对部分语句进行解释。

（1）第 6 行代码：实例化用于存储包数据的 list。

（2）第 8 至 11 行代码：将 list 的内容初始化为 0。

（3）第 14 行代码：取出 TextBox 中的数据，并将空格去掉。

（4）第 15 行代码：获取数据字符串的长度。

（5）第 17 至 21 行代码：若数据字符串长度不等于 10，则清空 TextBox 控件中的内容，并弹出"包长应等于 10，请重新输入！"的提示窗口。

（6）第 22 至 42 行代码：若数据字符串长度等于 10，则清空 TextBox 控件中的内容，并将字符串的内容依次添加到 list 中，再将 list 进行解包，并将解包结果显示在 TextBox 控件上。

程序清单 5-3

```
1.  private void buttonUnpack_Click(object sender, EventArgs e)
2.  {
3.      int i;
4.      int packLen;
5.
6.      List<byte> list = new List<byte>();              //定义 list 用于存储包数据
7.
8.      for (i = 0; i < 10; i++)                         //因为包的长度为 10，只需要 10 字节
9.      {
10.         list.Add(0);                                 //将 list 初始化为 0
11.     }
12.
13.     //从 TextBox 控件中取出以空格隔开的字符串
14.     string[] arrString = textBoxDataBeforeUnpack.Text.Trim().Split(' ');
15.     packLen = arrString.Length;
16.
17.     if (packLen != 10)                               //输入解包的数据长度必须为 10
18.     {
19.         textBoxDataAfterUnpack.Text = string.Empty;  //清空 TextBox
20.         MessageBox.Show("包长应等于 10，请重新输入！");//错误信息提示
21.     }
22.     else
23.     {
24.         textBoxDataAfterUnpack.Text = string.Empty;     //清空 TextBox
```

```
25.
26.                    for (i = 0; i < 10; i++)
27.                    {
28.                        //依次取出模块ID、数据头、二级ID、数据、校验和
29.                        list[i] = Byte.Parse(arrString[i], NumberStyles.HexNumber);
30.
31.                        if (mPackUnpack.unpackData(list[i]))          //依次进行解包
32.                        {
33.                            list = mPackUnpack.getUnpackRslt();       //解包成功后获取解包数据
34.                        }
35.                    }
36.
37.                    for (i = 0; i < 8; i++)
38.                    {
39.                        //依次输出解包出来的数据（8字节）
40.                        textBoxDataAfterUnpack.Text += list[i].ToString("X2") + " ";
41.                    }
42.                }
43.            }
```

步骤 5：编译运行验证程序

按 F5 键编译并运行程序，修改输入的裸数据，单击"打包"按钮。再将打包好的数据复制到待解包数据输入区，单击"解包"按钮，验证是否能还原为裸数据，如图 5-15 所示。如果解包后的数据与裸数据一致，说明当前的打包和解包操作成功。

图 5-15　打包解包程序验证

本 章 任 务

按照 PCT 通信协议规定，模块 ID 的最高位固定为 0，这意味着其取值范围只能在 0x00～0x7F 之间，那么在进行程序验证时，如果在模块 ID 编辑框中输入的值大于 7F，会出现什么情况？经过验证后发现，此时在打包结果显示区仍然会显示数据，显然不符合 PCT 通信协议。尝试解决该问题，当模块 ID 不在规定范围内时，弹出错误提示信息，并要求重新输入。

本 章 习 题

1. 根据 PCT 通信协议，模块 ID 和二级 ID 分别有多少种？

2. PCT 通信协议规定第 7 点提到二级 ID 的最高位固定为 1，那么当一组待打包数据的二级 ID 小于 0x80 时，这组数据能否通过打包解包小工具得到正确的结果？为什么？

3. 在遵循 PCT 通信协议规定的前提下，随机写一组数据，手动推演得出打包解包结果，熟练掌握基于 PCT 通信协议具体的打包解包流程。

第6章 串口通信小工具设计实验

基于 WinForm 的人体生理参数监测系统软件平台作为人机交互平台，既要显示五大生理参数（体温、血氧、呼吸、心电、血压），又要作为控制平台，发送控制命令（如启动血压测量、停止血压测量等）到人体生理参数监测系统硬件平台。人体生理参数监测系统硬件平台与人体生理参数监测系统软件平台之间的通信方式通常选择串口方式。本章介绍串口通信，并通过开发一个简单的串口通信小工具来详细介绍串口通信的实现方法，为后续的开发打好基础。

6.1 实验内容

学习串口通信相关知识点，了解串口通信的过程，然后通过 WinForm 完成串口通信小工具的界面布局，设计出一个可实现串口通信的应用程序。

6.2 实验原理

6.2.1 串口简介

串口是串行接口的简称，通常指 COM 接口。串口将数据一位一位地顺序传送，其特点是通信线路简单、成本低。串口通信的基本流程如图 6-1 所示。

图 6-1 串口通信基本流程

6.2.2 动态链接库

动态链接库（Dynamic Link Library，DLL）是微软公司在 Windows 操作系统中实现共享函数库的一种方式，本实验用到的动态链接库的常用扩展名是.dll。Windows 提供的 DLL 文件中包含了允许基于 Windows 程序在 Windows 环境下操作的许多函数，通常存放于计算机的"C:\Windows\System32"目录下。

本实验用到了 Windows 程序中常用的文件读写函数，该函数位于 kernel32.dll 中，属于低级内核函数。在 C#中引用动态链接库，需要引入"using system.Runtime.InteropServices;"命名空间，下面以引入 INI 文件写操作函数为例，介绍动态链接库的用法：

```
//引入动态链接库，为了保存串口的配置信息
[DllImport("kernel32")]
//声明 INI 文件写操作函数
private static extern long WritePrivateProfileString(string section, string key, string val,string
filepath);
```

6.2.3 SerialPort 控件介绍

SerialPort 控件是.NET 提供的对串口通信的支持功能，有关类放在命名空间 System.IO.

Ports 中，其中最常用的是 SerialPort 类。通过创建一个 SerialPort 对象，就可以在程序中控制串口通信的全过程。

可以在控件属性界面中设置 SerialPort 控件的属性，常见的属性包括串口名、波特率、校验位、数据位、停止位等。与该控件相关的常用方法包括打开串口方法 Open()、关闭串口方法 Close()、读数据方法 Read() 和写数据方法 Write() 等。

本实验用到 SerialPort 控件的 DataReceived 事件。当有数据进入时，该事件在优先级较低的辅助线程中被触发，这种触发由操作系统决定，因此不能保证每字节数据到达时该事件都被触发，通常在 DataReceived 事件中接收数据时，会把数据放在数组或字符串中进行缓存。

6.2.4 委托的另一种用法

4.2 节介绍了委托的一种用法。委托的另一种用法是在 serialPort 串口接收数据的过程中，利用 this.invok 解决多线程中跨线程调用主界面的问题。

对于 C#，默认不能在其他线程中访问非本线程创建的控件。在本实验中，需要将串口接收到的数据更新到主界面，主界面在主线程中实现，串口接收数据的功能在串口接收事件子线程中实现。这涉及跨线程调用的问题，需要使用委托，否则在运行时会报错，原因是不能跨线程直接访问主界面的控件。

如何使用 this.Invoke 解决这个问题？通常是将工作线程中设计界面更新的代码封装成一个方法，使用 Invoke 去调用。封装的方法应尽量简单，因为界面的更新要通过主线程来完成，这样可减轻主线程的负担。具体用法示例如下。

定义、声明、实例化委托：

```
delegate void UpdateTextEventHandler(string text);              //定义一个含参委托

UpdateTextEventHandler updateText;                              //声明委托变量

updateText = new UpdateTextEventHandler(updateTextBox);         //实例化委托对象
```

其中，委托方法为 updateTextBox(string text)，定义如下：

```
private void updateTextBox(string text)
{
    textBoxRecv.Text = text;    //将串口接收到的数据显示在主界面的接收数据区内
}
```

在子线程中，通过 this.Invoke 执行指定的委托：

```
//将接收到的数据传送出去，因为要访问 UI 资源，所以需要使用 Invoke 方式同步至 UI 主线程
this.Invoke(updateText, new string[] { mUARTRecvData });
```

6.2.5 虚拟串口

虚拟串口是计算机上用软件虚拟出来的串口，并不是物理上有形的串口。在操作系统中安装一个驱动软件，让操作系统认为有一个物理上的串口能够操作和通信，但这个串口在物理上并不存在。下面安装用于创建虚拟串口的软件。

双击本书配套资料包 "02.相关软件\VSPD" 文件夹中的 vspd.exe 文件，在弹出的如图 6-2 所示的对话框中，单击 OK 按钮。

图 6-2　安装虚拟串口步骤 1

如图 6-3 所示，单击 Next 按钮。

如图 6-4 所示，选择 I accept the agreement，然后单击 Next 按钮。

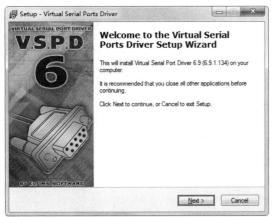

图 6-3　安装虚拟串口步骤 2

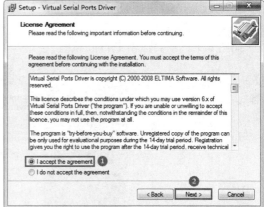

图 6-4　安装虚拟串口步骤 3

在弹出的对话框中，设置安装路径，然后单击 Next 按钮，如图 6-5 所示。

如图 6-6 所示，单击 Next 按钮。

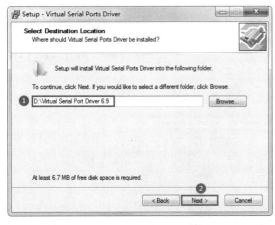

图 6-5　安装虚拟串口步骤 4

图 6-6　安装虚拟串口步骤 5

如图 6-7 所示，单击 Next 按钮。

如图 6-8 所示，单击 Install 按钮。

図 6-7　安装虚拟串口步骤 6　　　　　　　　図 6-8　安装虚拟串口步骤 7

如图 6-9 所示，单击 Finish 按钮。

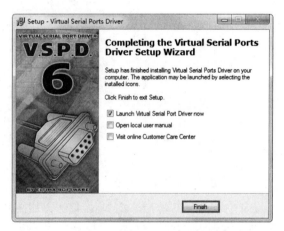

图 6-9　安装虚拟串口步骤 8

Virtual Serial Port Driver 软件的用法如图 6-10 所示。先选择两个串口号，然后单击 Add pair 按钮，即可将这两个串口配置为一对虚拟串口。

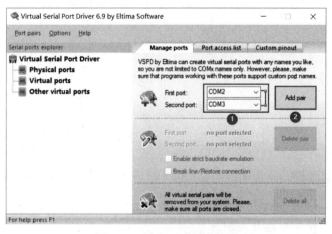

图 6-10　创建一对虚拟串口

如图 6-11 所示，已成功创建一对虚拟串口。

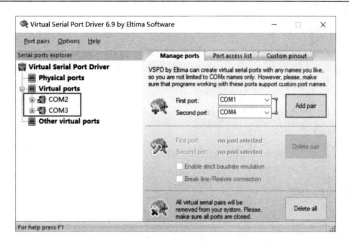

图 6-11　虚拟串口创建成功

6.2.6　设计框图

串口通信小工具的设计框图如图 6-12 所示。

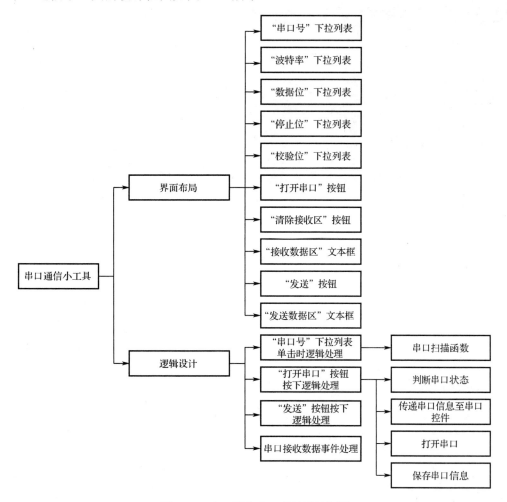

图 6-12　串口通信小工具的设计框图

6.2.7　界面介绍

SerialPortDemo 项目的布局用到 Button、TextBox、Label、ComboBox 和 SerialPort 控件，最终布局界面如图 6-13 所示。"串口通信小工具"为标题栏。本实验串口数据的收发是在配对的串口之间进行的，通过虚拟串口工具生成一对虚拟串口，串口通信小工具和另一个串口助手（如 SSCOM 串口工具）分别选中其中一个串口号，将串口参数调整一致，便可互相传递数据。所以，在使用串口通信小工具之前，需要对串口的参数进行配置，包括串口号、波特率、数据位、停止位、校验位。

波特率等参数都有常用的值，通过 ComboBox 控件的下拉列表进行选择。例如，对于波特率的设置，从工具箱中将 ComboBox 控件拖入窗口固定位置后，将 DropDownStyle 的属性修改为 DropDownList，并在 Items 属性中添加波特率的常见数值：4800、9600、14400、19200、38400、57600、76800、115200，如图 6-14 所示。以此类推，其中，数据位的常见值为 8、9；停止位的常见值为 1、1.5、2；校验位的常见值为 NONE、ODD、EVEN。

由于数据收发区域可能涉及较大的数据量，将 TextBox 控件的 ScrollBars 属性设置为 Vertical。

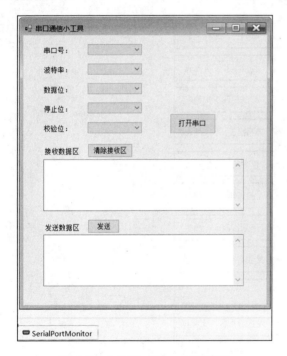

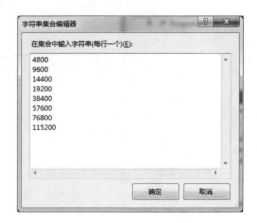

图 6-13　SerialPortDemo 项目布局　　　　　图 6-14　"波特率"下拉列表 Items 选项设置

SerialPortDemo 界面的控件属性设置如表 6-1 所示。

表 6-1　SerialPortDemo 界面的控件属性设置

控　　件	Name	Text
窗体	SerialPortDemo	串口通信小工具
"串口号"下拉列表	comboBoxUARTPortNum	—
"波特率"下拉列表	comboBoxUARTBaudRate	—

续表

控　件	Name	Text
"数据位"下拉列表	comboBoxUARTDataBits	—
"停止位"下拉列表	comboBoxUARTStopBits	—
"校验位"下拉列表	comboBoxUARTParity	—
"打开串口"按钮	buttonUARTSetOpen	打开串口
"接收数据区"文本框	textBoxRecv	—
"发送数据区"文本框	textBoxSend	—
"清除接收区"按钮	buttonClear	清除接收区
"发送"按钮	buttonSendData	发送
串口控件	SerialPortMonitor	—

6.3　实验步骤

步骤 1：复制基准项目

首先，将本书配套资料包中的"Material\02.SerialPortDemo\02.SerialPortDemo"文件夹复制到"D:\WinFormTest"目录下，然后双击 SerialPortDemo.sln 文件打开项目。

步骤 2：添加控件的响应方法

双击打开 MainForm.cs 文件，串口通信小工具界面如图 6-15 所示，按照表 6-2 所示的控件说明为控件添加响应方法。

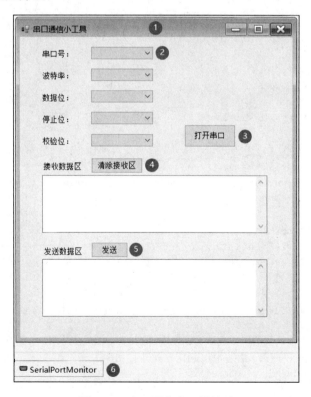

图 6-15　串口通信小工具界面

表 6-2　串口通信小工具控件说明

编　号	（Name）	功　能	响　应　方　法
①	SerialPortDemo	—	SerialPortDemo_Load() SerialPortDemo_FormClosing()
②	comboBoxUARTPortNum	"串口号" 下拉列表	comboBoxUARTPortNum_Click()
③	buttonUARTSetOpen	"打开串口" 按钮	buttonUARTSetOpen_Click()
④	buttonClear	清除接收区	buttonClear_Click()
⑤	buttonSendData	发送数据	buttonSendData_Click()
⑥	SerialPortMonitor	串口接收数据	SerialPortMonitor_DataReceived()

步骤 3：完善 MainForm.cs 项目

在 MainForm.cs 文件的 SerialPortDemo 类中添加如程序清单 6-1 所示的第 3 至 22 行代码，下面按照顺序对部分语句进行解释。

（1）第 3 至 4 行代码：定义串口号和波特率变量，用于存放当前选择的串口号和波特率。

（2）第 9 至 11 行代码：引入动态链接库，声明保存串口设置的 INI 文件所需的写操作的方法，引入后可以直接调用该方法。

（3）第 13 至 15 行代码：引入动态链接库，声明保存串口设置的 INI 文件所需的读操作的方法，引入后可以直接调用该方法。

（4）第 18 行代码：定义保存串口设置的 INI 文件的文件名称。

（5）第 21 至 22 行代码：声明一个委托，并创建委托对象。

程序清单 6-1

```
1.   public partial class SerialPortDemo : Form
2.   {
3.       string mCurrentPortNum;                //串口号
4.       string mCurrentBaudRate;               //波特率
5.
6.       private string mUARTRecvData = "";     //用来接收串口数据
7.
8.       //引入动态链接库，为了保存串口的配置信息
9.       [DllImport("kernel32")]
10.      private static extern long WritePrivateProfileString(string section, string key, string val,
11.        string filepath);                    //声明 INI 文件写操作方法
12.
13.      [DllImport("kernel32")]
14.      private static extern int GetPrivateProfileString(string section, string key, string def,
15.        StringBuilder retVal, int size, string filepath);      //声明 INI 文件读操作方法
16.
17.      //保存串口配置信息的文件名
18.      private string mFileName = System.AppDomain.CurrentDomain.BaseDirectory + "Config.ini";
19.
20.      //委托，为了将接收到的串口数据显示在主界面的 TextboxRecv 控件上
21.      delegate void UpdateTextEventHandler(string text);
22.      UpdateTextEventHandler updateText;                       //声明委托变量
23.
24.      public SerialPortDemo()
25.      {
```

```
26.        InitializeComponent();
27.    }
28. }
```

完善 serialPortDemo_Load()和 serialPortDemo_FormClosing()方法的实现代码，如程序清单 6-2 所示，下面按照顺序对部分语句进行解释。

（1）第 3 至 5 行代码：实例化两个存储字符串对象，内存空间大小为 255 个字符，分别用于存放串口号和波特率。

（2）第 8 至 9 行代码：GetPrivateProfileString 方法用于读取 INI 文件内容，第一个参数是 INI 文件中的一个字段名；第二个参数为字段名下的一个键名，即具体的变量名称；第三个参数，如果没有前两个参数值，则将此参数的值赋给变量（第四个参数）；第四个参数是读取 INI 文件对应内容后接收内容的 CString 对象；第五个参数是接收缓冲区的大小；第六个参数是完整的 INI 文件路径名。这两行代码分别读取 INI 文件中存储的串口号和波特率信息，若没有两者的信息，则取 COM1 和 115200 为串口号和波特率。

（3）第 12 行代码：将变量 protNum 的内容转换成 string 类型，并在串口号的 ComboBox 控件中显示。

（4）第 14 行代码：将变量 baudRate 的内容转换成 string 类型，并在波特率的 ComboBox 控件中显示。

（5）第 15 至 17 行代码：数据位、停止位、校验位的 ComboBox 控件分别显示 8、1、NONE。

（6）第 25 至 26 行代码：WritePrivateProfileString 方法用于写内容到 INI 文件，第一个参数是 INI 文件中的一个字段名；第二个参数是字段名下的一个键名，即具体的变量名称；第三个参数是写入 INI 文件的数据，即键值；第四个参数是完整的 INI 文件路径。这两行代码指关闭窗口时，将当前串口号和波特率的 ComboBox 控件中的数据写入 INI 文件并保存。

程序清单 6-2

```
1.  private void serialPortDemo_Load(object sender, EventArgs e)
2.  {
3.      //新建两个存储字符串的对象，内存空间的大小为 255 个字符，用于存放读到的串口号和波特率
4.      StringBuilder portNum = new StringBuilder(255);
5.      StringBuilder baudRate = new StringBuilder(255);
6.
7.      //获取保存文件的串口号和波特率
8.      GetPrivateProfileString("PortData", "PortNum", "COM1", portNum, 255, mFileName);
9.      GetPrivateProfileString("PortData", "BaudRate", "115200", baudRate, 255, mFileName);
10.
11.     //将保存的 INI 文件中的串口号取出并赋值给 ComboBox 控件
12.     comboBoxUARTPortNum.Text = portNum.ToString();
13.     //将保存的 INI 文件中的波特率取出并赋值给 ComboBox 控件
14.     comboBoxUARTBaudRate.Text = baudRate.ToString();
15.     comboBoxUARTDataBits.Text = "8";                //数据位
16.     comboBoxUARTStopBits.Text = "1";                //停止位
17.     comboBoxUARTParity.Text = "NONE";               //校验位
18.
19.     updateText = new UpdateTextEventHandler(updateTextBox);    //实例化委托对象
20. }
21.
22. private void serialPortDemo_FormClosing(object sender, FormClosingEventArgs e)
```

```
23.  {
24.      //把串口的配置信息保存到文件中
25.      WritePrivateProfileString("PortData", "PortNum", mCurrentPortNum, mFileName);
26.      WritePrivateProfileString("PortData", "BaudRate", mCurrentBaudRate, mFileName);
27.  }
```

在 serialPortDemo_FormClosing()方法后面添加 searchAndAddSerialToComboBox()方法的实现代码及完善 comboBoxUARTPortNum_Click()方法的实现代码，如程序清单 6-3 所示，下面按照顺序对部分语句进行解释。

（1）第 1 行代码：添加串口扫描方法。

（2）第 5 行代码：清空 myBox 控件的内容。

（3）第 7 至 22 行代码：循环扫描计算机端口，得到串口号依次尝试是否可以打开，若可以打开，则添加到 myBox 控件中；若不可以打开，则跳出 try 语句，继续下一个 for 循环，直到 for 循环结束。

（4）第 24 行代码：初始化 myBox，使其显示第一个串口号。

（5）第 29 行代码：调用串口扫描方法，单击"串口号"下拉列表时，执行串口扫描方法。

程序清单 6-3

```
1.   private void searchAndAddSerialToComboBox(SerialPort myPort, ComboBox myBox)
2.   {
3.       string[] myString = new string[20];           //最多容纳 20 个端口，太多会影响调试效率
4.       string buffer;                                 //缓存串口号
5.       myBox.Items.Clear();                           //清空 myBox 内容
6.       int count = 0;
7.       for (int i = 1; i < 20; i++)                   //循环扫描计算机的端口
8.       {
9.           try                                        //核心原理是依靠 try 和 catch 完成遍历
10.          {
11.              buffer = "COM" + i.ToString();         //得到串口号
12.              myPort.PortName = buffer;              //将串口号存入串口类变量
13.              myPort.Open();                         //如果失败，后面的代码不会执行
14.              myString[count] = buffer;
15.              myBox.Items.Add(buffer);               //打开成功，添加至下拉列表
16.              myPort.Close();                        //关闭
17.              count++;
18.          }
19.          catch
20.          {
21.          }
22.      }
23.
24.      myBox.Text = myString[0];                      //初始化
25.  }
26.
27.  private void comboBoxUARTPortNum_Click(object sender, EventArgs e)
28.  {
29.      searchAndAddSerialToComboBox(SerialPortMonitor, comboBoxUARTPortNum);
30.  }
```

完善 buttonUARTSetOpen_Click()方法的实现代码，如程序清单 6-4 所示，下面按照顺序

对部分语句进行解释。

（1）第 9 行代码：获取界面"串口"下拉列表的串口号。

（2）第 11 行代码：将"波特率"下拉列表中的内容转换为十进制数据，赋值给 SerialPortMonitor. BaudRate，获取波特率值。

（3）第 20 行代码：成功打开串口后，将控件名改为"关闭串口"。

（4）第 23 至 25 行代码：串口未成功打开时，弹出错误提示。

（5）第 27 至 39 行代码：当串口处于打开状态时，执行该方法后，将串口关闭，并将控件名改为"打开串口"。

程序清单 6-4

```
1.   private void buttonUARTSetOpen_Click(object sender, EventArgs e)
2.   {
3.       //如果当前串口的状态是关闭状态
4.       if (!SerialPortMonitor.IsOpen)
5.       {
6.           try
7.           {
8.               //串口号
9.               SerialPortMonitor.PortName = comboBoxUARTPortNum.Text;
10.              //十进制数据转换，波特率
11.              SerialPortMonitor.BaudRate = Convert.ToInt32(comboBoxUARTBaudRate.Text, 10);
12.              //打开串口
13.              SerialPortMonitor.Open();
14.
15.              //当前串口号保存，以便关闭时保存串口号
16.              mCurrentPortNum = comboBoxUARTPortNum.Text;
17.              //当前波特率保存，以便关闭时保存波特率
18.              mCurrentBaudRate = comboBoxUARTBaudRate.Text;
19.              //控件名改为"关闭串口"
20.              buttonUARTSetOpen.Text = "关闭串口";
21.          }
22.          catch
23.          {
24.              MessageBox.Show("端口错误,请检查串口", "错误");
25.          }
26.      }
27.      else
28.      {
29.          try
30.          {
31.              SerialPortMonitor.Close();                    //关闭串口
32.
33.              buttonUARTSetOpen.Text = "打开串口";           //控件名改为"打开串口"
34.          }
35.          //一般情况下关闭串口不会出错，所以不需要加处理程序
36.          catch
37.          {
38.          }
39.      }
40.  }
```

完善 buttonClear_Click()和 buttonSendData_Click()方法的实现代码，如程序清单 6-5 所示，

下面按照顺序对部分语句进行解释。

（1）第 3 至 4 行代码：将显示的数据初始化为空。

（2）第 9 行代码：将 textboxSend 控件中的数据通过串口发送出去。

程序清单 6-5

```
1.    private void buttonClear_Click(object sender, EventArgs e)
2.    {
3.        mUARTRecvData = "";
4.        textBoxRecv.Text = "";
5.    }
6.
7.    private void buttonSendData_Click(object sender, EventArgs e)
8.    {
9.        SerialPortMonitor.WriteLine(textBoxSend.Text);
10.   }
```

完善 serialPortMonitor_DataReceived()方法的实现代码并添加 updateTextBox()方法的实现代码，如程序清单 6-6 所示，下面按照顺序对部分语句进行解释。

（1）第 3 至 4 行代码：读取串口接收到的数据并打印。

（2）第 7 行代码：Invoke 的作用是在应用程序的主线程上执行指定的委托，这里是在应用程序的主线程上执行前文中定义的委托，将接收到的数据显示在 textboxRecv 控件上。

（3）第 10 至 13 行代码：定义一个将串口接收到的数据显示在 textboxRecv 控件上的方法，将该控件的数据设置为串口接收到的数据。

程序清单 6-6

```
1.    private void serialPortMonitor_DataReceived(object sender, SerialDataReceivedEventArgs e)
2.    {
3.        mUARTRecvData += SerialPortMonitor.ReadExisting();          //读取串口接收到的数据
4.        Console.WriteLine("strUARTRecvData" + mUARTRecvData);       //打印接收到的数据
5.
6.        //将接收到的数据传送出去，因为要访问 UI 资源，所以需要使用 Invoke 方式同步 UI
7.        this.Invoke(updateText, new string[] { mUARTRecvData });
8.    }
9.
10.   private void updateTextBox(string text)
11.   {
12.       textBoxRecv.Text = text;    //将串口接收到的数据显示在接收数据区内
13.   }
```

步骤 4：编译运行验证程序

首先，通过虚拟串口软件生成两个虚拟串口 COM2 和 COM3。同时打开 SSCOM 串口工具，串口号选择 COM2，调整串口配置参数为"波特率 115200，数据位 8，停止位 1，校验位 NONE"。单击"打开串口"按钮，打开串口后，便已准备好需要的环境。

按 F5 键编译并运行程序，串口号选择 COM3，串口配置参数与 SSCOM 串口工具一致，单击"打开串口"按钮，在"发送数据区"输入 1234，单击"发送"按钮，便可以在 SSCOM 串口工具的接收区域接收到同样的数据。同样，在 SSCOM 串口工具的"字符串输入框"中输入 5678，单击"发送"按钮，在串口通信小工具的"接收数据区"也接收到同样的数据。最终的结果如图 6-16 和图 6-17 所示。注意，使用完之后需要关闭串口，并删除虚拟串口软件生成的两个虚拟串口，释放资源。

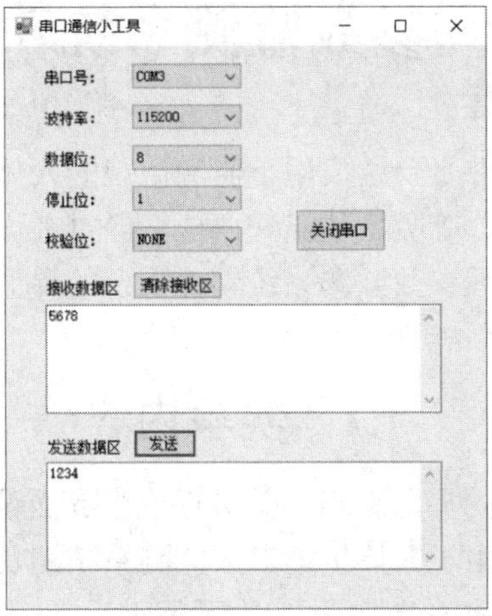

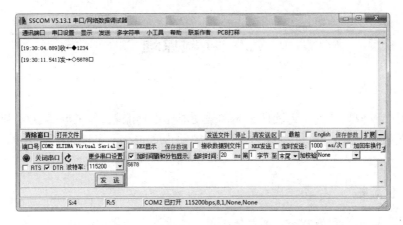

图 6-16　串口通信小工具演示效果图

图 6-17　SSCOM 串口工具演示效果图

本 章 任 务

对本章实验进行修改，在串口通信小工具的"发送"按钮后面添加一个"连续发送"按钮控件，单击该按钮时，实现连续发送数据的功能，同时将"连续发送"按钮文本改为"关闭发送"；单击"关闭发送"按钮时，实现关闭发送数据的功能，同时将"关闭发送"按钮文本改为"连续发送"；界面初始化时添加的按钮文本默认为"连续发送"。

本 章 习 题

1．什么是动态链接库？本实验引入动态链接库的目的是什么？
2．SerialPort 控件的常见属性和常用方法有哪些？
3．如何跨线程调用控件？
4．简述虚拟串口的含义及作用。
5．简述串口通信的基本流程。

第7章　人体生理参数监测系统软件平台布局实验

人体生理参数监测系统软件平台主要用于监测常规的人体生理参数，可以同时监测 5 种生理参数，分别为心电、血氧、呼吸、体温和血压。经过前面几章的学习，对界面布局有了一定的了解，本章将对人体生理参数监测系统软件平台的界面布局展开介绍，同时深入介绍界面布局方面的知识。

7.1　实验内容

Visual Studio 通过可视化的界面编辑工具进行程序界面设计，使用拖拽控件的方式来编写布局，并修改控件的属性。由于人体生理参数监测系统涉及的控件种类和数量众多，因此本实验仅介绍界面布局中的一些关键步骤。但为了便于后续一系列生理参数监测实验的开展，本章提供了已经完成布局的基准项目，可以直接基于基准项目开展实验，也可以参考基准项目自行布局。

7.2　实验原理

7.2.1　菜单栏

菜单栏是一种树形结构，为软件的大多数功能提供功能入口。C#的菜单栏默认位于窗口的上方、标题栏的下方。通过工具栏中的菜单控件 MenuStrip 可以自定义菜单，对菜单进行布局。

7.2.2　状态栏

状态栏用于显示消息或状态，通常位于窗口或程序操作界面的最底端。C#中通过工具栏中的状态栏控件 StatusStrip 可以自定义状态栏。

7.2.3　PictureBox 控件

在 Windows 窗体应用程序中显示图片时需要使用图片控件 PictureBox，将需要的图片通过控件 PictureBox 的 Image 属性导入，调整大小即可。另外，图片控件中的图片设置除可以直接使用 Image 属性指定具体外，还可以通过 Image.FromFile 方法来设置，实现的代码如下：

```
图片控件的名称.Image = Image. FromFile(图像的路径);
```

7.2.4　设计框图

人体生理参数监测系统软件平台布局设计框图如图 7-1 所示。

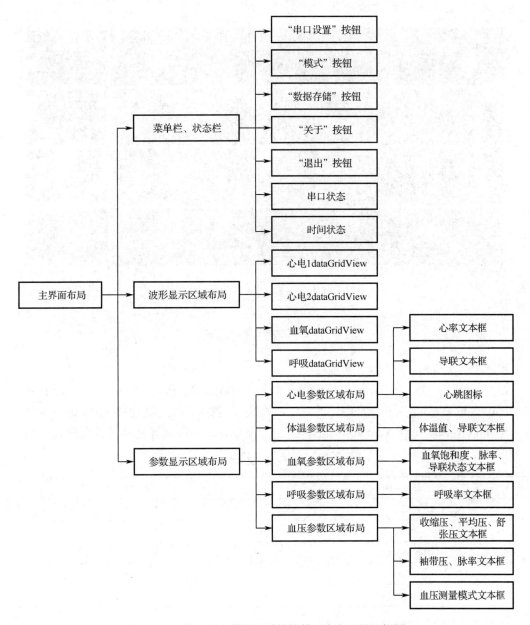

图 7-1　人体生理参数监测系统软件平台布局设计框图

7.2.5　界面设计

本实验的界面布局主要在窗体设计器中进行，不需要编写代码。通过将"工具箱"中的控件拖到初始界面中，然后对控件的属性进行修改以达到最终的界面效果。最终的人体生理参数监测系统软件平台界面布局效果如图 7-2 所示。

图 7-2 人体生理参数监测系统软件界面图

7.3 实验步骤

步骤 1：新建 ParamMonitor 项目

首先，新建一个 WinForm 窗体应用，命名为 ParamMonitor，保存至 "D:\WinFormTest\03.MainWindowLayout" 文件夹中。然后，将解决方案资源管理器中的 Form1.cs 文件重新命名为 MainForm.cs。打开 MainForm 窗体设计界面，MainForm 窗体的属性设置如表 7-1 所示。

表 7-1 MainForm 窗体的属性设置

属　　性	属　性　值
（Name）	ParamMonitor
Size	1807, 908
StartPosition	CenterScreen
Text	ParamMonitor
WindowState	Minimized

步骤 2：复制图片文件夹

将本书配套资料包中的 "04.例程资料\Material\03.MainWindowLayout\StepByStep\图片" 文件夹复制到 "D:\WinFormTest\03.MainWindowLayout\ParamMonitor\ParamMonitor\bin\Debug" 目录下。

步骤 3：修改主界面图标

在 MainForm 窗体设计界面中，选中整个界面，然后单击 Icon 属性右侧的▢按钮，在 "D:\WinFormTest\03.MainWindowLayout\ParamMonitor\ParamMonitor\bin\Debug\图片" 中找到图标 "monitor_128×128"，选中并添加，添加图标后标题栏中的窗口图标相应地改变，如图 7-3 所示。

图 7-3　修改图标

步骤 4：添加菜单栏

将"工具箱"中的 MenuStrip 菜单栏控件拖到 MainForm 窗体设计界面中，界面外侧下方便会显示对应的控件。菜单栏的位置默认在标题栏下方，单击标题栏下方的空白处，可以看到"请在此处键入"的提示，如图 7-4 所示。单击提示处，按照界面提示，可以连续输入菜单内容，最终的菜单栏效果如图 7-5 所示。

图 7-4　添加菜单栏

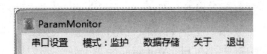

图 7-5　菜单栏效果

人体生理参数监测系统软件平台界面的菜单栏对应的控件属性设置如表 7-2 所示。

表 7-2　菜单栏的属性设置

（Name）	Text
menuItemUARTSet	串口设置
menuItemMonitorMode	模式：监护
menuItemDataStore	数据存储
menuItemAbout	关于
menuItemExit	退出

步骤 5：添加状态栏

将"工具箱"中的 StatusStrip 状态栏控件拖到界面中，界面外侧下方便会显示对应的控件。状态栏的默认位置在整个界面的下方，单击界面下方的空白处，出现如图 7-6 所示界面，选择 StatusLabel，创建一个状态栏标签。选择该标签，将 Text 属性改为"关注健康"，(Name)

属性改为 toolStripStatusLabelComName。再添加串口状态和时间状态栏，属性设置如表 7-3 所示。三个状态标签之间用"|"分隔开，将前两个标签的边界属性（BorderSides）设置为右侧边界，便可以实现该效果。时间状态标签占据了状态栏的其他空间，可将拉伸属性（Spring）设置为 True（实现），最后将该标签的属性 TextAlign 设置为居中右对齐 MiddleRight。

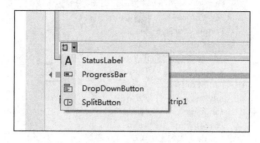

图 7-6　添加状态栏

表 7-3　状态栏属性设置

（Name）	BorderSides	Text	Spring	TextAlign
toolStripStatusLabelComName	Right	关注健康		
toolStripStatusLabelUARTInfo	Right	串口关闭		
toolStripStatusLabelDateTime	None	2020/12/10 10:24:49	True	MiddleRight

步骤 6：画图区域布局

画图区域共分为 4 个（2 个心电画图模块、1 个血氧画图模块、1 个呼吸画图模块），每个区域分别由一个按钮控件 Button 和一个数据表格控件 DataGridView 组成。

首先，布局其中的一个画图模块。将按钮控件 Button 和数据表格控件 DataGridView 分别从"工具箱"中拖到界面合适的位置，按照表 7-4 进行属性设置。注意，按钮控件 Button 的外观边框大小（FlatAppearance-BorderSize）属性设置为 0，否则会出现明显的边框。从表中可以看出，两个控件的长度都为 1440，可以布局为上下对齐的外观。

表 7-4　布局画图控件属性 1

控 件 类 型	属　　　性	属　性　值
Button	BackColor	Black
	FlatAppearance-BorderSize	0
	FlatStyle	Flat
	Font	Bold
	ForeColor	LawnGreen
	Size	1440, 25
	TextAlign	MiddleLeft
DataGridView	BackgroundColor	ActiveCaptionText
	Size	1440, 169

布局完的第一个画图区域效果如图 7-7 所示。

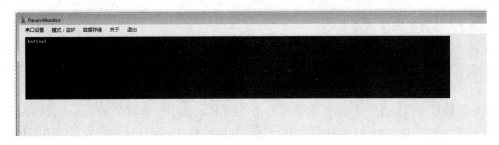

图 7-7　第一个画图区域效果图

选中已经完成属性设置的两个控件，按快捷键 Ctrl+C 复制，再按快捷键 Ctrl+V 粘贴三次，分别整体拖动控件进行对齐设置，完成后的画图区域布局效果如图 7-8 所示。

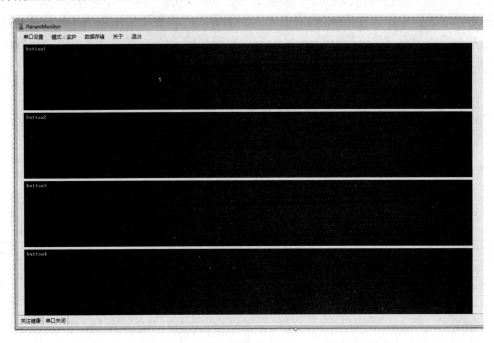

图 7-8　画图区域布局效果图

下面对控件文字、命名和文字颜色进行设置，具体设置如表 7-5 所示。

表 7-5　布局画图控件属性 2

控件类型	（Name）	ForeColor	Text
button1	buttonECG1Setup	LawnGreen	ECG1
button2	buttonECG2Setup	LawnGreen	ECG2
button3	buttonSPO2Setup	Aqua	SPO2
button4	buttonRespSetup	Yellow	Resp
dataGridView1	dataGridViewECG1		
dataGridView2	dataGridViewECG2		
dataGridView3	dataGridViewSPO2		
dataGridView4	dataGridViewResp		

步骤 7：参数显示区域布局

参数显示区域主要包括五大参数：心电、无创血压、血氧、呼吸和体温。涉及的控件有 Button 控件、Label 控件和 PictureBox 控件，由于心电参数显示区域同时涉及这三种控件，下面以心电参数显示区域的布局为例介绍，如图 7-9 所示。

心电参数显示区域由一个黑色的 Button 作为背景，其中包含绿色的 Label 控件和一个红色心形图片。注意 Button 和 Label 颜色的设置，Button 的 BackColor 属性设置为 Black，Label 的 BackColor 属性设置为 Black，ForeColor 属性设置为 Lime。心形图标放置在 PictureBox 控件中，先从"工具箱"中将 PictureBox 控件拖入心电参数显示区域，对该控件的 Image 属性进行设置，在弹出的"选择资源"对话框中，选择"项目资源文件"→"导入"，在"D:\WinFormTest\ 03.MainWindowLayout\ParamMonitor\ParamMonitor\bin\Debug\图片"文件夹中找到"红心"图标，选中并添加。开始导入的图片可能不匹配控件框，单击控件右上角的三角符号，在弹出的对话框中，将大小模式设置为 StretchImage，如图 7-10 所示，图片就会按照 PictureBox 控件框的大小进行拉伸，可调整控件的大小和比例，图片的大小和比例也会同步改变。

图 7-9　心电参数显示区域的布局　　　　图 7-10　PictureBox 图片大小模式设置

心电参数显示区域的控件属性如表 7-6 所示。

表 7-6　心电参数显示区域的控件属性

控件类型	（Name）	BackColor	Font	ForeColor	Text
Button	buttonECGSet	Black		ControlText	
Label	labelECGHRCN	Black	宋体，14pt	Lime	心率
Label	labelECGBPM	Black	宋体，18pt	Lime	bpm
Label	labelECGRA	Black	宋体，12pt	Lime	RA
Label	labelECGLA	Black	宋体，12pt	Lime	LA
Label	labelECGLL	Black	宋体，12pt	Lime	LL
Label	labelECGV	Black	宋体，12pt	Lime	V
Label	labelECGHR	Black	宋体，45pt	Lime	--
PictureBox	pictureBoxHeartBeat				

参考上述方法完成其他四大参数显示区域的界面布局，无创血压参数显示区域的布局如图 7-11 所示，无创血压参数显示区域的控件属性如表 7-7 所示。

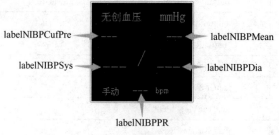

图 7-11　无创血压参数显示区域布局

表 7-7　无创血压参数显示区域的控件属性

控件类型	（Name）	BackColor	Font	ForeColor	Text
Button	buttonNIBPSet	Black		ControlText	
Label	labelNIBPCN	Black	宋体，14pt	Magenta	无创血压
Label	labelNIBPCufPre	Black	宋体，15pt	Magenta	---
Label	labelNIBPmmHg	Black	宋体，18pt	Magenta	mmHg
Label	labelNIBPMean	Black	宋体，15pt	Magenta	---
Label	labelNIBPSlash	Black	宋体，25pt	Magenta	/
Label	labelNIBPSys	Black	宋体，22pt	Magenta	---
Label	labelNIBPDia	Black	宋体，22pt	Magenta	---
Label	labelNIBPMeasMode	Black	宋体，12pt	Magenta	手动
Label	labelNIBPPR	Black	宋体，15pt	Magenta	---
Label	labelNIBPBPM	Black	宋体，12pt	Magenta	bpm

血氧参数显示区域布局如图 7-12 所示，血氧参数显示区域的控件属性如表 7-8 所示。

图 7-12　血氧参数显示区域布局

表 7-8　血氧参数显示区域的控件属性

控件类型	（Name）	BackColor	Font	ForeColor	Text
Button	buttonSPO2Set	Black		ControlText	
Label	labelSPO2CN	Black	宋体，14pt	Cyan	血氧
Label	labelSPO2Data	Black	宋体，30pt	Cyan	--
Label	labelSPO2Percent	Black	宋体，25pt	Cyan	%
Label	label1SPO2PRCN	Black	宋体，14pt	Cyan	脉率
Label	labelSPO2PR	Black	宋体，30pt	Cyan	--
Label	labelSPO2BPM	Black	宋体，20pt	Cyan	bpm
Label	labelSPO2FingerOff	Black	宋体，12pt	Red	手指脱落
Label	labelSPO2PrbOff	Black	宋体，12pt	Red	探头脱落

呼吸和体温参数显示区域布局如图 7-13 所示，呼吸参数显示区域的控件属性如表 7-9 所示，体温参数显示区域的控件属性如表 7-10 所示。

图 7-13　呼吸和体温参数显示区域布局

表 7-9　呼吸参数显示区域的控件属性

控件类型	（Name）	BackColor	Font	ForeColor	Text
Button	buttonRespSet	Black		ControlText	
Label	labelRespCN	Black	宋体，14pt	Yellow	呼吸
Label	labelRespBPM	Black	宋体，12pt	Yellow	bpm
Label	labelRespRR	Black	宋体，30pt	Yellow	--

表 7-10　体温参数显示区域的控件属性

控件类型	（Name）	BackColor	Font	ForeColor	Text
Button	buttonTempSet	Black		ControlText	
Label	labelTempCN	Black	宋体，14pt	White	体温
Label	labelTempCelsius	Black	宋体，12pt	White	℃
Label	labelTempT1	Black	宋体，12pt	White	T1:
Label	labelTemp1Data	Black	宋体，12pt	White	---
Label	labelTempT2	Black	宋体，12pt	White	T2:
Label	labelTemp2Data	Black	宋体，12pt	White	---
Label	labelTempPrb1Off	Black	宋体，10pt	Red	T1 脱落
Label	labelTempPrb2Off	Black	宋体，10pt	Red	T2 脱落

本 章 任 务

基于对本章实验的理解，分别设计体温、血压、呼吸、血氧和心电的独立参数测量界面，为后面章节做准备。

本 章 习 题

1．状态栏的功能是什么？如何为界面添加状态栏？
2．PictureBox 控件的功能是什么？简述其使用方法。

第8章 体温监测与显示实验

完成软件平台界面的布局之后，接下来实现系统的底层驱动。本章涉及的底层驱动程序包括打包解包程序，串口通信程序及体温数据处理程序。其中，打包解包与串口通信部分可以参考第5章和第6章，本章重点介绍体温数据处理过程的实现。

8.1 实验内容

本实验主要需要编写和完善以下功能的代码：①单击主界面的"串口设置"按钮，弹出串口设置窗口，并可在窗口中进行串口设置；②在体温显示区域显示体温值和导联状态，双击该区域弹出体温设置窗口，可在窗口中改变体温探头的类型。

8.2 实验原理

8.2.1 体温测量原理

体温指人体内部的温度，是物质代谢转化为热能的产物。人体的一切生命活动都是以新陈代谢为基础的，而恒定的体温是保证新陈代谢和生命活动正常进行的必要条件。体温过高或过低，都会影响酶的活性，从而影响新陈代谢的正常运行，使人体的各种细胞、组织和器官的功能发生紊乱，严重时还会导致死亡。可见，体温的相对稳定，是维持机体内环境稳定，保证新陈代谢等生命活动正常进行的必要条件。

正常人体体温不是一个具体的温度值，而是一个温度范围。临床上所说的体温是指平均深部温度。一般以口腔、直肠和腋窝的体温为代表，其中直肠体温最接近深部体温。正常值分别如下：口腔舌下温度为36.3～37.2℃；直肠温度为36.5～37.7℃（比口腔温度高0.2～0.5℃）；腋下温度为36.0～37.0℃。体温会因年龄、性别等的不同而在较小的范围内变动。新生儿和儿童的体温稍高于成年人；成年人的体温稍高于老年人；女性的体温平均比男性高0.3℃。同一个人的体温，一般凌晨2～4时最低，下午2～8时最高，但体温的昼夜差别不超过1℃。

常见的体温计有3种：水银体温计、热敏电阻电子体温计和非接触式红外体温计。

水银体温计虽然价格便宜，但有诸多弊端。例如，水银体温计遇热或安置不当容易破裂，人体接触水银后会中毒，而且采用水银体温计测温需要相当长的时间（5～10min），使用不便。

热敏电阻通常用半导体材料制成，体积小，而且热敏电阻的阻值随温度变化十分灵敏，因此被广泛应用于温度测量、温度控制等。热敏电阻电子体温计具有读数方便、测量精度高、能记忆、有蜂鸣器提示和使用安全方便等优点，特别适合家庭、医院等场合使用。但采用热敏电阻电子体温计测温也需要较长的时间。

非接触式红外体温计是根据辐射原理通过测量人体辐射的红外线来测量温度的，它实现了体温的快速测量，具有稳定性好、测量安全、使用方便等特点。但非接触式红外体温计价格较高，功能较少，精度不高。

本实验以热敏电阻为测温元件，实现对温度的精确测量，以及对体温探头脱落情况的实时监测。其中，模块ID为0x12、二级ID为0x02的体温数据包包含由从机向主机发送的双通道体温值和探头信息，具体可参见附录B。计算机（主机）接收到人体生理参数监测系统

（从机）发送的体温数据包后，通过应用程序窗口实时显示温度值和探头脱落状态。

8.2.2　设计框图

体温监测与显示实验的设计框图如图 8-1 所示。

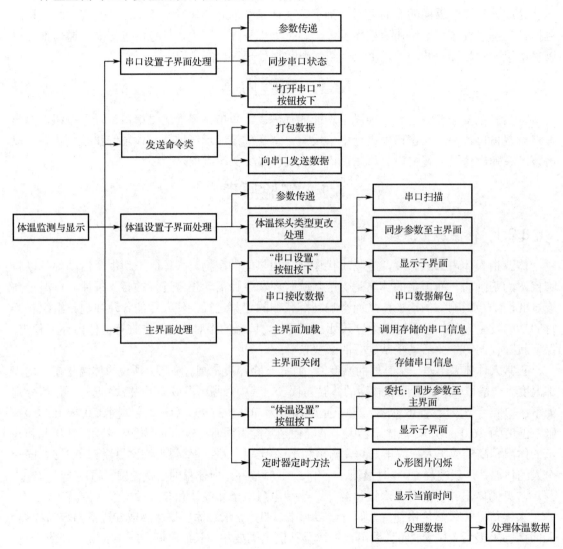

图 8-1　体温监测与显示实验设计框图

8.2.3　体温监测与显示应用程序运行效果

开始程序设计之前，先通过一个应用程序来了解体温监测与显示的效果。打开本书配套资料包中的"03.WinForm 应用程序\04.TempMonitor"目录，双击运行 TempMonitor.exe。

将人体生理参数监测系统硬件平台通过 USB 线连接到计算机，打开硬件平台，并在设备管理器中查看对应的串口号（本机是 COM17），将硬件平台设置为演示模式、USB 连接及输出体温数据。人体生理参数监测系统硬件平台的具体使用方法可参考附录 A。

单击项目界面菜单栏的"串口设置"选项，在弹出的窗口中完成串口的配置，如图 8-2

所示。注意，串口号不一定是 COM17，不同的计算机串口号可能不同。

完成串口的配置后，单击"打开串口"按钮开始接收数据，即可看到体温值和导联状态，如图 8-3 所示。

图 8-2　配置串口

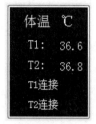

图 8-3　体温监测与显示效果图

8.3　实验步骤

步骤 1：复制基准项目

将本书配套资料包中的"04.例程资料\Material\04.TempMonitor\04.TempMonitor"文件夹复制到"D:\WinFormTest"目录下。

步骤 2：复制并添加文件

将本书配套资料包"04.例程资料\Material\04.TempMonitor\StepByStep"文件夹中的所有文件复制到"D:\WinFormTest\04.TempMonitor\ParamMonitor\ParamMonitor"目录下。然后，在 Visual Studio 中打开项目。实际上，已经打开的 ParamMonitor 项目是第 7 章已完成的项目，所以也可以基于第 7 章完成的 ParamMonitor 项目开展本章实验。右键单击 ParamMonitor，在快捷菜单中选择"添加"→"现有项"，然后选中目录下的 FormTEMPSet.cs、FormUARTSet.cs、PackUnpack.cs 和 SendData.cs 文件，单击"添加"按钮导入项目中。

步骤 3：添加串口控件和定时器控件

在完善代码之前，需要在主界面中添加一个串口控件和一个定时器控件。双击打开 MainForm.cs 窗体的设计界面，将"工具箱"中的 SerialPort 控件拖到界面下方，将该控件的（Name）属性修改为 serialPortMonitor。同样，将"工具箱"中的 Timer 控件拖到界面下方，将该控件的（Name）属性修改为 timerOneSec，Enabled 属性改为 True（启用定时器），Interval 属性改为 30（定时器定时间隔为 30ms）。完成后的效果如图 8-4 所示。

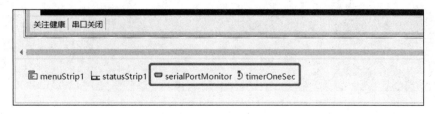

图 8-4　放置串口控件和定时器控件

步骤 4：添加控件的响应方法

双击打开 FormUARTSet.cs 窗体的设计界面，串口设置界面如图 8-5 所示。下面为"打开串口"按钮添加响应方法，打开"打开串口"按钮的"属性"标签页，单击  按钮，然后双击事件列表的 Click 事件，生成"打开串口"按钮的响应方法。

双击打开 FormTEMPSet.cs 窗体的设计界面，体温参数设置界面如图 8-6 所示，对照表 8-1 所示的控件说明为控件添加响应方法。

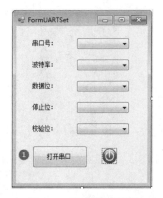

图 8-5　串口设置界面　　　　　　　　图 8-6　体温参数设置界面

表 8-1　体温参数设置界面控件说明

编　号	（Name）	功　　能	响 应 方 法
①	FormTEMPSet		FormTEMPSet_Load()
②	comboBoxTempPrbType	波特率下拉列表	comboBoxTempPrbType_SelectedIndexChanged()
③	buttonTempSetOK	数据位下拉列表	buttonTempSetOK_Click()
④	comboBoxUARTStopBits	停止位下拉列表	buttonTempSetCancel_Click()

主窗体设计界面如图 8-7 所示，对照表 8-2 所示的控件说明为控件添加响应方法。

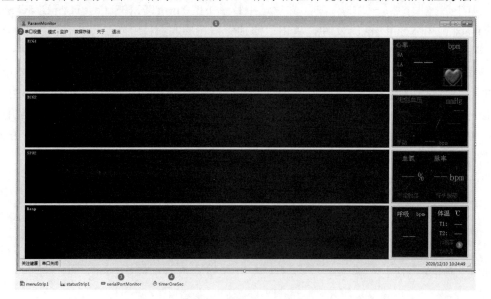

图 8-7　主窗体设计界面

表 8-2　主窗体设计界面控件说明

编　号	（Name）	功　能	响　应　方　法
①	ParamMonitor		ParamMonitor_Load() ParamMonitor_FormClosing()
②	menuItemUARTSet	打开串口设置窗口	menuItemUARTSet_Click()
③	serialPortMonitor	接收串口数据	serialPortMonitor_DataReceived()
④	timerOneSec	定时器控制	timerOneSec_Tick()
⑤	buttonTempSet		buttonTempSet_Click()

步骤 5：完善 FormUARTSet.cs 文件

在 FormUARTSet.cs 文件中添加第 3 至 19 行和第 23 至 27 行代码，将原代码的第 29 行修改为当前第 29 行代码后，再添加第 33 至 65 行代码，如程序清单 8-1 所示，下面按照顺序对部分语句进行解释。

（1）第 3 至 12 行代码：定义串口信息结构体。其中包含串口号列表、串口号、波特率、数据位、停止位、校验位、串口状态的标志位。

（2）第 19 行代码：声明一个打开串口的委托。

（3）第 24 行代码：实例化串口信息结构体。

（4）第 33 至 40 行代码：将 MainForm 中的参数传递给 mUARTInfo，参数包括串口号 Item、串口号、波特率、数据位、停止位、校验位、串口状态。

（5）第 43 至 46 行代码：将串口号 Item 中的内容添加到串口号 comboBox 中。

（6）第 48 至 53 行代码：将 mUARTInfo 中的参数显示在各参数 comboBox 中，包括串口号、波特率、数据位、停止位、校验位。

（7）第 55 至 65 行代码：判断串口状态，若串口已打开，则"串口设置"按钮显示为"关闭串口"，PictureBox 控件显示串口已打开的图片；若串口关闭，则显示"打开串口"，PictureBox 控件显示串口已关闭的图片。初始时该按钮显示"打开串口"。

程序清单 8-1

```
1.   namespace ParamMonitor
2.   {
3.       public struct StructUARTInfo
4.       {
5.           public List<string> portNumItem;        //串口号列表
6.           public string portNum;                  //串口号
7.           public string baudRate;                 //波特率
8.           public string dataBits;                 //数据位
9.           public string stopBits;                 //停止位
10.          public string parity;                   //校验位
11.          public bool   isOpened;                 //串口是否打开标志位
12.      }
13.
14.      /* 委托是方法的抽象，它存储的是一系列具有相同签名和返回值类型的方法的地址
15.       * 调用委托时，委托包含的所有方法将被执行
16.       * 委托类型必须在被用来创建变量及类型对象之前声明
17.       * 委托类型声明：1、以 delegate 关键字开头；2、返回类型+委托类型名+参数列表
18.       * */
19.      public delegate void openUARTHandler(StructUARTInfo info);//定义 openUARTHandler 委托
```

```
20.
21.    public partial class FormUARTSet : Form
22.    {
23.        //实例化结构体
24.        private StructUARTInfo mUARTInfo = new StructUARTInfo();
25.
26.        //声明委托 openUARTHandler 的变量
27.        public event openUARTHandler openUARTEvent;
28.
29.        public FormUARTSet(StructUARTInfo info)
30.        {
31.            InitializeComponent();
32.
33.            //将 MainForm 中的串口参数传递到 FormUARTSet 中的 mUARTInfo
34.            mUARTInfo.portNumItem = info.portNumItem;    //串口号 Item
35.            mUARTInfo.portNum  = info.portNum;            //串口号
36.            mUARTInfo.baudRate = info.baudRate;           //波特率
37.            mUARTInfo.dataBits = info.dataBits;           //数据位
38.            mUARTInfo.stopBits = info.stopBits;           //停止位
39.            mUARTInfo.parity   = info.parity;             //校验位
40.            mUARTInfo.isOpened = info.isOpened;           //串口状态
41.
42.            //将 mUARTInfo 的串口号 Item(即 MainForm 中的参数)显示在 comboBox 中，实现同步
43.            for (int i = 0; i < mUARTInfo.portNumItem.Count; i++)
44.            {
45.                comboBoxUARTPortNum.Items.Add(mUARTInfo.portNumItem[i]);
46.            }
47.
48.            //将主窗口传来的串口配置信息显示在 comboBox 控件上
49.            comboBoxUARTPortNum.Text  = mUARTInfo.portNum;
50.            comboBoxUARTBaudRate.Text = mUARTInfo.baudRate;
51.            comboBoxUARTDataBits.Text = mUARTInfo.dataBits;
52.            comboBoxUARTStopBits.Text = mUARTInfo.stopBits;
53.            comboBoxUARTParity.Text   = mUARTInfo.parity;
54.
55.            //使子 Form 的串口状态与 MainForm 的串口状态同步
56.            if (mUARTInfo.isOpened)
57.            {
58.                buttonUARTSetOpen.Text = "关闭串口";
59.                pictureBoxUARTSts.Image = Image.FromFile(@"图片\打开串口副本.png");
60.            }
61.            else
62.            {
63.                buttonUARTSetOpen.Text = "打开串口";
64.                pictureBoxUARTSts.Image = Image.FromFile(@"图片\关闭串口副本.png");
65.            }
66.        }
67.    }
68. }
```

　　完善 buttonUARTSetOpen_Click()方法的实现代码，如程序清单 8-2 所示，下面按照顺序对部分语句进行解释。

（1）第 4 至 8 行代码：将 comboBox 中选中的参数信息分别存入对应的 mUARTInfo 变量中，包括串口号、波特率、数据位、停止位、校验位。

（2）第 10 行代码：调用委托。

（3）第 12 行代码：关闭串口设置界面。

程序清单 8-2

```
1.   private void buttonUARTSetOpen_Click(object sender, EventArgs e)
2.   {
3.       //将控件选中的信息存入结构体中
4.       mUARTInfo.portNum  = comboBoxUARTPortNum.Text;      //串口号
5.       mUARTInfo.baudRate = comboBoxUARTBaudRate.Text;     //波特率
6.       mUARTInfo.dataBits = comboBoxUARTDataBits.Text;     //数据位
7.       mUARTInfo.stopBits = comboBoxUARTStopBits.Text;     //停止位
8.       mUARTInfo.parity   = comboBoxUARTParity.Text;       //校验位
9.
10.      openUARTEvent(mUARTInfo);                           //调用委托
11.
12.      this.Close();                                      //关闭串口设置界面
13.  }
```

步骤 6：完善 SendData.cs 文件

在 SendData.cs 文件的 SendData 类中添加第 3 至 6 行和第 10 行代码，如程序清单 8-3 所示，下面按照顺序对这些语句进行解释。

（1）第 3 至 6 行代码：定义 SerialPort 类变量，实例化 PackUnpack 类对象。

（2）第 10 行代码：将 SendData 类中的串口号变量与主界面的串口号同步。

程序清单 8-3

```
1.   public class SendData
2.   {
3.       //定义串口变量
4.       public SerialPort mComPort;
5.       //实例化打包解包类
6.       PackUnpack mPackUnpack = new PackUnpack();
7.
8.       public SendData(SerialPort comPort)
9.       {
10.          mComPort = comPort;
11.      }
12.  }
```

在构造方法 SendData()后面添加 sendCmdToMcu()方法的实现代码，如程序清单 8-4 所示，下面按照顺序对这些语句进行解释。

（1）第 1 行代码：定义发送命令给上位机方法。

（2）第 3 至 6 行代码：判断串口状态，若未打开，则跳出方法。

（3）第 8 行代码：该方法的第二个参数为模块 ID，将传入方法的模块 ID 添加到 List 对象的第一个位置。Insert 方法的第一个参数为 List 对象的指定位置，第二个参数为添加的内容。

（4）第 10 行代码：将添加了模块 ID 的数据包进行打包。

（5）第 12 至 13 行代码：将打包后的 List 对象转换为字节数组，然后向串口发送该字节数组，即数据包。

程序清单 8-4

```
1.    public void sendCmdToMcu(List<byte> datalst, Byte cmd)
2.    {
3.        if (!mComPort.IsOpen)
4.        {
5.            return;                              //串口没有打开，则返回
6.        }
7.
8.        datalst.Insert(0, cmd);                  //在 List 的第一个位置插入模块 ID
9.
10.       mPackUnpack.packData(ref datalst);       //打包
11.
12.       byte[] buffer = datalst.ToArray<byte>(); //打包后转换成字节数组
13.       mComPort.Write(buffer, 0, buffer.Length);//向串口发送数据包
14.   }
```

步骤 7：完善 FormTEMPSet.cs 文件

在 FormTEMPSet.cs 文件中添加第 3 至 4 行、第 8 至 12 行和第 18 至 20 行代码，如程序清单 8-5 所示，下面按照顺序对这些语句进行解释。

（1）第 4 行代码：声明一个设置体温探头的委托。

（2）第 8 至 9 行代码：声明串口和体温探头类型变量。

（3）第 12 行代码：声明设置体温探头委托变量。

（2）第 19 行代码：将构造方法的参数 sendData 的值赋值给 mSendData 变量。

（3）第 20 行代码：将构造方法的参数 prbType 的值赋值给 mPrbType 变量。

程序清单 8-5

```
1.    namespace ParamMonitor
2.    {
3.        //定义 tempSetHandler 委托
4.        public delegate void tempSetHandler(string prbType);
5.
6.        public partial class FormTEMPSet : Form
7.        {
8.            private SendData mSendData;              //声明串口，用于发送命令给从机（单片机）
9.            private string    mPrbType;              //体温探头类型
10.
11.           //声明委托 tempSetHandler 的事件 sendTempPrbTypeEvent，用于将体温探头类型同步至主界面
12.           public event tempSetHandler sendTempPrbTypeEvent;
13.
14.           public FormTEMPSet(SendData sendData, string prbType)
15.           {
16.               InitializeComponent();
17.
18.               //将主界面的参数传到设置界面
19.               mSendData = sendData;
20.               mPrbType  = prbType;
21.           }
22.       }
23.   }
```

完善 FormTEMPSet_Load()和 comboBoxTempPrbType_SelectedIndexChanged()方法的实现

代码，如程序清单 8-6 所示，下面按照顺序对这些语句进行解释。

（1）第 1 至 4 行代码：打开 FormTEMPSet 窗体时，将主界面体温探头的值赋值给体温探头下拉列表，使两个界面中的值同步。

（2）第 8 行代码：将体温探头下拉列表中的 Index 赋值给 tempPrbType 变量。

（3）第 9 至 12 行代码：若获取的 tempPrbType 小于 0，则退出方法。

（4）第 14 行代码：将体温探头下拉列表的数据赋值到变量 mPrbType 中。

（5）第 15 行代码：调用委托，将体温探头更改值传递到主界面。

（6）第 18 行代码：将变量 tempPrbType 的值转成 byte 类型，并赋值给 data。

（7）第 19 行代码：将体温探头数据包的二级 ID 添加到 List 对象中。

（8）第 20 行代码：将 data 添加到 List 对象中。

（9）第 22 至 30 行代码：判断串口是否打开，若没有打开，体温探头下拉列表显示 YSI；若已打开，则调用发送命令给上位机方法，将体温探头更改命令发送给上位机。

程序清单 8-6

```
1.   private void FormTEMPSet_Load(object sender, EventArgs e)
2.   {
3.       comboBoxTempPrbType.Text = mPrbType;    //窗口加载时显示主窗口传来的体温探头类型
4.   }
5.
6.   private void comboBoxTempPrbType_SelectedIndexChanged(object sender, EventArgs e)
7.   {
8.       int tempPrbType = (byte)comboBoxTempPrbType.SelectedIndex;    //获取选项
9.       if (tempPrbType < 0)                    //下拉列表的选项从0往上加，最小值为0
10.      {
11.          return;
12.      }
13.
14.      mPrbType = comboBoxTempPrbType.Text;
15.      sendTempPrbTypeEvent(mPrbType);         //将体温探头更改后的值传递到主界面
16.
17.      List<byte> dataLst = new List<byte>();
18.      byte data = (byte)(tempPrbType);        //0-YSI 探头，1-CY 探头
19.      dataLst.Add(0x80);                      //二级 ID
20.      dataLst.Add(data);                      //探头类型
21.
22.      if (!mSendData.mComPort.IsOpen)         //串口没有打开
23.      {
24.          comboBoxTempPrbType.Text = "YSI";
25.      }
26.      else
27.      {
28.          //将更改后的体温探头类型打包发送给 MCU, 0x12-体温命令的模块 ID
29.          mSendData.sendCmdToMcu(dataLst, 0x12);
30.      }
31.  }
```

完善 buttonTempSetOK_Click()和 buttonTempSetCancel_Click()方法的实现代码，如程序清单 8-7 所示，下面按照顺序对这些语句进行解释。

（1）第 1 至 4 行代码：执行该方法时关闭体温参数设置界面。

（2）第 6 至 9 行代码：执行该方法时关闭体温参数设置界面。

程序清单 8-7

```
1.  private void buttonTempSetOK_Click(object sender, EventArgs e)
2.  {
3.      this.Close();          //关闭当前设置界面
4.  }
5.
6.  private void buttonTempSetCancel_Click(object sender, EventArgs e)
7.  {
8.      this.Close();          //关闭当前设置界面
9.  }
```

步骤 8：完善 MainForm.cs 文件

在 MainForm.cs 文件中添加第 3 至 37 行和第 43 至 49 行代码，如程序清单 8-8 所示，下面按照顺序对部分语句进行解释。

（1）第 3 行代码：定义缓冲长度为 2000。

（2）第 5 行代码：定义体温探头类型变量，并初始化为 YSI。

（3）第 8 至 10 行代码：引入动态链接库的写 INI 配置文件方法。

（4）第 12 至 14 行代码：引入动态链接库的读 INI 配置文件方法。

（5）第 17 行代码：定义保存串口配置的文件名称。

（6）第 20 至 21 行代码：引入动态链接库的 GetTickCount 方法。

（7）第 25 行代码：实例化串口配置信息结构体变量。

（8）第 27 行代码：实例化 PackUnpack 类对象。

（9）第 28 行代码：实例化线性链表对象。

（10）第 34 行代码：实例化 object 对象。

（11）第 35 行代码：定义一个字节二维数组，作为接收数据的缓冲。

（12）第 44 至 47 行代码：使用 for 循环，使缓冲数组每个数据皆为 0。

程序清单 8-8

```
1.  public partial class ParamMonitor : Form
2.  {
3.      public const int PACK_QUEUE_CNT = 2000;      //缓冲的长度
4.
5.      public string mPrbType = "YSI";              //体温探头类型设置
6.
7.      //引入动态链接库，保存串口的配置信息
8.      [DllImport("kernel32")]
9.      private static extern long WritePrivateProfileString(string section, string key, string
                                                                                          val,
10.        string filepath);
11.
12.     [DllImport("kernel32")]
13.     private static extern int GetPrivateProfileString(string section, string key, string def,
14.        StringBuilder retVal, int size, string filepath);
15.
16.     //保存串口配置信息的文件名
17.     private string mFileName = System.AppDomain.CurrentDomain.BaseDirectory + "Config.ini";
18.
```

```
19.        //返回（retrieve）从操作系统启动所经过（elapsed）的毫秒数
20.        [DllImport("kernel32")]
21.        static extern uint GetTickCount();
22.        private uint mLastTick = 0;                      //保存上一次获得的毫秒数
23.
24.        //定义一个串口配置信息结构体变量，该结构体在串口界面中声明
25.        private StructUARTInfo mUARTInfo = new StructUARTInfo();
26.
27.        PackUnpack mPackUnpack = new PackUnpack();           //定义一个打包解包类对象
28.        private List<byte> mPackAfterUnpackList = new List<byte>();//线性链表，内容为解包后的
                                                                      数据
29.
30.        int mPackHead = -1;                              //当前需要处理的缓冲包的序号
31.        //最后处理的缓冲包的序号，packHeadIndex 不能追上 mPackTail，若追上则表示收到的数据超出
                                                                      1000 的缓冲
32.        int mPackTail = -1;
33.
34.        private object mLockObj = new object();          //用于锁死计数，多线程访问数据时避免出错
35.        byte[][] mPackAfterUnpackArr;                    //定义一个二维数组作为接收数据的缓冲，
                                                              在窗口加载时初始化
36.
37.        private SendData mSendData = null;               //声明串口，用于发送命令给从机（单片机）
38.
39.        public ParamMonitor()
40.        {
41.            InitializeComponent();
42.
43.            mPackAfterUnpackArr = new byte[PACK_QUEUE_CNT][];     //二维数组，作为接收数据缓冲
44.            for (int i = 0; i < PACK_QUEUE_CNT; i++)             //将数组初始化为0
45.            {
46.                mPackAfterUnpackArr[i] = new byte[10] { 0, 0, 0, 0, 0, 0, 0, 0, 0, 0 };
47.            }
48.
49.            mSendData = new SendData(serialPortMonitor);//将串口传递到界面，目的是将命令发送
                                                            给单片机
50.        }
51.    }
```

完善 ParamMonitor_Load()和 ParamMonitor_FormClosing()方法的实现代码，如程序清单 8-9 所示，下面按照顺序对部分语句进行解释。

（1）第 4 至 5 行代码：实例化两个存储字符串的对象，内存空间大小为 255 个字符，分别用于存放串口号和波特率。

（2）第 7 至 8 行代码：GetPrivateProfileString()方法用于读取 INI 文件内容，具体参见 6.3 节。

（3）第 10 行代码：实例化串口号 Item。

（4）第 12 行代码：将变量 portNum 的内容转换成 string 类型，并在串口号的 ComboBox 控件中显示。

（5）第 14 行代码：将变量 baudRate 的内容转换成 string 类型，并在波特率的 ComboBox 控件中显示。

（6）第 15 至 17 行代码：数据位、停止位、校验位的 ComboBox 控件分别显示 8、1、NONE。

（7）第 18 行代码：初始化串口状态为 false，即串口关闭。

（8）第 23 至 24 行代码：将串口号和波特率下拉列表的数据分别写入串口 INI 配置文件。

程序清单 8-9

```
1.    private void ParamMonitor_Load(object sender, EventArgs e)
2.    {
3.        //新建存储字符串的对象，内存空间的大小为 255 个字符，用于存放读到的串口号和波特率
4.        StringBuilder portNum = new StringBuilder(255);
5.        StringBuilder baudRate = new StringBuilder(255);
6.
7.        GetPrivateProfileString("PortData", "PortNum", "COM1", portNum, 255, mFileName);
8.        GetPrivateProfileString("PortData", "BaudRate", "115200", baudRate, 255, mFileName);
9.
10.       mUARTInfo.portNumItem = new List<string>();
11.       //将保存的 INI 文件中的串口号取出并赋值给 ComboBox 控件
12.       mUARTInfo.portNum = portNum.ToString();
13.       //将保存的 INI 文件中的波特率取出并赋值给 ComboBox 控件
14.       mUARTInfo.baudRate = baudRate.ToString();
15.       mUARTInfo.dataBits = "8";          //数据位
16.       mUARTInfo.stopBits = "1";          //停止位
17.       mUARTInfo.parity = "NONE";         //校验位
18.       mUARTInfo.isOpened = false;        //刚打开界面默认串口是关闭的
19.   }
20.
21.   private void ParamMonitor_FormClosing(object sender, FormClosingEventArgs e)
22.   {
23.       WritePrivateProfileString("PortData", "PortNum", mUARTInfo.portNum, mFileName);
24.       WritePrivateProfileString("PortData", "BaudRate", mUARTInfo.baudRate, mFileName);
25.   }
```

在 ParamMonitor_FormClosing() 方法后面添加 searchAndAddSerialToComboBox() 和 setUARTState()方法的实现代码，如程序清单 8-10 所示，下面按照顺序对部分语句进行解释。

（1）第 1 行代码：添加扫描串口号方法。

（2）第 5 行代码：清空 ComboBox 的内容。

（3）第 7 至 22 行代码：循环扫描计算机端口，得到串口号，依次尝试是否可以打开，若可以打开则添加到 List 中，添加成功后关闭串口；若不可打开则跳出 try 语句，继续执行下一个 for 循环，直到 for 循环结束。

（4）第 25 行代码：添加设置串口状态的方法。

（5）第 29 至 49 行代码：判断该方法参数是否为 true（打开串口），若是，则进入 try，获取当前串口号和波特率，尝试打开串口，并将串口状态设置为 true，且将 string 变量赋值为"串口已打开"；若尝试出现异常，则跳出 try，执行 catch 中的代码。将 string 变量赋值为"串口打开异常"，且跳出错误窗口。

（6）第 50 至 63 行代码：若方法参数为 false（关闭串口），则将串口状态设置为 false，并尝试关闭串口，将 string 变量赋值为"串口已关闭"；若关闭串口出现异常，则进入 catch，string 变量被赋值为"串口关闭异常"。

（7）第 65 行代码：将 string 变量的内容赋值到串口状态栏控件的内容中。

程序清单 8-10

```
1.   private void searchAndAddSerialToComboBox(SerialPort serialPort, List<string> list)
2.   {
3.       string[] myString = new string[20];                //最多容纳 20 个端口, 太多会影响调试效率
4.       string buffer;                                     //缓存串口号
5.       list.Clear();                                      //清空 ComboBox 内容
6.       int count = 0;
7.       for (int i = 1; i < 20; i++)                       //循环扫描电脑的端口
8.       {
9.           try                                            //核心原理是依靠 try 和 catch 完成遍历
10.          {
11.              buffer = "COM" + i.ToString();             //得到串口号
12.              serialPort.PortName = buffer;              //将串口号存入串口类变量
13.              serialPort.Open();                         //如果失败, 后面的代码不会执行
14.              myString[count] = buffer;
15.              list.Add(buffer);                          //打开成功, 添加至下拉列表
16.              serialPort.Close();                        //关闭
17.              count++;
18.          }
19.          catch
20.          {
21.          }
22.      }
23.  }
24.
25.  private void setUARTState(bool isOpen)
26.  {
27.      string strUARTInfo;
28.
29.      if (isOpen)         //如果当前串口的状态是关闭状态
30.      {
31.          try
32.          {
33.              serialPortMonitor.PortName = mUARTInfo.portNum;                        //串口号
34.              serialPortMonitor.BaudRate = Convert.ToInt32(mUARTInfo.baudRate); //波特率
35.              serialPortMonitor.Open();                  //打开串口
36.              mUARTInfo.isOpened = true;                 //串口状态设置为打开
37.
38.              //显示串口状态
39.              strUARTInfo = mUARTInfo.portNum + "已打开," + mUARTInfo.baudRate + ","
40.                  + mUARTInfo.dataBits + "," + mUARTInfo.stopBits + "," + mUARTInfo.parity;
41.
42.          }
43.          catch
44.          {
45.              strUARTInfo = "串口打开异常";
46.              MessageBox.Show("端口错误,请检查串口", "错误");     //跳出错误窗口
47.
48.          }
49.      }
50.      else              //如果当前串口的状态是打开状态, 则关闭串口
51.      {
```

```
52.          mUARTInfo.isOpened = false;          //串口状态设置为关闭
53.          try
54.          {
55.              serialPortMonitor.Close();          //关闭串口
56.
57.              strUARTInfo = "串口已关闭";          //显示串口状态
58.          }
59.          catch          //一般情况下关闭串口不会出错，所以不需要加处理程序
60.          {
61.              strUARTInfo = "串口关闭异常";
62.          }
63.      }
64.
65.      toolStripStatusLabelUARTInfo.Text = strUARTInfo;//在主界面窗口的状态栏显示串口配置信息
66. }
```

在 setUARTState()方法后面添加 procUARTInfo()的实现代码，如程序清单 8-11 所示，下面按照顺序对部分语句进行解释。

（1）第 1 行代码：将参数结构体赋值给串口结构体。

（2）第 5 至 9 行代码：判断串口状态，若没有打开，则将串口状态设置为 true，打开串口。

（3）第 10 至 14 行代码：若已打开，则将串口状态设置为 false，关闭串口。

程序清单 8-11

```
1.  private void procUARTInfo(StructUARTInfo info)
2.  {
3.      mUARTInfo = info;   //将 UART 设置界面的串口参数传至主界面
4.
5.      if (!serialPortMonitor.IsOpen)
6.      {
7.          //打开串口读取
8.          setUARTState(true);
9.      }
10.     else
11.     {
12.         //关闭串口读取
13.         setUARTState(false);
14.     }
15. }
```

完善 menuItemUARTSet_Click()方法的实现代码，如程序清单 8-12 所示，下面按照顺序对部分语句进行解释。

（1）第 3 至 6 行代码：判断串口是否打开，若未打开，则扫描串口。

（2）第 8 行代码：实例化串口设置界面，并将串口配置结构体传到串口设置界面。

（3）第 9 行代码：将串口设置界面生成位置设置在主界面的正中间。

（4）第 14 行代码：向 openUARTEvent 中添加方法。

（5）第 16 行代码：显示串口设置界面。

程序清单 8-12

```
1.  private void menuItemUARTSet_Click(object sender, EventArgs e)
2.  {
3.      if (!mUARTInfo.isOpened)
```

```
4.      {
5.          searchAndAddSerialToComboBox(serialPortMonitor, mUARTInfo.portNumItem);//扫描串口
6.      }
7.
8.      FormUARTSet mUARTSetForm = new FormUARTSet(mUARTInfo);
9.      mUARTSetForm.StartPosition = FormStartPosition.CenterParent;//界面生成位置在主界面的
                                                                           正中间
10.
11.     //向 openUARTHandler 委托的事件 openUARTEvent 中添加 procUARTInfo 方法，添加额外的方法使用+=
12.     //功能：将 UART 设置界面的串口参数传至主界面，并根据当前串口状态决定是否打开串口，然后
13.     //      将对应信息显示到主界面的状态栏
14.     mUARTSetForm.openUARTEvent += new openUARTHandler(procUARTInfo);
15.
16.     mUARTSetForm.ShowDialog();                                        //显示串口设置界面
17. }
```

在 menuItemUARTSet_Click()方法后面添加 unpackRcvData()方法的实现代码，如程序清单 8-13 所示，下面按照顺序对部分语句进行解释。

（1）第 1 行代码：添加解包接收到数据的方法。

（2）第 6 行代码：获取解包方法返回值。

（3）第 10 行代码：获取解包结果到线性链表。

（4）第 11 行代码：获取包长。

（5）第 13 至 16 行代码：若线性链表的实际元素个数多于 10，则弹出显示"长度异常"的提示窗口。

（6）第 19 行代码：将变量 mPackHead 加上 1 再对 2000 求余，结果存入整型变量 iHead。

（7）第 22 至 25 行代码：锁定对象 mLockObj，执行第 24 行代码，使其不在其他线程执行此代码段。

（8）第 27 至 30 行代码：当 iHead 与 iTail 一致时，弹出"缓冲溢出。"的提示窗口。

（9）第 33 至 36 行代码：将线性链表中的数据依次存入接收数据缓冲中。

（10）第 38 至 42 行代码：锁定 mLockObj 对象，使只有一个线程执行第 40 至 41 行代码，即将 mPackHead 加 1 再对 2000 求余的结果存入 mPackHead，并判断 mPackTail 是否为-1，若是，则将 mPackTail 赋值为 0。

（11）第 45 行代码：返回解包方法返回的值。

程序清单 8-13

```
1.  private bool unpackRcvData(byte recData)
2.  {
3.      bool findPack;
4.      int packLen;
5.
6.      findPack = mPackUnpack.unpackData(recData);                    //findPack 不为 0 表示解包成功
7.
8.      if (findPack)
9.      {
10.         mPackAfterUnpackList = mPackUnpack.getUnpackRslt();  //获取解包结果
11.         packLen = mPackAfterUnpackList.Count;                //获取包长
12.
13.         if (mPackAfterUnpackList.Count > 10)
```

```
14.              {
15.                  MessageBox.Show("长度异常");
16.              }
17.
18.              //%PACK_QUEUE_CNT: 为了数据序号范围为 0 至 PACK_QUEUE_CNT
19.              int iHead = (mPackHead + 1) % PACK_QUEUE_CNT;
20.              int iTail;
21.
22.              lock (mLockObj)
23.              {
24.                  iTail = mPackTail;
25.              }
26.
27.              if (iHead == iTail)
28.              {
29.                  MessageBox.Show("缓冲溢出。");
30.              }
31.
32.              //包长减 2，即解包后已经没有数据头和校验和，但是 ID 还在
33.              for (int i = 0; i < packLen - 2; i++)
34.              {
35.                  mPackAfterUnpackArr[iHead][i] = mPackAfterUnpackList[i];
36.              }
37.
38.              lock (mLockObj)
39.              {
40.                  mPackHead = (mPackHead + 1) % PACK_QUEUE_CNT;      //添加数据，mPackHead 加 1
41.                  if (mPackTail == -1) mPackTail = 0;
42.              }
43.          }
44.
45.      return findPack;
46.  }
```

完善 serialPortMonitor_DataReceived()方法的实现代码，如程序清单 8-14 所示，下面按照顺序对这些语句进行解释。

（1）第 3 至 4 行代码：实例化大小为 100 的字节数组，并定义一个整型变量。

（2）第 5 至 19 行代码：尝试判断，当串口接收的字节数据非 0 时，读取前 100 个数据，再使用 for 循环，判断解包接收数据的方法的返回值是否为 0。

（3）第 20 至 22 行代码：若以上尝试出现异常，则跳出 try 语句，这里不用做特殊处理。

程序清单 8-14

```
1.   private void serialPortMonitor_DataReceived(object sender, SerialDataReceivedEventArgs e)
2.   {
3.       byte[] data = new byte[100];
4.       int len;
5.       try
6.       {
7.           if (serialPortMonitor.BytesToRead != 0)
8.           {
9.               //强制类型转换，将 int 型数据转换为 byte 型数据，不必考虑是否会丢失数据
```

```
10.                len = serialPortMonitor.Read(data, 0, 100);
11.
12.                for (int i = 0; i < len; i++)
13.                {
14.                    if (unpackRcvData(data[i]))        //处理接收到的数据
15.                    {
16.                    }
17.                }
18.            }
19.        }
20.        catch
21.        {
22.        }
23. }
```

在 serialPortMonitor_DataReceived()方法后面添加 analyzeTempData()方法的实现代码，如程序清单 8-15 所示，下面按照顺序对部分语句进行解释。

（1）第 1 行代码：添加处理体温数据包的方法。

（2）第 16 行代码：根据数据包的二级 ID 选择执行不同的代码段。

（3）第 18 至 20 行代码：当二级 ID 为 0x02 时，提取数据包中通道 1 体温值的高低字节。

（4）第 22 行代码：将通道 1 体温值的高低字节整合成一个数，得到通道 1 体温值。

（5）第 24 至 26 行代码：提取数据包中通道 2 体温值的高低字节，整合成一个数，得到通道 2 体温值。

（6）第 28 至 31 行代码：因数据包中的体温值数据是实际数据的 10 倍，所以此处需要将前面得到的体温值除以 10，并强制转换成 float 型，保留小数点后的数值。

（7）第 33 至 34 行代码：获取两个通道的体温探头的导联状态。

（8）第 36 至 42 行代码：判断通道 1 体温探头导联状态是否为脱落，若脱落，则将通道 1 导联状态文字设置为红色，且显示"T1 脱落"，体温值显示"---"。

（9）第 43 至 56 行代码：若导联状态为连接，则将通道 1 导联状态文字设置为白色，且显示"T1 连接"。并判断通道 1 体温值是否在 0～50 区间，若是，则在通道 1 体温值控件显示相应数据；否则，显示"---"。

（10）第 58 至 64 行代码：判断通道 2 体温探头导联状态是否为脱落，若脱落，则将通道 2 导联状态文字设置为红色，且显示"T2 脱落"，体温值显示"---"。

（11）第 65 至 78 行代码：若导联状态为连接，则将通道 2 导联状态文字设置为白色，且显示"T2 连接"。并判断通道 2 体温值是否在 0～50 区间，若是，则在通道 2 体温值控件显示相应数据；否则，显示"---"。

程序清单 8-15

```
1.  private void analyzeTempData(byte[] packAfterUnpack)
2.  {
3.      byte temp1HByte;              //体温 1 波形高字节
4.      byte temp1LByte;              //体温 1 波形低字节
5.      byte temp2HByte;              //体温 2 波形高字节
6.      byte temp2LByte;              //体温 2 波形低字节
7.      short temp1;                  //体温 1 波形
8.      short temp2;                  //体温 2 波形
9.
```

```
10.        float fTemp1;                    //浮点型体温值 1
11.        float fTemp2;                    //浮点型体温值 1
12.
13.        byte lead1Sts;                   //体温 1 导联信息
14.        byte lead2Sts;                   //体温 2 导联信息
15.
16.        switch (packAfterUnpack[1])
17.        {
18.            case 0x02:     //体温的二级 ID 为 0x02
19.                  temp1HByte = packAfterUnpack[3];
20.                  temp1LByte = packAfterUnpack[4];
21.                  //按位操作一般是无符号的，但是显示体温时是有符号的，体温探头脱落，-100 代表无
                                                                      效数据
22.                  temp1 = (short)(ushort)((temp1HByte << 8) | temp1LByte);
23.
24.                  temp2HByte = packAfterUnpack[5];
25.                  temp2LByte = packAfterUnpack[6];
26.                  temp2 = (short)(ushort)((temp2HByte << 8) | temp2LByte);
27.
28.                  //体温数据：16 位有符号数，有效数据范围：0~500(0~50℃)，
29.                  //          数据扩大 10 倍，单位是℃，因此显示要除以 10
30.                  fTemp1 = (float)temp1 / 10;
31.                  fTemp2 = (float)temp2 / 10;
32.
33.                  lead1Sts = (byte)(packAfterUnpack[2] & 0x01);
34.                  lead2Sts = (byte)(packAfterUnpack[2] & 0x02);
35.
36.                  if (lead1Sts == 0x01)
37.                  {
38.                      labelTempPrb1Off.ForeColor = Color.Red;
39.                      labelTempPrb1Off.Text = "T1 脱落";
40.
41.                      labelTemp1Data.Text = "---";              //探头 1 脱落，体温值显示 "---"
42.                  }
43.                  else
44.                  {
45.                      labelTempPrb1Off.ForeColor = Color.White;
46.                      labelTempPrb1Off.Text = "T1 连接";        //探头 1 连接
47.
48.                      if (0 < fTemp1 && 50 >= fTemp1)//体温探头连接上，还要判断体温是否为 0~50℃
49.                      {
50.                          labelTemp1Data.Text = fTemp1.ToString();
51.                      }
52.                      else
53.                      {
54.                          labelTemp1Data.Text = "---";
55.                      }
56.                  }
57.
58.                  if (lead2Sts == 0x02)
59.                  {
60.                      labelTempPrb2Off.ForeColor = Color.Red;
```

```
61.                    labelTempPrb2Off.Text = "T2 脱落";
62.
63.                    labelTemp2Data.Text = "---";              //探头 2 脱落，体温值显示 "---"
64.              }
65.          else
66.          {
67.                    labelTempPrb2Off.ForeColor = Color.White;
68.                    labelTempPrb2Off.Text = "T2 连接";          //探头 2 连接
69.
70.                    if (0 < fTemp2 && 50 >= fTemp2)
71.                    {
72.                        labelTemp2Data.Text = fTemp2.ToString();
73.                    }
74.                    else
75.                    {
76.                        labelTemp2Data.Text = "---";
77.                    }
78.              }
79.          break;
80.      }
81. }
```

在 analyzeTempData()方法后面添加 dealRcvPackData()方法的实现代码，如程序清单 8-16 所示，下面按照顺序对部分语句进行解释。

（1）第 1 行代码：添加处理当前数据帧的方法。

（2）第 3 至 7 行代码：定义一个 unsigned int 变量，获取从操作系统启动所经过（elapsed）的毫秒数，再定义两个整型变量，赋值为-1。

（3）第 9 至 13 行代码：锁定对象 mLockObj，同一时间只允许一个线程执行第 11 至 12 行代码段，分别将 mPackHead 和 mPackTail 的值赋值给 iHeadIndex 和 iTailIndex。

（4）第 15 至 18 行代码：判断 iHeadIndex 是否小于 iTailIndex，若小于，则令 iHeadIndex 加 2000。

（5）第 20 至 21 行代码：定义两个整型变量。其中对 cnt 变量赋值 iHeadIndex 与 iTailIndex 之差，即当前接收到的数据长度。

（6）第 22 至 30 行代码：使用 for 循环，使 index 的值为 i 对 2000 求余的结果，然后判断数据包的模块 ID 是否为体温模块的 ID，若是，则执行处理体温数据包的函数。

（7）第 32 至 36 行代码：锁住 mLockObj 对象，同时只允许一个线程执行第 35 行运算。

程序清单 8-16

```
1.  private void dealRcvPackData()
2.  {
3.      uint start = GetTickCount();
4.      Debug.WriteLine(start, "GetTickCount");
5.
6.      int iHeadIndex = -1;
7.      int iTailIndex = -1;
8.
9.      lock (mLockObj)                            //运行计数，加锁，避免数据出错
10.     {
11.         iHeadIndex = mPackHead;
```

```
12.           iTailIndex = mPackTail;
13.       }
14.
15.       if (iHeadIndex < iTailIndex)                    //如果出现缓冲溢出，则增加数据存储内存
16.       {
17.           iHeadIndex = iHeadIndex + PACK_QUEUE_CNT;
18.       }
19.
20.       int index;
21.       int cnt = iHeadIndex - iTailIndex;        //获取当前接收到的数据长度
22.       for (int i = iTailIndex; i < iHeadIndex; i++)
23.       {
24.           index = i % PACK_QUEUE_CNT;
25.
26.           if (mPackAfterUnpackArr[index][0] == 0x12)              //如果是体温相关的数据包
27.           {
28.               analyzeTempData(mPackAfterUnpackArr[index]);
29.           }
30.       }
31.
32.       lock (mLockObj)
33.       {
34.           //每次处理 cnt 个数据，处理完之后，数据要往后移 cnt 个
35.           mPackTail = (mPackTail + cnt) % PACK_QUEUE_CNT;
36.       }
37.   }
```

完善 timerOneSec_Tick()方法的实现代码，如程序清单 8-17 所示，下面按照顺序对部分语句进行解释。

（1）第 4 至 12 行代码：若从操作系统启动所经过（elapsed）的毫秒数与上一次执行该函数的时间之差大于 1000，则将当时从操作系统启动所经过（elapsed）的毫秒数赋值给 m_LastTick，使心形图片闪一次，并将当前系统时间赋值给对应控件进行显示。

（2）第 15 行代码：调用 dealRcvPackData()方法，每秒执行一次。

程序清单 8-17

```
1.   private void timerOneSec_Tick(object sender, EventArgs e)
2.   {
3.       //1000 决定定时器的定时时间，或更改定时器"属性"的 Interval，数字越大，定时越长
4.       if (GetTickCount() - mLastTick > 1000)
5.       {
6.           mLastTick = GetTickCount();
7.
8.           //主界面的心形图片闪烁
9.           pictureBoxHeartBeat.Visible = !pictureBoxHeartBeat.Visible;
10.          //显示当前系统时间，控件定时器的 enabled 属性要置为 true
11.          toolStripStatusLabelDateTime.Text = DateTime.Now.ToString();
12.      }
13.
14.      //用定时器处理数据
15.      dealRcvPackData();
16.  }
```

在 timerOneSec_Tick()方法后面添加 procTempSetPrbType()方法的实现代码和完善 buttonTempSet_Click()方法的实现代码,如程序清单 8-18 所示,下面按照顺序对部分语句进行解释。

(1)第 1 行代码:添加处理体温探头设置方法,参数为预设置的探头类型。

(2)第 3 行代码:将体温探头类型变量赋值为方法的参数,即预设置的探头类型。

(3)第 8 行代码:实例化体温设置界面。

(4)第 9 行代码:使体温设置界面出现在主界面的正中间。

(5)第 13 行代码:向 sendTempPrbTypeEvent 添加处理体温探头设置方法。

(6)第 15 行代码:显示体温设置界面。

程序清单 8-18

```
1.   private void procTempSetPrbType(string prbType)
2.   {
3.       mPrbType = prbType;
4.   }
5.
6.   private void buttonTempSet_Click(object sender, EventArgs e)
7.   {
8.       FormTEMPSet tempSetForm = new FormTEMPSet(mSendData, mPrbType);
9.       tempSetForm.StartPosition = FormStartPosition.CenterParent;
10.
11.      //加载委托 tempSetHandler,对应事件为 sendTempPrbTypeEvent,添加方法名为 procTempSetPrbType
12.      //功能:同步 FormTEMPSet 中的体温探头类型至主界面
13.      tempSetForm.sendTempPrbTypeEvent += new tempSetHandler(procTempSetPrbType);
14.
15.      tempSetForm.ShowDialog();
16.  }
```

完成代码添加后,按 F5 键编译并运行程序,验证运行效果是否与 8.2.3 节一致。

本 章 任 务

基于前面学习的知识和对本章代码的理解,以及第 7 章所完成的独立测量体温界面,设计一个只监测和显示体温参数的应用。

本 章 习 题

1．本实验采用热敏电阻法测量人体体温,除此之外,是否有其他方法可以测量人体体温?

2．如果体温通道 1 和体温通道 2 的探头均为连接状态,体温通道 1 和体温通道 2 的体温值分别为 36.0℃和 36.2℃,按照附录 B 图 B-14 定义的体温数据包应该是怎样的?

第9章　血压监测与显示实验

在实现体温监测的基础上，本章继续添加血压监测的底层驱动程序，并对血压数据处理过程进行详细介绍。

9.1　实验内容

本章实验主要需要编写和完善实现以下功能的代码：①在无创血压显示区域显示压力值、平均压、舒张压、收缩压、脉率和测量模式；②双击无创血压显示区域，弹出无创血压设置窗口，其中，"测量模式"下拉列表可选手动、1 分钟、2 分钟、3 分钟、4 分钟、5 分钟、10 分钟、15 分钟、30 分钟、60 分钟、90 分钟、120 分钟、180 分钟、240 分钟、480 分钟，表示每多少分钟自动测量一次。

9.2　实验原理

9.2.1　血压测量原理

血压是指血液在血管内流动时作用于血管壁单位面积的侧压力，它是推动血液在血管内流动的动力，通常所说的血压是指体循环的动脉血压。心脏泵出血液时形成的血压为收缩压，也称为高压；血液在流回心脏的过程中产生的血压为舒张压，也称为低压。收缩压与舒张压是判断人体血压正常与否的两个重要生理参数。

血压的高低不仅与心脏功能、血管阻力和血容量密切相关，而且受年龄、季节、气候等多种因素影响。不同年龄段的人的血压正常范围有所不同，如正常成人安静状态下的血压范围收缩压为 90～139mmHg，舒张压为 60～89mmHg；新生儿的正常范围是，收缩压为 70～100mmHg，舒张压为 34～45mmHg。在一天中的不同时间段，人体血压也会有波动，一般正常人每日血压波动在 20～30mmHg 内，血压最高点一般出现在上午 9～10 时及下午 4～8 时，血压最低点出现在凌晨 1～3 时。

临床上采用的血压测量方法有两类，即直接测量法和间接测量法。直接测量法采用插管技术，通过外科手术把带压力传感器的探头插入动脉血管或静脉血管。这种方法具有创伤性，一般只用于重危病人。间接测量法又称为无创测量法，它从体外间接测量动脉血管中的压力，更多地用于临床。目前常见的无创自动血压测量方法有多种，如柯氏音法、示波法和光电法等。与其他方法相比，示波法有较强的抗干扰能力，能较可靠地测定血压。

示波法又称为测振法，充气时利用充气袖带阻断动脉血流；在放气过程中，袖带内气压跟随动脉内压力波动而出现脉搏波，这种脉搏波随袖带气压的减小而呈现由弱变强后再逐渐减弱的趋势，如图 9-1 所示。具体表现为：①当袖带压大于收缩压时，动脉被关闭，此时因近端脉搏的冲击，振荡波较小；②当袖带压小于收缩压时，波幅增大；③当袖带压等于平均压时，动脉壁处于去负荷状态，波幅达到最大值；④当袖带压小于平均动脉压时，波幅逐渐减小；⑤袖带压小于舒张压以后，动脉管腔在舒张期已充分扩张，管壁刚性增加，因而波幅维持较小的水平。

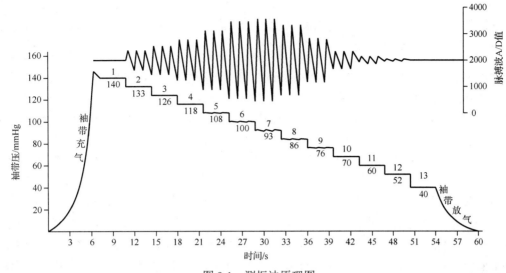

图 9-1　测振法原理图

本章实验通过袖带对人体的肱动脉加压和减压，再利用压力传感器得到袖带压力和脉搏波幅度信息，将对压力的测量转换为对电学量的测量，然后在从机上对测量的电学量进行计算，获得最终的收缩压、平均压、舒张压和脉率。实验涉及 2 个命令包（血压启动测量命令包、血压中止测量命令包）和 4 个数据包（无创血压实时数据包、无创血压测量结束数据包、无创血压测量结果 1 数据包、无创血压测量结果 2 数据包），具体的功能及定义详见附录 B。

9.2.2　设计框图

血压监测与显示实验的设计框图如图 9-2 所示。

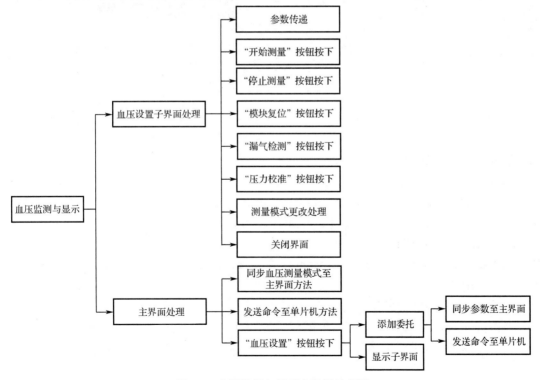

图 9-2　血压监测与显示实验设计框图

9.2.3　血压监测与显示应用程序运行效果

开始程序设计之前，先通过一个应用程序来了解血压监测的效果。打开本书配套资料包中的"03.WinForm 应用程序\05.NIBPMonitor"目录，双击运行 NIBPMonitor.exe。

将人体生理参数监测系统硬件平台通过 USB 线连接到计算机，打开硬件平台，并设置为"演示模式""USB 连接"及"输出血压数据"，单击项目界面菜单栏的"串口设置"选项，在弹出的窗口中完成串口的配置，单击"打开串口"按钮。

回到正在运行的程序界面，双击无创血压显示区，弹出无创血压设置窗口，默认选择"手动"模式，如图 9-3 所示。

单击无创血压设置窗口的"开始测量"按钮后开始测量，单击"确定"按钮退出设置，即可看到动态变化的袖带压，以及袖带压稳定后显示的收缩压、舒张压和平均压，如图 9-4 所示。由于血压监测与显示应用程序已经包含了体温监测与显示的功能，因此，如果人体生理参数监测系统硬件平台处于"五参演示"模式，则可以同时看到动态的体温和血压参数。

图 9-3　无创血压设置窗口

图 9-4　血压监测与显示效果图

9.3　实验步骤

步骤 1：复制基准项目

首先，将本书配套资料包中的"04.例程资料\Material\05.NIBPMonitor\05.NIBPMonitor"文件夹复制到"D:\WinFormTest"目录下。

步骤 2：复制并添加文件

将本书配套资料包"04.例程资料\Material\05.NIBPMonitor\StepByStep"文件夹中的所有文件复制到"D:\WinFormTest\05.NIBPMonitor\ParamMonitor\ParamMonitor"目录下。然后，在 Visual Studio 中打开项目。实际上，已经打开的 ParamMonitor 项目是第 8 章已完成的项目，所以也可以基于第 8 章完成的 ParamMonitor 项目开展本章实验。然后将 FormNIBPSet.cs 文件导入项目中。

步骤 3：添加控件的响应方法

双击打开 FormNIBPSet.cs 窗体的设计界面，血压参数设置界面如图 9-5 所示，对照表 9-1 所示的控件说明为控件添加响应方法。

表 9-1　血压参数设置界面控件说明

编　号	（Name）	功　能	响 应 方 法
①	FormNIBPSet		FormNIBPSet_Load()
②	comboBoxNIBPMeasMode	选择测量模式	comboBoxNIBPMeasMode_SelectedIndexChanged()
③	buttonNIBPStartMeas	开始测量血压	buttonNIBPStartMeas_Click()
④	buttonNIBPStopMeas	停止测量血压	buttonNIBPStopMeas_Click()
⑤	buttonNIBPRst	模块复位	buttonNIBPRst_Click()
⑥	buttonNIBPCheckLeak	漏气检测	buttonNIBPCheckLeak_Click()
⑦	buttonNIBPCalibPressure	压力校准	buttonNIBPCalibPressure_Click()
⑧	buttonNIBPSetOK	确定按钮	buttonNIBPSetOK_Click()
⑨	buttonNIBPSetCancel	取消按钮	buttonNIBPSetCancel_Click()

双击打开 MainForm.cs 窗体的设计界面，血压参数显示模块如图 9-6 所示，对照表 9-2 所示的控件说明为控件添加响应方法。

图 9-5　血压参数设置界面

图 9-6　血压参数显示模块

表 9-2　血压参数显示模块控件说明

编　号	（Name）	响 应 方 法
①	buttonNIBPSet	buttonNIBPSet_Click()

步骤 4：完善 FormNIBPSet.cs 文件

在 FormNIBPSet.cs 文件中添加第 3 至 6 行、第 10 至 18 行和第 24 至 26 行代码，如程序清单 9-1 所示，下面按照顺序对这些语句进行解释。

（1）第 3 至 6 行代码：声明用于向上位机发送命令的委托。

（2）第 10 至 11 行代码：定义 SendData 类变量和测量模式变量。

（3）第 13 行代码：实例化 PackUnpack 类变量。

（4）第 15 至 18 行代码：声明委托事件。

（5）第 25 行代码：将主界面传入血压测量设置界面的 SendData 类变量赋值给上文定义的 SendData 类变量。

（6）第 26 行代码：将主界面传入血压测量设置界面的血压测量参数赋值给上文定义的病
人类型变量。

程序清单 9-1

```
1.   namespace ParamMonitor
2.   {
3.       //定义 nibpSetDelegate 委托
4.       public delegate void nibpSetDelegate(Byte[] arr, int len);
5.       //定义 nibpSetHandler 委托
6.       public delegate void nibpSetHandler(string measMode);
7.
8.       public partial class FormNIBPSet : Form
9.       {
10.          private SendData mSendData;                    //声明串口,用于发送命令给从机(单片机)
11.          private string    mMeasMode;                   //NIBP 测量模式
12.
13.          PackUnpack mPackUnpack = new PackUnpack(); //实例化打包解包类
14.
15.          //声明委托 nibpSetDelegate 的事件 sendNIBPSetCmdToMCU,用于发送命令至单片机
16.          public event nibpSetDelegate sendNIBPSetCmdToMCU;
17.          //声明委托 nibpSetHandler 的事件 sendNIBPMeasModeEvent,用于将子界面的 NIBP 测量模式
                                                                    同步至主界面
18.          public event nibpSetHandler sendNIBPMeasModeEvent;
19.
20.          public FormNIBPSet(SendData sendData, string measMode)
21.          {
22.              InitializeComponent();
23.
24.              //将主界面的参数传到设置界面
25.              mSendData = sendData;
26.              mMeasMode = measMode;
27.          }
28.      }
29.  }
```

完善 FormNIBPSet_Load()和 comboBoxNIBPMeasMode_SelectedIndexChanged()方法的实
现代码，如程序清单 9-2 所示，下面按照顺序对部分语句进行解释。

（1）第 1 至 4 行代码：打开 FormNIBPSet 窗体时，下拉列表中显示主界面传来的测量
模式。

（2）第 8 行代码：定义一个整型变量，并将下拉列表选项的数字存入其中。

（3）第 9 至 12 行代码：若下拉列表的选项数字小于 0，则跳出方法。

（4）第 14 行代码：调用设置测量模式委托，将测量模式设置为与下拉列表选项一致。

（5）第 16 行代码：实例化 List 变量。

（6）第 17 行代码：定义 1 个字节变量，将测量模式变量强制转换成字节类型后存入该字
节变量。

（7）第 18 行代码：向 List 变量添加 0x82，即更改测量模式数据包的二级 ID。

（8）第 19 行代码：向 List 变量添加测量模式变量，即更改测量模式数据包的数据内容。

（9）第 21 至 24 行代码：判断串口是否打开，若未打开，则将下拉列表内容设置为手动。

（10）第 25 至 29 行代码：若串口已打开，则将 dataLst 的内容和模块 ID 整合成一个数据包后发送给上位机。

程序清单 9-2

```
1.    private void FormNIBPSet_Load(object sender, EventArgs e)
2.    {
3.        comboBoxNIBPMeasMode.Text = mMeasMode;          //窗口加载时显示主窗口传过来的 NIBP 测量模式
4.    }
5.
6.    private void comboBoxNIBPMeasMode_SelectedIndexChanged(object sender, EventArgs e)
7.    {
8.        int measMode = (byte)comboBoxNIBPMeasMode.SelectedIndex;          //获取 comboBox 的选项
9.        if (measMode < 0)
10.       {
11.           return;
12.       }
13.
14.       sendNIBPMeasModeEvent(comboBoxNIBPMeasMode.Text); //将 NIBP 测量模式更改后的值传递到主
                                                             界面
15.
16.       List<byte> dataLst = new List<byte>();
17.       byte data = (byte)(measMode);
18.       dataList.Add(0x82);                              //二级 ID
19.       dataList.Add(data);                              //NIBP 测量模式
20.
21.       if (!mSendData.mComPort.IsOpen)                  //串口没有打开
22.       {
23.           comboBoxNIBPMeasMode.Text = "手动";
24.       }
25.       else
26.       {
27.           //将更改后的 NIBP 测量模式打包发送给 MCU，0x14-血压命令的模块 ID
28.           mSendData.sendCmdToMcu(dataLst, 0x14);
29.       }
30.   }
```

完善 buttonNIBPStartMeas_Click()和 buttonNIBPStopMeas_Click()方法的实现代码，如程序清单 9-3 所示，下面按照顺序对部分语句进行解释。

（1）第 3 行代码：定义 1 个 byte 数组并存入数据{0x14, 0x80, 0x00, 0x00, 0x00, 0x00, 0x00, 0x00}，该数据为开始测量命令的不含数据头和校验和的数据。

（2）第 4 行代码：实例化 List 变量，并将上述的数组转换成 List。

（3）第 5 行代码：将上述 List 变量进行打包操作。

（4）第 6 行代码：将打包后的 List 变量转换成数组存入字节数组变量。

（5）第 8 至 15 行代码：判断串口是否打开，若未打开，则弹出窗口显示"串口没有打开"；若串口已打开，则调用委托，将打包后的开始测量命令数据包发送给上位机。

（6）第 20 行代码：定义 1 个 byte 数组并存入数据{0x14, 0x81, 0x00, 0x00, 0x00, 0x00, 0x00, 0x00}，该数据为停止测量命令的不含数据头和校验和的数据。

（7）第 21 行代码：实例化 List 变量，并将上述的数组转换成 List。

（8）第 22 行代码：将上述 List 变量进行打包操作。

（9）第 23 行代码：将打包后的 List 变量转换成数组存入字节数组变量。

（10）第 24 行代码：将打包后的停止测量命令数据包发送给上位机。

程序清单 9-3

```
1.   private void buttonNIBPStartMeas_Click(object sender, EventArgs e)
2.   {
3.       Byte[] arrCmd = new Byte[] { 0x14, 0x80, 0x00, 0x00, 0x00, 0x00, 0x00, 0x00 }; //去掉
                                                                              数据头和校验和
4.       List<byte> mPackData = new List<byte>(arrCmd);              //数组转 List
5.       mPackUnpack.packData(ref mPackData);                        //打包
6.       arrCmd = mPackData.ToArray();                              //List 转数组
7.
8.       if (!mSendData.mComPort.IsOpen)                            //串口没有打开
9.       {
10.          MessageBox.Show("串口没有打开", "提示");
11.      }
12.      else
13.      {
14.          sendNIBPSetCmdToMCU(arrCmd, 10);
15.      }
16.  }
17.
18.  private void buttonNIBPStopMeas_Click(object sender, EventArgs e)
19.  {
20.      Byte[] arrCmd = new Byte[] { 0x14, 0x81, 0x00, 0x00, 0x00, 0x00, 0x00, 0x00 };
                                                                     //去掉数据头和校验和
21.      List<byte> mPackData = new List<byte>(arrCmd);              //数组转 List
22.      mPackUnpack.packData(ref mPackData);                        //打包
23.      arrCmd = mPackData.ToArray();                              //List 转数组
24.      sendNIBPSetCmdToMCU(arrCmd, 10);        //通过委托发送数据给单片机, 同方法 sendCmdToMCU()
25.  }
```

完善 buttonNIBPRst_Click()、buttonNIBPCheckLeak_Click()和 buttonNIBPCalibPressure_Click()方法的实现代码, 如程序清单 9-4 所示, 下面按照顺序对部分语句进行解释。

（1）第 3 行代码：定义 1 个 byte 数组并存入数据{0x14, 0x84, 0x00, 0x00, 0x00, 0x00, 0x00, 0x00}, 该数据为模块复位命令不含数据头和校验和的数据。

（2）第 4 行代码：实例化 List 变量, 并将上述的数组转换成 List。

（3）第 5 行代码：将上述 List 变量进行打包操作。

（4）第 6 行代码：将打包后的 List 变量转换成数组存入字节数组变量。

（5）第 7 行代码：将打包后的模块复位命令数据包发送给上位机。

（6）第 12 至 16 行代码：定义一个不含数据头和校验和的漏气检测命令, 打包后通过委托发送给单片机。

（7）第 21 至 25 行代码：定义一个不含数据头和校验和的压力校准命令, 打包后通过委托发送给单片机。

程序清单 9-4

```
1.   private void buttonNIBPRst_Click(object sender, EventArgs e)
2.   {
3.       Byte[] arrCmd = new Byte[] { 0x14, 0x84, 0x00, 0x00, 0x00, 0x00, 0x00, 0x00 };
                                                                     //去掉数据头和校验和
4.       List<byte> mPackData = new List<byte>(arrCmd);              //数组转 List
```

```
5.        mPackUnpack.packData(ref mPackData);                          //打包
6.        arrCmd = mPackData.ToArray();                                 //List 转数组
7.        sendNIBPSetCmdToMCU(arrCmd, 10);        //通过委托发送数据给单片机, 同方法 sendCmdToMCU()
8.    }
9.
10.   private void buttonNIBPCheckLeak_Click(object sender, EventArgs e)
11.   {
12.       Byte[] arrCmd = new Byte[] { 0x14, 0x85, 0x00, 0x00, 0x00, 0x00, 0x00, 0x00 };
                                                                        //去掉数据头和校验和
13.       List<byte> mPackData = new List<byte>(arrCmd);                //数组转 List
14.       mPackUnpack.packData(ref mPackData);                          //打包
15.       arrCmd = mPackData.ToArray();                                 //List 转数组
16.       sendNIBPSetCmdToMCU(arrCmd, 10);        //通过委托发送数据给单片机, 同方法 sendCmdToMCU()
17.   }
18.
19.   private void buttonNIBPCalibPressure_Click(object sender, EventArgs e)
20.   {
21.       Byte[] arrCmd = new Byte[] { 0x14, 0x83, 0x00, 0x00, 0x00, 0x00, 0x00, 0x00 };
                                                                        //去掉数据头和校验和
22.       List<byte> mPackData = new List<byte>(arrCmd);                //数组转 List
23.       mPackUnpack.packData(ref mPackData);                          //打包
24.       arrCmd = mPackData.ToArray();                                 //List 转数组
25.       sendNIBPSetCmdToMCU(arrCmd, 10);        //通过委托发送数据给单片机, 同方法 sendCmdToMCU()
26.   }
```

完善 buttonNIBPSetOK_Click()和 buttonNIBPSetCancel_Click()方法的实现代码, 如程序清单 9-5 所示, 第 3 行、第 8 行代码均表示关闭血压测量设置界面。

程序清单 9-5

```
1.    private void buttonNIBPSetOK_Click(object sender, EventArgs e)
2.    {
3.        this.Close();      //关闭界面
4.    }
5.
6.    private void buttonNIBPSetCancel_Click(object sender, EventArgs e)
7.    {
8.        this.Close();      //关闭界面
9.    }
```

步骤 5：完善 MainForm.cs 文件

在 MainForm.cs 文件中添加第 6 行代码, 定义血压测量模式变量, 初始化为"手动模式", 如程序清单 9-6 所示。

程序清单 9-6

```
1.    public partial class ParamMonitor : Form
2.    {
3.        public const int PACK_QUEUE_CNT = 2000;      //缓冲的长度
4.
5.        public string mPrbType = "YSI";                //体温探头类型设置
6.        public string mNIBPMeasMode = "手动";          //血压测量模式
7.
8.        ......
9.    }
```

在 analyzeTempData()方法后面添加 analyzeNIBPData()方法的实现代码，如程序清单 9-7 所示，下面按照顺序对这些语句进行解释。

（1）第 1 行代码：添加处理血压数据包方法。

（2）第 3 至 4 行代码：定义袖带压高、低字节变量。

（3）第 6 至 7 行代码：定义收缩压高、低字节变量。

（4）第 9 至 10 行代码：定义舒张压高、低字节变量。

（5）第 12 至 13 行代码：定义平均压高、低字节变量。

（6）第 15 至 16 行代码：定义脉率高、低字节变量。

（7）第 18 至 22 行代码：定义 5 个 ushort 变量，分别是袖带压、收缩压、舒张压、平均压、脉率变量。

（8）第 24 行代码：判断二级 ID，根据二级 ID 选择执行不同的代码段。

（9）第 26 至 33 行代码：若二级 ID 为 0x02，即袖带压数据包的二级 ID，则获取数据包的袖带压高、低字节，分别存入袖带压高、低字节变量，然后将袖带压高、低字节合并后存入袖带压变量。

（10）第 34 至 39 行代码：若合并后的袖带压大于或等于 300，则将袖带压变量设置为 0；否则，将袖带压变量转换成 string 变量，并将袖带压文本内容设置为与袖带压变量一致。

（11）第 42 至 91 行代码：与处理袖带压的方法相同，分别处理收缩压、舒张压、平均压和脉率的数据。

程序清单 9-7

```
1.   private void analyzeNIBPData(byte[] packAfterUnpack)
2.   {
3.       byte cufPresHByte;          //袖带压高字节
4.       byte cufPresLByte;          //袖带压低字节
5.
6.       byte sysPresHByte;          //收缩压高字节
7.       byte sysPresLByte;          //收缩压低字节
8.
9.       byte diaPresHByte;          //舒张压高字节
10.      byte diaPresLByte;          //舒张压低字节
11.
12.      byte mapPresHByte;          //平均压高字节
13.      byte mapPresLByte;          //平均压低字节
14.
15.      byte pulseRateHByte;        //脉率高字节
16.      byte pulseRateLByte;        //脉率低字节
17.
18.      ushort cufPres = 0;         //袖带压
19.      ushort sysPres = 0;         //收缩压
20.      ushort diaPres = 0;         //舒张压
21.      ushort mapPres = 0;         //平均压
22.      ushort pulseRate = 0;       //脉率
23.
24.      switch (packAfterUnpack[1])      //判断二级 ID
25.      {
26.          case 0x02:  //袖带压
27.              cufPresHByte = packAfterUnpack[2];
```

```
28.            cufPresLByte = packAfterUnpack[3];
29.
30.            //将高、低字节合并
31.            cufPres = (ushort)(cufPres | cufPresHByte);
32.            cufPres = (ushort)(cufPres << 8);
33.            cufPres = (ushort)(cufPres | cufPresLByte);
34.            if (cufPres >= 300)
35.            {
36.                cufPres = 0;       //最大不超过 300，超过 300 则视为无效值，对其赋 0 即可
37.            }
38.
39.            labelNIBPCufPre.Text = cufPres.ToString();    //显示袖带压
40.            break;
41.
42.    case 0x04:  //收缩压、舒张压、平均压
43.            sysPresHByte = packAfterUnpack[2];
44.            sysPresLByte = packAfterUnpack[3];
45.            sysPres = (ushort)(sysPres | sysPresHByte);
46.            sysPres = (ushort)(sysPres << 8);
47.            sysPres = (ushort)(sysPres | sysPresLByte);
48.            if (sysPres >= 300)
49.            {
50.                sysPres = 0;       //最大不超过 300，超过 300 则视为无效值，对其赋 0 即可
51.            }
52.
53.            labelNIBPSys.Text = sysPres.ToString();
54.
55.            diaPresHByte = packAfterUnpack[4];
56.            diaPresLByte = packAfterUnpack[5];
57.            diaPres = (ushort)(diaPres | diaPresHByte);
58.            diaPres = (ushort)(diaPres << 8);
59.            diaPres = (ushort)(diaPres | diaPresLByte);
60.            if (diaPres >= 300)
61.            {
62.                diaPres = 0;       //最大不超过 300，超过 300 则视为无效值，对其赋 0 即可
63.            }
64.
65.            labelNIBPDia.Text = diaPres.ToString();
66.
67.            mapPresHByte = packAfterUnpack[6];
68.            mapPresLByte = packAfterUnpack[7];
69.            mapPres = (ushort)(mapPres | mapPresHByte);
70.            mapPres = (ushort)(mapPres << 8);
71.            mapPres = (ushort)(mapPres | mapPresLByte);
72.            if (mapPres >= 300)
73.            {
74.                mapPres = 0;       //最大不超过 300，超过 300 则视为无效值，对其赋 0 即可
75.            }
76.
77.            labelNIBPMean.Text = mapPres.ToString();
78.            break;
79.
```

```
80.          case 0x05:  //脉率
81.              pulseRateHByte = packAfterUnpack[2];
82.              pulseRateLByte = packAfterUnpack[3];
83.              pulseRate = (ushort)(pulseRate | pulseRateHByte);
84.              pulseRate = (ushort)(pulseRate << 8);
85.              pulseRate = (ushort)(pulseRate | pulseRateLByte);
86.              if (pulseRate >= 300)
87.              {
88.                  pulseRate = 0;  //脉率值最大不超过 300，超过 300 则视为无效值，对其赋 0 即可
89.              }
90.
91.              labelNIBPPR.Text = pulseRate.ToString();
92.
93.              break;
94.          }
95.  }
```

在 dealRcvPackData()方法中，添加第 15 至 18 行代码，当数据包模块 ID 为 0x14 时，调用处理血压数据包方法，如程序清单 9-8 所示。

程序清单 9-8

```
1.   private void dealRcvPackData()
2.   {
3.       ......
4.
5.       int index;
6.       int cnt = iHeadIndex - iTailIndex;       //获取当前接收到的数据长度
7.       for (int i = iTailIndex; i < iHeadIndex; i++)
8.       {
9.           index = i % PACK_QUEUE_CNT;
10.
11.          if (mPackAfterUnpackArr[index][0] == 0x12)          //如果是体温相关的数据包
12.          {
13.              analyzeTempData(mPackAfterUnpackArr[index]);
14.          }
15.          else if (mPackAfterUnpackArr[index][0] == 0x14)    //血压相关的数据包
16.          {
17.              analyzeNIBPData(mPackAfterUnpackArr[index]);
18.          }
19.      }
20.
21.      ......
22.  }
```

在 buttonTempSet_Click()方法后面添加 procNIBPMeasMode()和 sendCmdToMCU()方法的实现代码，如程序清单 9-9 所示，下面按照顺序对这些语句进行解释。

（1）第 1 行代码：添加设置血压测量模式方法，参数为预设置的血压测量模式。

（2）第 3 至 4 行代码：将血压测量模式变量设置为与方法参数一致，血压测量模式文本设置为预设置的血压测量模式。

（3）第 7 行代码：添加发送命令给上位机的方法。

（4）第 9 行代码：向串口写入数据和数据包长度。

程序清单 9-9

```
1.    private void procNIBPMeasMode(string measMode)
2.    {
3.        mNIBPMeasMode = measMode;
4.        labelNIBPMeasMode.Text = "" + mNIBPMeasMode;
5.    }
6.
7.    void sendCmdToMCU(Byte[] arr, int len)
8.    {
9.        serialPortMonitor.Write(arr, 0, len);
10.   }
```

完善 buttonNIBPSet_Click()方法的实现代码，如程序清单 9-10 所示，下面按照顺序对这些语句进行解释。

（1）第 3 行代码：实例化血压测量设置界面，并将 SendData 类变量和血压测量模式变量传入血压测量设置界面。

（2）第 4 行代码：设置血压测量设置界面显示在主界面的正中间。

（3）第 8 行代码：向 sendNIBPSetCmdToMCU 添加 sendCmdToMCU 方法。

（4）第 11 行代码：向 sendNIBPMeasModeEvent 添加 procNIBPMeasMode 方法。

（5）第 13 行代码：显示血压测量设置界面。

程序清单 9-10

```
1.    private void buttonNIBPSet_Click(object sender, EventArgs e)
2.    {
3.        FormNIBPSet nibpSetForm = new FormNIBPSet(mSendData, mNIBPMeasMode);
4.        nibpSetForm.StartPosition = FormStartPosition.CenterParent;
5.
6.        //加载委托 nibpSetDelegate，对应事件为 sendNIBPSetCmdToMCU，对应方法名为 sendCmdToMCU
7.        //功能：发送命令至单片机
8.        nibpSetForm.sendNIBPSetCmdToMCU += new nibpSetDelegate(sendCmdToMCU);
9.        //加载委托 nibpSetHandler，对应事件为 sendNIBPMeasModeEvent，对应方法名为 procNIBPMeasMode
10.       //功能：同步 FormNIBPSet 中的 NIBP 测量模式至主界面
11.       nibpSetForm.sendNIBPMeasModeEvent += new nibpSetHandler(procNIBPMeasMode);
12.
13.       nibpSetForm.ShowDialog();
14.   }
```

完成代码添加后，按 F5 键编译并运行程序，验证运行效果是否与 9.2.3 节一致。

本 章 任 务

基于前面学习的知识及对本章代码的理解，以及第 7 章所完成的独立测量血压界面，设计一个只监测和显示血压参数的应用。

本 章 习 题

1. 正常成人收缩压和舒张压的范围是多少？正常新生儿的收缩压和舒张压的范围是多少？

2. 测量血压主要有哪几种方法？

3. 完整的无创血压启动测量命令包和无创血压中止测量命令包分别是什么？

第10章　呼吸监测与显示实验

在实现体温与血压监测的基础上，本章继续添加呼吸监测的底层驱动程序，并对呼吸数据处理过程进行详细介绍。

10.1　实验内容

本章实验主要编写和完善实现以下功能的代码：①在呼吸显示区域显示呼吸率；②双击呼吸显示区域后，弹出呼吸设置窗口；③在 Resp 区域显示呼吸波形。

10.2　实验原理

10.2.1　呼吸测量原理

呼吸是人体得到氧气、输出二氧化碳、调节酸碱平衡的一个新陈代谢过程，这个过程通过呼吸系统完成。呼吸系统由肺、呼吸肌（尤其是膈肌和肋间肌），以及将气体带入和带出肺的器官组成。呼吸监测主要是指监测肺部的气体交换状态或呼吸肌的效率。典型的呼吸监测参数包括呼吸率、呼气末二氧化碳分压、呼气容量及气道压力。呼吸监测仪多以风叶作为监控呼吸容量的传感器，呼吸气流推动风叶转动，用红外线发射和接收元件探测风叶转速，经电子系统处理后，显示潮气量和分钟通气量。对气道压力的监测是利用放置在气道中的压电传感器进行的。监测需要在病人通过呼吸管道进行呼吸时才能测得。呼气末二氧化碳分压的监测也需要在呼吸管道中进行，而呼吸率的监测不受此限制。

对呼吸的测量一般并不需要测量其全部参数，只要求测量呼吸率。呼吸率指单位时间内呼吸的次数，单位为次/min。平静呼吸时新生儿的呼吸率为 40～60 次/min，成人的为 12～18 次/min。呼吸率的测量主要有热敏式和阻抗式两种测量方法。呼吸率的测量主要有热敏式和阻抗式，但热敏式呼吸测量法和阻抗式呼吸测量法并不仅可用于测呼吸率，还可以测量其他参数。

热敏式呼吸率测量是将热敏电阻放在鼻孔处，呼吸气流与热敏电阻发生热交换，改变热敏电阻的阻值。当鼻孔气流周期性地流过热敏电阻时，热敏电阻的阻值也周期性地改变。根据这一原理，将热敏电阻接在惠斯通电桥的一个桥臂上，就可以得到周期性变化的电压信号，电压周期就是呼吸周期。经过放大处理后，就可以得到呼吸率。

阻抗式呼吸率测量是目前呼吸监测设备中应用得最为广泛的一种方法，主要利用人体某部分阻抗的变化来测量某些参数，以此帮助监测及诊断。由于该方法具有无创、安全、简单、廉价且无副作用等优点，故得到了广泛的应用与发展。

本章实验采用阻抗式呼吸测量法，实现了在一定范围内对呼吸的精确测量及对呼吸波的实时监测。实验涉及呼吸波形数据包和呼吸率数据包，具体可参见附录 B 的图 B-10 和图 B-11。计算机（主机）在接收到人体生理参数监测系统（从机）发送的呼吸波形数据包和呼吸率数据包后，通过应用程序窗口实时显示呼吸波形和呼吸率。

10.2.2　设计框图

呼吸监测与显示实验的设计框图如图 10-1 所示。

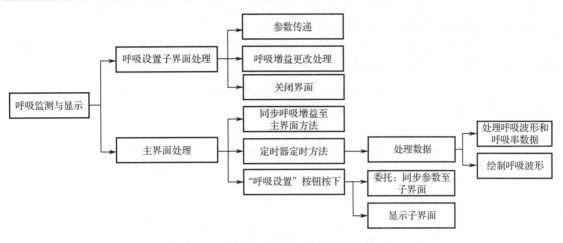

图 10-1　呼吸监测与显示实验的设计框图

10.2.3　呼吸监测与显示应用程序运行效果

开始程序设计之前，先通过一个应用程序来了解呼吸监测的效果。打开本书配套资料包中的"03.WinForm 应用程序\06.RespMonitor"目录，双击运行 RespMonitor.exe。

将人体生理参数监测系统硬件平台通过 USB 线连接到计算机，打开硬件平台，并设置为"演示模式""USB 连接"及"输出呼吸数据"，单击项目界面菜单栏的"串口设置"选项，在弹出的窗口中完成串口的配置，单击"打开串口"按钮，即可看到动态显示的呼吸波形及呼吸率，如图 10-2 所示。由于呼吸监测与显示应用程序已经包含了体温和血压监测与显示的功能，因此，如果人体生理参数监测系统硬件平台处于"五参演示"模式，可以同时看到动态的体温、血压和呼吸参数。

图 10-2　呼吸监测与显示效果图

10.3　实验步骤

步骤 1：复制基准项目

首先，将本书配套资料包中的"04.例程资料\Material\06.RespMonitor\06.RespMonitor"文件夹复制到"D:\WinFormTest"目录下。

步骤 2：复制并添加文件

将本书配套资料包中"04.例程资料\Material\06.RespMonitor\StepByStep"文件夹中的所有文件复制到"D:\WinFormTest\06.RespMonitor\ParamMonitor\ParamMonitor"目录下。然后，在 Visual Studio 中打开项目。实际上，已经打开的 ParamMonitor 项目是第 9 章已完成的项目，所以也可以基于第 9 章完成的 ParamMonitor 项目开展本章实验。将 FormRESPSet.cs 文件导入项目中。

步骤 3：添加控件的响应方法

双击打开 FormRESPSet.cs 窗体的设计界面，呼吸参数设置界面如图 10-3 所示，对照表 10-1 所示的控件说明，为控件添加响应方法。

图 10-3　呼吸参数设置界面

表 10-1　呼吸参数设置界面控件说明

编　号	（Name）	功　能	响 应 方 法
①	FormRESPSet		FormRESPSet_Load()
②	buttonRespSetOK	确定按钮	buttonRespSetOK_Click()
③	buttonRespSetCancel	取消按钮	buttonRespSetCancel_Click()

图 10-4　呼吸参数显示模块

双击打开 MainForm.cs 窗体的设计界面，呼吸参数显示模块如图 10-4 所示，对照表 10-2 所示的控件说明，为控件添加响应方法。

表 10-2　呼吸参数显示模块控件说明

编　号	（Name）	响 应 方 法
①	buttonRespSet	buttonRespSet_Click()

步骤 4：完善 FormRESPSet.cs 文件

在 FormRESPSet.cs 文件中添加第 3 至 4 行、第 9 至 13 行和第 19 至 21 行代码，如程序清单 10-1 所示，下面按照顺序对这些语句进行解释。

（1）第 4 行代码：声明委托，用于设置呼吸增益。

（2）第 9 行代码：定义 SendData 类变量。

（3）第 10 行代码：定义呼吸增益变量。

（4）第 13 行代码：声明设置呼吸增益委托变量。

（5）第 20 至 21 行代码：将主界面传到呼吸设置界面的 SendData 变量和呼吸增益变量赋值给上述 SendData 类变量和呼吸增益变量。

程序清单 10-1

```
1.   namespace ParamMonitor
2.   {
3.       //定义 respSetHandler 委托
4.       public delegate void respSetHandler(string gain);
5.
6.       ......
7.       public partial class FormRESPSet : Form
8.       {
```

```
9.          private SendData mSendData;                    //声明串口,用于发送命令给从机(单片机)
10.         private string    mRespGain;                   //呼吸增益
11.
12.         //声明 respSetHandler 委托的事件 sendRespGainEvent,用于将呼吸增益同步至主界面
13.         public event respSetHandler sendRespGainEvent;
14.
15.         public FormRESPSet(SendData sendData, string gain)
16.         {
17.             InitializeComponent();
18.
19.             //将主界面的参数传至设置界面
20.             mSendData = sendData;
21.             mRespGain = gain;
22.         }
23.     }
24. }
```

完善 FormRESPSet_Load()、buttonRespSetOK_Click()和 buttonRespSetCancel_Click()方法的实现代码,如程序清单 10-2 所示,下面按照顺序对部分语句进行解释。

（1）第 1 至 4 行代码:打开 FormRESPSet 窗体时,将增益设置下拉列表的内容设置为与主界面传来的增益内容一致。

（2）第 8 行代码:定义一个整型变量,获取增益设置下拉列表的选项序号。

（3）第 9 至 12 行代码:若增益设置下拉列表的选项序号小于 0,则跳出函数。

（4）第 14 行代码:判断主界面传来的增益变量与当前下拉列表的内容是否一样,若不一样,即打开呼吸设置界面后更改了增益数值,则执行以下代码段。

（5）第 16 至 17 行代码:实例化 List 变量,定义一个字节变量,并将增益设置下拉列表的选项序号变量转换成字节变量存入该字节变量。

（6）第 18 行代码:向 List 变量中添加 0x80,即呼吸增益数据包二级 ID。

（7）第 19 行代码:向 List 变量中添加增益数据。

（8）第 21 至 30 行代码:判断串口是否打开,若未打开,则弹出窗口提示"串口未打开,请先打开串口";若已打开,则将更改后的增益值传到主界面,并向上位机发送设置呼吸增益数据包。

（9）第 32 行代码:关闭呼吸设置界面。

（10）第 37 行代码:关闭呼吸设置界面。

程序清单 10-2

```
1.  private void FormRESPSet_Load(object sender, EventArgs e)
2.  {
3.      comboBoxRespGainSet.Text = mRespGain;              //窗口加载时显示主界面传来的呼吸增益值
4.  }
5.
6.  private void buttonRespSetOK_Click(object sender, EventArgs e)
7.  {
8.      int respGain = (byte)comboBoxRespGainSet.SelectedIndex;      //获取下拉列表呼吸增益选项
9.      if (respGain < 0)
10.     {
11.         return;
12.     }
```

```
13.
14.        if (mRespGain != comboBoxRespGainSet.Text)    //增益值改变，需要向从机发送命令
15.        {
16.            List<byte> dataLst = new List<byte>();
17.            byte data = (byte)(respGain);        //增益设置：0-*0.25；1-*0.5；2-*1；3-*2；4-*4
18.            dataLst.Add(0x80);                   //二级 ID
19.            dataLst.Add(data);                   //呼吸增益
20.
21.            if (!mSendData.mComPort.IsOpen)      //串口没有打开，不能发送命令包
22.            {
23.                MessageBox.Show("串口未打开，请先打开串口");
24.            }
25.            else
26.            {
27.                sendRespGainEvent(comboBoxRespGainSet.Text); //将更改后的呼吸增益值传到主界面
28.                //将更改后的呼吸增益打包发送给 MCU，0x11-呼吸命令的模块 ID
29.                mSendData.sendCmdToMcu(dataLst, 0x11);
30.            }
31.        }
32.        this.Close();
33. }
34.
35. private void buttonRespSetCancel_Click(object sender, EventArgs e)
36. {
37.     this.Close();
38. }
```

步骤 5：完善 MainForm.cs 文件

在 MainForm.cs 文件中添加第 5 至 6 行、第 17 至 21 行和第 29 行代码，如程序清单 10-3 所示，下面按照顺序对这些语句进行解释。

（1）第 5 行代码：定义绘制波形区域的长，初始化为 1080。此处的值与呼吸波形 DataGridView 控件的长一致。

（2）第 6 行代码：定义绘制波形区域的宽，初始化为 135。此处的值与呼吸波形 DataGridView 控件的宽一致。

（3）第 18 行代码：定义呼吸增益设置变量，初始化为 X1。

（4）第 19 行代码：实例化 List 变量，用于存储呼吸波形数据。

（5）第 20 行代码：定义呼吸波形画笔，颜色为黄色，宽度为 1。

（6）第 21 行代码：定义呼吸波形横坐标，初始化为 0.0F。

（7）第 29 行代码：向呼吸波形数据链表添加 0。

程序清单 10-3

```
1. public partial class ParamMonitor : Form
2. {
3.     public const int PACK_QUEUE_CNT = 2000;      //缓冲的长度
4.
5.     public const int WAVE_X_SIZE = 1080; //绘制波形区域的长，如果绘图区域长度更改，更改此值
6.     public const int WAVE_Y_SIZE = 135; //绘制波形区域的宽，如果绘图区域宽度更改，更改此值
7.
8.     public string mPrbType = "YSI";              //体温探头类型设置
```

```
9.          public string mNIBPMeasMode = "手动";          //血压测量模式
10.
11.         ......
12.         private object mLockObj = new object();          //用于锁死计数,多线程访问数据时避免出错
13.         byte[][] mPackAfterUnpackArr; //定义一个二维数组作为接收数据的缓冲,在窗口加载时初始化
14.
15.         private SendData mSendData = null;               //声明串口,用于发送命令给从机(单片机)
16.
17.         //呼吸
18.         private string mRespGainSet = "X1";                    //呼吸增益设置
19.         private List<ushort> mRespWaveList = new List<ushort>();    //线性链表,内容为 Resp
                                                                            的波形数据
20.         private Pen mRespWavePen = new Pen(Color.Yellow, 1);   //Resp 波形画笔
21.         private float mRespXStep = 0.0F;                       //Resp 横坐标
22.
23.         ......
24.         private void ParamMonitor_Load(object sender, EventArgs e)
25.         {
26.             ......
27.             mUARTInfo.isOpened = false;      //刚打开界面默认串口是关闭的
28.
29.             mRespWaveList.Add(0);            //将存储呼吸数据的链表添加 0
30.         }
31.     }
```

在 buttonNIBPSet_Click()方法后面添加 procRespSetGain()方法的实现代码和完善 buttonRespSet_Click()方法的实现代码,如程序清单 10-4 所示,下面按照顺序对部分语句进行解释。

(1)第 1 行代码:添加设置呼吸增益方法,参数为欲设置的呼吸增益值。

(2)第 3 行代码:将呼吸增益变量设置为与欲设置的呼吸增益值一致。

(3)第 8 行代码:实例化呼吸设置界面,将主界面的 SendData 类变量和呼吸增益变量传到呼吸设置界面。

(4)第 9 行代码:设置呼吸设置界面加载成功后出现在主界面的正中间。

(5)第 13 行代码:向 sendRespGainEvent 添加 procRespSetGain 方法。

(6)第 15 行代码:显示呼吸设置界面。

程序清单 10-4

```
1.  private void procRespSetGain(string respGain)
2.  {
3.      mRespGainSet = respGain;
4.  }
5.
6.  private void buttonRespSet_Click(object sender, EventArgs e)
7.  {
8.      FormRESPSet respSetForm = new FormRESPSet(mSendData, mRespGainSet);
9.      respSetForm.StartPosition = FormStartPosition.CenterParent;
10.
11.     //加载委托 respSetHandler,对应事件为 sendRespGainEvent,对应方法名为 procRespSetGain
12.     //功能:同步 FormRESPSet 中的呼吸增益至主界面
13.     respSetForm.sendRespGainEvent += new respSetHandler(procRespSetGain);
```

```
14.
15.        respSetForm.ShowDialog();
16.    }
```

在 buttonRespSet_Click()方法后面添加 analyzeRespData()方法的实现代码，如程序清单 10-5 所示，下面按照顺序对这些语句进行解释。

（1）第 1 行代码：添加处理呼吸数据包方法。

（2）第 3 至 5 行代码：定义 3 个字节变量，分别是呼吸波形数据和呼吸率高、低字节。

（3）第 6 行代码：定义呼吸率变量，初始化为 0。

（4）第 8 行代码：调用 Rectangle 方法画一个矩形，矩形框左上角坐标为（0，0），矩形框右下角坐标为（1080，135）。

（5）第 10 行代码：判断呼吸数据包二级 ID，根据不同二级 ID 执行不同代码段。

（6）第 12 行代码：若呼吸数据包二级 ID 为 0x02，即呼吸波形数据包。

（7）第 13 至 17 行代码：使用 for 循环，将数据包中的呼吸波形数据取出来，依次存入呼吸波形线性链表变量。

（8）第 20 行代码：若呼吸数据包二级 ID 为 0x03，即呼吸率数据包。

（9）第 21 至 25 行代码：获取呼吸率高、低字节数据，并将高、低字节进行合并，结果存入呼吸率变量。

（10）第 26 至 29 行代码：判断呼吸率变量是否大于等于 300，若是，则将呼吸率变量赋值 0。

（11）第 31 行代码：呼吸率文本显示控件的内容设置为转换成 string 变量后的呼吸率变量的值。

程序清单 10-5

```
1.    private void analyzeRespData(byte[] packAfterUnpack)
2.    {
3.        byte respWave;              //呼吸波形数据
4.        byte respRateHByte;         //呼吸率高字节
5.        byte respRateLByte;         //呼吸率低字节
6.        ushort respRate = 0;        //呼吸率
7.
8.        Rectangle rct = new Rectangle(0, 0, WAVE_X_SIZE, WAVE_Y_SIZE);
9.
10.       switch (packAfterUnpack[1])
11.       {
12.           case 0x02:                              //呼吸波形数据
13.               for (int i = 2; i < 7; i++)         //一个包有 5 个数据
14.               {
15.                   respWave = packAfterUnpack[i];
16.                   mRespWaveList.Add(respWave);
17.               }
18.               break;
19.
20.           case 0x03:              //呼吸率
21.               respRateHByte = packAfterUnpack[2];
22.               respRateLByte = packAfterUnpack[3];
23.               respRate = (ushort)(respRate | respRateHByte);
24.               respRate = (ushort)(respRate << 8);
```

```
25.                respRate = (ushort)(respRate | respRateLByte);
26.                if (respRate >= 300)
27.                {
28.                    respRate = 0; //呼吸率值最大不超过300，超过300则视为无效值，给其赋0即可
29.                }
30.
31.                labelRespRR.Text = respRate.ToString();
32.                break;
33.        }
34. }
```

在 analyzeRespData()方法后面添加 drawRespWave()方法的实现代码，如程序清单 10-6 所示，下面按照顺序对这些语句进行解释。

（1）第 1 行代码：添加绘制呼吸波形的方法。

（2）第 3 行代码：获取 List 变量中呼吸波形数据数量，存入变量 iCnt。

（3）第 4 至 7 行代码：若 iCnt 小于 2，则跳出方法。

（4）第 9 行代码：从呼吸 dataGridViewResp 控件窗口的指定句柄创建新的 Graphics 对象，用于绘制呼吸波形。

（5）第 11 行代码：定义并实例化 Brush 变量，设置刷子的颜色为黑色。

（6）第 14 行代码：判断 List 变量中呼吸波形数据的数量是否大于画布剩余长度，若是，则执行第 15 至 23 行代码；若不是，则执行第 25 至 33 行代码。

（7）第 17 行代码：定义一个新的矩形，矩形左上角的 X 坐标为呼吸波形已绘制的 X 坐标（初始为 0），Y 坐标为 0；矩形右下角的 X 坐标为画布剩余长度，Y 坐标为 135。

（8）第 20 行代码：调用 FillRectangle 方法将上述定义的矩形区域刷成黑色。

（9）第 21 行代码：定义一个新的矩形，矩形左上角的 X 坐标为 0，Y 坐标为 0；矩形右下角的 X 坐标为绘制剩余数据需要的长度，即 iCnt-(WAVE_X_SIZE-mfRespXStep)，其中 10 表示步长，Y 坐标为 135。

（10）第 22 行代码：调用 FillRectangle 方法将上述定义的矩形区域刷成黑色。

（11）第 26 行代码：定义剩余数据长度变量，赋值为呼吸波形数据数量加上步长 10。

（12）第 27 至 30 行代码：判断加上步长的数值是否大于画布剩余长度，若是，则定义变量为画布剩余长度。

（13）第 31 行代码：定义一个新的矩形，矩形左上角的 X 坐标为呼吸波形已绘制的 X 坐标（初始为 0），Y 坐标为 0；矩形右下角的 X 坐标为绘制剩余数据需要的长度，Y 坐标为 135。

（14）第 32 行代码：调用 FillRectangle 方法将上述定义的矩形区域刷成黑色。

（15）第 35 至 49 行代码：使用 for 循环，循环次数为呼吸波形数据的数量，每取一个数据，即一个波形点，绘制一次波形，将呼吸波形数据压缩 1/2 后进行绘制，每绘制一次，已绘制波形的 X 坐标加 1。

（16）第 51 行代码：绘制完后，将呼吸波形数据 List 中已绘制的数据移除。

程序清单 10-6

```
1.  private void drawRespWave()
2.  {
3.      int iCnt = mRespWaveList.Count - 1;        //获取 List 列表中存储的所有呼吸数据
4.      if (iCnt < 2)                              //如果数据少于 2 个，不绘制波形
5.      {
```

```
6.           return;
7.       }
8.       //通过窗口句柄创建一个 Graphics 对象,用于后面的绘图操作
9.       Graphics graphics = Graphics.FromHwnd(dataGridViewResp.Handle);
10.
11.      Brush br = new SolidBrush(Color.Black);          //将绘制波形区域刷成黑色
12.
13.      //当要画的点数大于画布剩余长度时，需把画布的剩余长度画完，再在起始处将剩余的数据画完
14.      if (iCnt > WAVE_X_SIZE - mRespXStep)
15.      {
16.          //指定的位置(左上角 X 坐标和 Y 坐标)和大小(width 和 height)
17.          Rectangle rct = new Rectangle((int)mRespXStep, 0, (int)(WAVE_X_SIZE - mRespXStep),
                                                                     WAVE_Y_SIZE);
18.
19.          //用指定画笔填充指定区域
20.          graphics.FillRectangle(br, rct);
21.          rct = new Rectangle(0, 0, 10 + (int)(iCnt + mRespXStep - WAVE_X_SIZE), WAVE_Y_SIZE);
22.          graphics.FillRectangle(br, rct);
23.      }
24.      else
25.      {
26.          int xEnd = (int)(iCnt + 10);
27.          if (xEnd > WAVE_X_SIZE - mRespXStep)
28.          {
29.              xEnd = (int)(WAVE_X_SIZE - mRespXStep);
30.          }
31.          Rectangle rct = new Rectangle((int)mRespXStep, 0, xEnd, WAVE_Y_SIZE);
32.          graphics.FillRectangle(br, rct);
33.      }
34.
35.      for (int i = 0; i < iCnt; i++)
36.      {
37.          //每一个点画一次波形，呼吸数据压缩 1/2
38.          graphics.DrawLine(mRespWavePen, mRespXStep - 1, mRespWaveList[i] / 2,
39.              mRespXStep, mRespWaveList[i + 1] / 2);
40.
41.          //F:float 型，每次移动 1
42.          mRespXStep += 1F;
43.
44.          //绘制完整个长度后回到起始点接着画
45.          if (mRespXStep >= WAVE_X_SIZE)
46.          {
47.              mRespXStep = 0;
48.          }
49.      }
50.      //绘制完后将已经绘制过的数据移除
51.      mRespWaveList.RemoveRange(0, iCnt);
52. }
```

在 dealRcvPackData()方法中，添加第 11 至 14 行和第 23 至 26 行代码，如程序清单 10-7 所示，下面按照顺序对这些语句进行解释。

（1）第 11 至 14 行代码：在处理当前数据帧方法中，添加判断模块 ID 的选项，若模块

ID 为 0x11，即呼吸数据包的模块 ID，则执行处理呼吸数据包的方法。

（2）第 23 至 26 行代码：判断呼吸波形数据数量是否大于 2，若是，则执行绘制呼吸波形函数。

程序清单 10-7

```
1.    private void dealRcvPackData()
2.    {
3.        ……
4.        for (int i = iTailIndex; i < iHeadIndex; i++)
5.        {
6.            ……
7.            else if (mPackAfterUnpackArr[index][0] == 0x14)      //血压相关的数据包
8.            {
9.                analyzeNIBPData(mPackAfterUnpackArr[index]);
10.           }
11.           else if (mPackAfterUnpackArr[index][0] == 0x11)      //呼吸相关的数据包
12.           {
13.               analyzeRespData(mPackAfterUnpackArr[index]);
14.           }
15.       }
16.
17.       lock (mLockObj)
18.       {
19.           //每次处理 cnt 个数据，处理完之后，数据要往后移 cnt 个
20.           mPackTail = (mPackTail + cnt) % PACK_QUEUE_CNT;
21.       }
22.
23.       if (mRespWaveList.Count > 2)         //呼吸波形数据超过 2 个才开始画波形
24.       {
25.           drawRespWave();
26.       }
27.   }
```

完成代码添加后，按 F5 键编译并运行程序，验证运行效果是否与 10.2.3 节一致。

本 章 任 务

基于前面学习的知识及对本章代码的理解，以及第 7 章所完成的独立测量呼吸界面，设计一个只监测和显示呼吸参数的应用。

本 章 习 题

1．呼吸率的单位是 bpm，解释该单位的意义。

2．正常成人的呼吸率取值范围是多少？正常新生儿的呼吸率取值范围是多少？

3．如果呼吸率为 25bpm，按照附录 B 的图 B-11 定义的呼吸率数据包应该是怎样的？

第 11 章　血氧监测与显示实验

在实现体温、血压与呼吸监测的基础上，本章继续添加血氧监测的底层驱动程序，并对血氧数据处理过程进行详细介绍。

11.1　实验内容

本章实验需要编写和完善实现以下功能的代码：①在血氧显示区域显示血氧饱和度、脉率、手指连接状态和探头连接状态；②双击血氧显示区域后，弹出血氧设置窗口，在该窗口中可以设置计算灵敏度为高、中、低；③在 SpO₂ 区域显示血氧波形。

11.2　实验原理

11.2.1　血氧测量原理

血氧饱和度（SpO₂）即血液中氧的浓度，它是呼吸循环的重要生理参数。临床上，一般认为 SpO₂ 的正常值不能低于 94%，低于 94% 则被认为供氧不足。有学者将 SpO₂<90% 定为低氧血症的标准。

人体内的血氧含量需要维持在一定的范围内才能够保持人体的健康，血氧不足时容易产生注意力不集中、记忆力减退、头晕目眩、焦虑等症状。如果人体长期缺氧，会导致心肌衰竭、血压下降，以致无法维持正常的血液循环；更有甚者，长期缺氧会直接损害大脑皮层，造成脑组织的变性和坏死。监测血氧能够帮助预防生理疾病的发生，如果出现缺氧状况，能够及时做出补氧决策，减小因血氧导致的生理疾病发生的概率。

传统的血氧饱和度测量方法是利用血氧分析仪对人体新采集的血样进行电化学分析，然后通过相应的测量参数计算出血氧饱和度。本实验采用的是目前流行的指套式光电传感器测量血氧的方法。测量时，只需将传感器套在人手指上，然后将采集到的信号经处理后传到主机，即可观察人体血氧饱和度的情况。

血液中氧的浓度可以用血氧饱和度（SpO₂）来表示。血氧饱和度（SpO₂）是血液中氧合血红蛋白（HbO₂）的容量占所有可结合的血红蛋白（HbO₂+Hb，即氧合血红蛋白+还原血红蛋白）容量的百分比，即

$$SpO_2 = \frac{C_{HbO_2}}{C_{HbO_2} + C_{Hb}} \times 100\%$$

对同一种波长的光或不同波长的光，氧合血红蛋白（HbO₂）和还原血红蛋白（Hb）对光的吸收存在很大的差别，而且在近红外区域内，它们对光的吸收存在独特的吸收峰；在血液循环中，动脉中的血氧含量会随着脉搏的跳动而产生变化，这说明光透射过血液的光程也产生了变化，而动脉血对光的吸收量会随着光程的改变而改变，由此能够推导出血氧探头输出的信号强度随脉搏波的变化而变化，根据朗伯-比尔定律可推导出脉搏血氧饱和度。

脉搏是指人体浅表可触摸到的动脉搏动。脉率是指每分钟的动脉搏动次数，正常情况下脉率和心率是一致的。动脉的搏动是有节律的，脉搏波结构如图 11-1 所示。其中，①升支：

脉搏波形中由基线升至主波波峰的一条上升曲线，是心室的快速射血时期；②降支：脉搏波形中由主波波峰至基线的一条下降曲线，是心室射血后期至下一次心动周期的开始；③主波：主体波幅，一般顶点为脉搏波形图的最高峰，反映动脉内压力与容积的最大值；④潮波：又称为重搏前波，位于降支主波之后，一般低于主波而高于重搏波，反映左心室停止射血，动脉扩张降压，逆向反射波；⑤降中峡：或称降中波，是主波降支与重搏波升支构成的向下的波谷，表示主动脉静压排空时间，为心脏收缩与舒张的分界点；⑥重搏波：是降支中突出的一个上升波，为主动脉瓣关闭、主动脉弹性回缩波。脉搏波含有人体重要的生理信息，对脉搏波和脉率的分析对于测量血氧饱和度具有重要的意义。

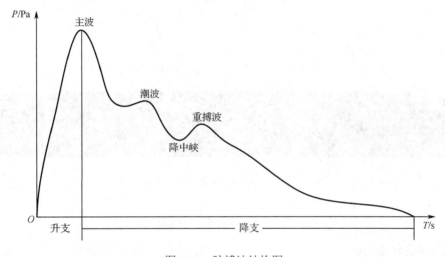

图 11-1　脉搏波结构图

本章实验通过透射式测量方法实现在一定范围内对血氧饱和度、脉率的精确测量，以及对脉搏波和手指脱落情况的实时监测。实验用到血氧波形数据包和血氧数据包，具体可参见附录 B。计算机（主机）在接收到人体生理参数监测系统（从机）发送的血氧波形数据包和血氧数据包后，通过应用程序窗口实时显示脉搏波、手指脱落状态、血氧饱和度和脉率值。

11.2.2　设计框图

血氧监测与显示的设计框图如图 11-2 所示。

11.2.3　血氧监测与显示应用程序运行效果

开始程序设计之前，先通过一个应用程序来了解血氧监测的效果。打开本书配套资料包中的"03.WinForm 应用程序\07.SPO2Monitor"目录，双击运行 SPO2Monitor.exe。

将人体生理参数监测系统硬件平台通过 USB 线连接到计算机，打开硬件平台，并设置为"演示模式""USB 连接"及"输出血氧数据"，单击项目界面菜单栏的"串口设置"选项，在弹出的窗口中完成串口的配置，单击"打开串口"按钮，即可看到动态显示的血氧波形，以及血氧饱和度、脉率、导联状态，如图 11-3 所示。由于血氧监测与显示应用程序已经包含了体温、血压和呼吸监测与显示的功能，因此，如果人体生理参数监测系统硬件平台处于"五参演示"模式，可以同时看到动态的体温、血压、呼吸和血氧参数。

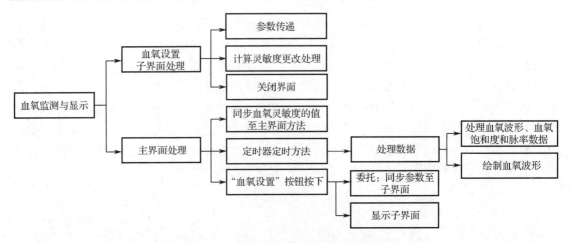

图 11-2　血氧监测与显示实验设计框图

图 11-3　血氧监测与显示效果图

11.3　实验步骤

步骤 1：复制基准项目

首先，将本书配套资料包中的"04.例程资料\Material\07.SPO2Monitor\07.SPO2Monitor"文件夹复制到"D:\WinFormTest"目录下。

步骤 2：复制并添加文件

将本书配套资料包"04.例程资料\Material\07.SPO2Monitor\StepByStep"文件夹中的所有文件复制到"D:\WinFormTest\07.SPO2Monitor\ParamMonitor\ParamMonitor"目录下。然后，在 Visual Studio 中打开项目。实际上，已经打开的 ParamMonitor 项目是第 10 章已完成的项目，所以也可以基于第 10 章完成的 ParamMonitor 项目开展本章实验。将 FormSPO2Set.cs 文件导入项目中。

步骤 3：添加控件的响应方法

双击打开 FormSPO2Set.cs 窗体的设计界面，血氧参数设置界面如图 11-4 所示，对照表 11-1 所示的控件说明，为控件添加响应方法。

图 11-4　血氧参数设置界面

表 11-1　血氧参数设置界面控件说明

编　号	（Name）	功　能	响　应　方　法
①	FormSPO2Set		FormSPO2Set_Load()
②	buttonSPO2SetOK	确定按钮	buttonSPO2SetOK_Click()
③	buttonSPO2SetCancel	取消按钮	buttonSPO2SetCancel_Click()

双击打开 MainForm.cs 窗体的设计界面，血氧参数显示模块如图 11-5 所示，对照表 11-2 所示的控件说明，为控件添加响应方法。

图 11-5　血氧参数显示模块

表 11-2　血氧参数显示模块控件说明

编　号	（Name）	响　应　方　法
①	buttonSPO2Set	buttonSPO2Set_Click()

步骤 4：完善 FormSPO2Set.cs 文件

在 FormSPO2Set.cs 文件中添加第 3 至 4 行、第 9 至 13 行和第 19 至 21 行代码，如程序清单 11-1 所示，下面按照顺序对这些语句进行解释。

（1）第 4 行代码：声明设置血氧计算灵敏度委托。

（2）第 9 至 10 行代码：定义 SendData 类变量和血氧计算灵敏度变量。

（3）第 13 行代码：声明设置血氧计算灵敏度委托变量。

（4）第 20 至 21 行代码：将主界面传来的 SendData 类变量和血氧计算灵敏度赋值给当前的 SendData 类变量和血氧计算灵敏度变量。

程序清单 11-1

```
1.    namespace ParamMonitor
2.    {
3.        //定义 spo2SetHandler 委托
4.        public delegate void spo2SetHandler(string sensor);
5.
6.        ......
7.        public partial class FormSPO2Set : Form
8.        {
9.            private SendData mSendData;            //声明串口，用于发送命令给从机（单片机）
10.           private string    mSPO2Sens;          //血氧灵敏度
11.
12.           //声明 spo2SetHandler 委托的事件 sendSPO2SensEvent，用于将血氧灵敏度同步至主界面
13.           public event spo2SetHandler sendSPO2SensEvent;
14.
15.           public FormSPO2Set(SendData sendData, string sensor)
```

```
16.        {
17.            InitializeComponent();
18.
19.            //将主界面的参数传到设置界面
20.            mSendData = sendData;
21.            mSPO2Sens = sensor;
22.        }
23.    }
24. }
```

完善 FormSPO2Set_Load()、buttonSPO2SetOK_Click()和 buttonSPO2SetCancel_Click()方法的实现代码，如程序清单 11-2 所示，下面按照顺序对部分语句进行解释。

（1）第 3 行代码：打开 FormSPO2Set 窗体时，将计算灵敏度下拉列表的内容设置为与主界面传来的计算灵敏度一致。

（2）第 8 行代码：定义一个整型变量，获取计算灵敏度下拉列表的选项序号。

（3）第 9 至 12 行代码：若计算灵敏度下拉列表的选项序号小于 0，则跳出方法。

（4）第 14 行代码：判断主界面传来的计算灵敏度变量与当前下拉列表的内容是否一样，若不一样，即打开血氧设置界面后更改了计算灵敏度数值，则执行以下代码段。

（5）第 16 至 17 行代码：实例化 List 变量，定义字节变量 data，并计算灵敏度设置下拉列表的选项序号变量加 1 再转换成字节变量，存入字节变量 data。

（6）第 18 行代码：向 List 变量中添加 0x80，即血氧计算灵敏度数据包二级 ID。

（7）第 19 行代码：向 List 变量中添加计算灵敏度数据。

（8）第 21 至 24 行代码：判断串口是否打开，若未打开，则弹出窗口提示"串口未打开，请先打开串口"。

（9）第 25 至 30 行代码：若已打开，则将更改后的增益值传到主界面，并向上位机发送设置血氧增益数据包。

（10）第 32 行代码：关闭血氧设置界面。

（11）第 37 行代码：关闭血氧设置界面。

程序清单 11-2

```
1.  private void FormSPO2Set_Load(object sender, EventArgs e)
2.  {
3.      comboBoxSPO2Sens.Text = mSPO2Sens;          //窗口加载时显示主界面传来的血氧灵敏度值
4.  }
5.
6.  private void buttonSPO2SetOK_Click(object sender, EventArgs e)
7.  {
8.      int spo2Sens = (byte)comboBoxSPO2Sens.SelectedIndex;    //获取下拉列表血氧灵敏度选项
9.      if (spo2Sens < 0)
10.     {
11.         return;
12.     }
13.
14.     if (comboBoxSPO2Sens.Text != mSPO2Sens)                 //血氧灵敏度值改变，需要向从机发送命令
15.     {
16.         List<byte> dataLst = new List<byte>();
17.         byte data = (byte)(spo2Sens + 1);                  //计算灵敏度：1-高；2-中；3-低
18.         dataLst.Add(0x80);                                 //二级 ID
```

```
19.            dataLst.Add(data);                                    //血氧灵敏度
20.
21.            if (!mSendData.mComPort.IsOpen)                       //串口没有打开，不能发送命令包
22.            {
23.                MessageBox.Show("串口未打开，请先打开串口");
24.            }
25.            else
26.            {
27.                sendSPO2SensEvent(comboBoxSPO2Sens.Text); //将更改后的血氧灵敏度值传到主界面
28.                //将更改后的血氧灵敏度值打包发送给 MCU, 0x13-血氧命令的模块 ID
29.                mSendData.sendCmdToMcu(dataLst, 0x13);
30.            }
31.        }
32.        this.Close();
33.    }
34.
35.    private void buttonSPO2SetCancel_Click(object sender, EventArgs e)
36.    {
37.        this.Close();
38.    }
```

步骤 5：完善 MainForm.cs 文件

在 MainForm.cs 文件的 ParamMonitor 类中，添加第 11 至 15 行和第 23 行代码，如程序清单 11-3 所示，下面按照顺序对这些语句进行解释。

（1）第 12 行代码：定义血氧计算灵敏度变量，初始化为"中"。

（2）第 13 行代码：实例化 List 变量，用于存储血氧波形数据。

（3）第 14 行代码：定义血氧波形画笔，颜色为青色，宽度为 1。

（4）第 15 行代码：定义血氧波形横坐标，初始化为 0.0F。

（5）第 23 行代码：初始化向血氧波形数据链表添加 0。

程序清单 11-3

```
1.  public partial class ParamMonitor : Form
2.  {
3.      ......
4.
5.      //呼吸
6.      private string mRespGainSet = "X1";                         //呼吸增益设置
7.      private List<ushort> mRespWaveList = new List<ushort>();     //线性链表，内容为 Resp
                                                                        的波形数据
8.      private Pen mRespWavePen = new Pen(Color.Yellow, 1);        //Resp 波形画笔
9.      private float mRespXStep = 0.0F;                            //Resp 横坐标
10.
11.     //血氧
12.     private string mSPO2SensSet = "中";                          //血氧灵敏度设置
13.     private List<ushort> mSPO2WaveList = new List<ushort>();     //线性链表，内容为血氧的
                                                                        波形数据
14.     private Pen mSPO2WavePen = new Pen(Color.Cyan, 1);          //SPO2 波形画笔
15.     private float mSPO2XStep = 0.0F;                            //SPO2 横坐标
16.     ......
17.     private void ParamMonitor_Load(object sender, EventArgs e)
18.     {
```

```
19.          ……
20.              mUARTInfo.isOpened = false;          //刚打开界面默认串口是关闭的
21.
22.              mRespWaveList.Add(0);                //将存储呼吸数据的链表添加 0
23.              mSPO2WaveList.Add(0);                //将存储血氧数据的链表添加 0
24.          }
25. }
```

在 drawRespWave() 方法后面添加 procSPO2Sens() 方法的实现代码，并完善 buttonSPO2Set_Click()方法的实现代码，如程序清单 11-4 所示，下面按照顺序对部分语句进行解释。

（1）第 1 行代码：添加设置血氧计算灵敏度方法，参数为欲设置的血氧计算灵敏度值。

（3）第 3 行代码：将血氧计算灵敏度变量设置为与欲设置的血氧计算灵敏度值一致。

（4）第 8 行代码：实例化血氧设置界面，将主界面的 SendData 类变量和血氧计算灵敏度变量传到血氧设置界面。

（5）第 9 行代码：设置血氧设置界面加载成功后出现在主界面的正中间。

（6）第 13 行代码：向 sendSPO2SensEvent 添加 procSPO2Sens 方法。

（7）第 15 行代码：显示血氧设置界面。

程序清单 11-4

```
1.  private void procSPO2Sens(string spo2Sens)
2.  {
3.      mSPO2SensSet = spo2Sens;
4.  }
5.
6.  private void buttonSPO2Set_Click(object sender, EventArgs e)
7.  {
8.      FormSPO2Set spo2SetForm = new FormSPO2Set(mSendData, mSPO2SensSet);
9.      spo2SetForm.StartPosition = FormStartPosition.CenterParent;
10.
11.     //加载委托 spo2SetHandler, 对应事件为 sendSPO2SensEvent, 对应方法名为 procSPO2Sens
12.     //功能: 同步 FormSPO2Set 中的血氧灵敏度值至主界面
13.     spo2SetForm.sendSPO2SensEvent += new spo2SetHandler(procSPO2Sens);
14.
15.     spo2SetForm.ShowDialog();
16. }
```

在 buttonSPO2Set_Click()方法后面添加 analyzeSPO2Data()方法的实现代码，如程序清单 11-5 所示，下面按照顺序对部分语句进行解释。

（1）第 1 行代码：添加处理血氧数据包方法。

（2）第 3 至 9 行代码：定义 2 个 ushort 变量，分别为血氧波形数据和脉率值。定义 5 个字节变量，分别为手指连接信息、传感器连接信息、脉率高/低字节、血氧饱和度，全部初始化为 0。

（3）第 11 行代码：调用 Rectangle 方法画一个矩形，矩形框左上角坐标为（0，0），矩形框右下角坐标为（1080，135）。

（4）第 13 行代码：判断血氧数据包二级 ID，根据不同二级 ID 执行不同代码段。

（5）第 15 行代码：若血氧数据包二级 ID 为 0x02，即血氧波形数据包。

（6）第 16 至 20 行代码：使用 for 循环，将数据包中的血氧波形数据取出来，依次存入血氧波形线性链表变量。

（7）第 22 至 23 行代码：获取数据包中的手指连接信息和探头连接信息。

（8）第 25 至 34 行代码：判断手指连接信息是否为"脱落"，若是，则将手指连接信息显示控件设置为红色，并设置内容为"手指脱落"；若不是，则将手指连接信息显示控件设置为青色，并设置内容为"手指连接"。

（9）第 35 至 44 行代码：判断探头连接信息是否为"脱落"，若是，则将探头连接信息显示控件设置为红色，并设置内容为"探头脱落"；若不是，则将探头连接信息显示控件设置为青色，并设置内容为"探头连接"。

（10）第 47 至 52 行代码：若血氧数据包二级 ID 为 0x03，即脉率数据包，获取脉率高、低字节数据，并将高、低字节进行合并，结果存入脉率变量。

（11）第 53 至 56 行代码：当脉率变量大于或等于 300 时，将脉率变量赋值 0。

（12）第 58 行代码：脉率显示控件的内容设置为转换成 string 变量后的脉率变量的值。

（13）第 60 行代码：获取数据包中血氧饱和度的值。

（14）第 62 至 69 行代码：判断血氧饱和度的值是否在 0～100 内，若是，则将血氧饱和度的值转换成 string 变量，再设置为血氧饱和度显示控件的内容；否则，将血氧饱和度显示控件的内容设置为"--"。

程序清单 11-5

```
1.    private void analyzeSPO2Data(byte[] packAfterUnpack)
2.    {
3.        ushort spo2Wave;               //血氧波形数据
4.        byte fingerLead;               //手指连接信息
5.        byte sensorLead;               //传感器连接信息
6.        byte pulseRateHByte;           //脉率高字节
7.        byte pulseRateLByte;           //脉率低字节
8.        ushort pulseRate = 0;          //脉率值
9.        byte spo2Value;                //血氧饱和度
10.
11.       Rectangle rct = new Rectangle(0, 0, WAVE_X_SIZE, WAVE_Y_SIZE);
12.
13.       switch (packAfterUnpack[1])
14.       {
15.           case 0x02:                 //血氧波形数据、探头、手指导联
16.               for (int i = 2; i < 7; i++)
17.               {
18.                   spo2Wave = (ushort)packAfterUnpack[i];
19.                   mSPO2WaveList.Add(spo2Wave);
20.               }
21.
22.               fingerLead = (byte)((packAfterUnpack[7] & 0x80) >> 7);        //手指脱落信息
23.               sensorLead = (byte)((packAfterUnpack[7] & 0x10) >> 4);        //探头脱落信息
24.
25.               if (fingerLead == 0x01)
26.               {
27.                   labelSPO2FingerOff.ForeColor = Color.Red;
28.                   labelSPO2FingerOff.Text = "手指脱落";
```

```
29.             }
30.             else
31.             {
32.                 labelSPO2FingerOff.ForeColor = Color.FromArgb(0, 255, 255);
33.                 labelSPO2FingerOff.Text = "手指连接";
34.             }
35.             if (sensorLead == 0x01)
36.             {
37.                 labelSPO2PrbOff.ForeColor = Color.Red;
38.                 labelSPO2PrbOff.Text = "探头脱落";
39.             }
40.             else
41.             {
42.                 labelSPO2PrbOff.ForeColor = Color.FromArgb(0, 255, 255);
43.                 labelSPO2PrbOff.Text = "探头连接";
44.             }
45.             break;
46.
47.         case 0x03:                  //脉率、血氧饱和度
48.             pulseRateHByte = packAfterUnpack[3];
49.             pulseRateLByte = packAfterUnpack[4];
50.             pulseRate = (ushort)(pulseRate | pulseRateHByte);
51.             pulseRate = (ushort)(pulseRate << 8);
52.             pulseRate = (ushort)(pulseRate | pulseRateLByte);
53.             if (pulseRate >= 300)
54.             {
55.                 pulseRate = 0;    //脉率值最大不超过 300，超过 300 则视为无效值，对其赋 0 即可
56.             }
57.
58.             labelSPO2PR.Text = pulseRate.ToString();
59.
60.             spo2Value = packAfterUnpack[5];
61.
62.             if (0 < spo2Value && 100 > spo2Value)
63.             {
64.                 labelSPO2Data.Text = spo2Value.ToString();
65.             }
66.             else
67.             {
68.                 labelSPO2Data.Text = "--";
69.             }
70.
71.             break;
72.     }
73. }
```

在 analyzeSPO2Data()方法后面添加 drawSPO2Wave()方法的实现代码，如程序清单 11-6 所示，下面按照顺序对部分语句进行解释。

（1）第 1 行代码：添加绘制血氧波形方法。

（2）第 3 行代码：获取 List 变量中血氧波形数据的数量，存入变量 iCnt。

（3）第 4 至 7 行代码：若 iCnt 小于 2，则跳出函数。

（4）第 10 行代码：从血氧 dataGridViewSPO2 控件窗口的指定句柄创建新的 Graphics 对象，用于绘制血氧波形。

（5）第 12 行代码：定义并实例化 Brush 变量，设置刷子的颜色为黑色。

（6）第 15 行代码：判断 List 变量中血氧波形数据的数量是否大于画布剩余长度，若是，则执行第 16 至 21 行代码；若不是，则执行第 23 至 32 行代码。

（7）第 17 行代码：定义一个新的矩形，矩形左上角的 X 坐标为血氧波形已绘制的 X 坐标（初始为 0），Y 坐标为 0；矩形右下角的 X 坐标为画布剩余长度，Y 坐标为 135。

（8）第 18 行代码：调用 FillRectangle 方法将上述定义的矩形区域刷成黑色。

（9）第 19 行代码：定义一个新的矩形，矩形左上角的 X 坐标为 0，Y 坐标为 0；矩形右下角的 X 坐标为绘制剩余数据需要的长度，即 iCnt-(WAVE_X_SIZE-mFSPO2XStep)，其中 10 为步长，Y 坐标为 135。

（10）第 20 行代码：调用 FillRectangle 方法将上述定义的矩形区域刷成黑色。

（11）第 24 行代码：定义剩余数据长度变量，赋值为血氧波形数据数量加上步长 10。

（12）第 25 至 28 行代码：判断加上步长的数值是否大于画布剩余长度，若是，则定义变量为画布剩余长度。

（13）第 30 行代码：定义新的矩形，矩形左上角的 X 坐标为血氧波形已绘制的 X 坐标（初始为 0），Y 坐标为 0；矩形右下角的 X 坐标为绘制剩余数据需要的长度，Y 坐标为 135。

（14）第 31 行代码：调用 FillRectangle 方法将上述定义的矩形区域刷成黑色。

（15）第 34 至 45 行代码：使用 for 循环，循环次数为血氧波形数据的数量，每一个数据即一个点画一次，要使血氧波形绘制得平滑、美观，可在画图时对接收到的血氧波形数据进行处理，使绘制点的 Y 坐标为 WAVE_Y_SIZE / 2 + 70 - mSPO2WaveList[i] / 3 * 2，每绘制一次，已绘制波形的 X 坐标加 1，在 for 循环中每绘制一个点就对已绘制的 X 坐标进行判断，判断其是否大于 1080（画布的总长度），若大于，则将血氧的已绘制波形的 X 坐标设置为 0。

（16）第 47 行代码：绘制完后，将血氧数据 List 中已绘制过的数据移除。

程序清单 11-6

```
1.    private void drawSPO2Wave()
2.    {
3.        int iCnt = mSPO2WaveList.Count - 1;          //获取 List 列表中存储的所有血氧波形数据
4.        if (iCnt < 2)                                //数据少于 2 个则不绘制波形
5.        {
6.            return;
7.        }
8.
9.        //通过窗口句柄创建一个 Graphics 对象，用于后面的绘图操作
10.       Graphics graphics = Graphics.FromHwnd(dataGridViewSPO2.Handle);
11.
12.       Brush br = new SolidBrush(Color.Black);      //将绘制波形区域刷成黑色
13.
14.       //当要画的点数大于画布剩余长度时，需把画布的剩余长度画完，再在起始处将剩余的数据画完
15.       if (iCnt > WAVE_X_SIZE - mSPO2XStep)
16.       {
17.           Rectangle rct = new Rectangle((int)mSPO2XStep, 0, (int)(WAVE_X_SIZE - mSPO2XStep),
                                                                   WAVE_Y_SIZE);
18.           graphics.FillRectangle(br, rct);
```

```
19.              rct = new Rectangle(0, 0, 10 + (int)(iCnt + mSPO2XStep - WAVE_X_SIZE), WAVE_Y_SIZE);
20.              graphics.FillRectangle(br, rct);
21.          }
22.      else
23.      {
24.              int xEnd = (int)(iCnt + 10);
25.              if (xEnd > WAVE_X_SIZE - mSPO2XStep)
26.              {
27.                  xEnd = (int)(WAVE_X_SIZE - mSPO2XStep);
28.              }
29.
30.              Rectangle rct = new Rectangle((int)mSPO2XStep, 0, xEnd, WAVE_Y_SIZE);
31.              graphics.FillRectangle(br, rct);
32.      }
33.
34.      for (int i = 0; i < iCnt; i++)
35.      {
36.              graphics.DrawLine(mSPO2WavePen, mSPO2XStep - 1, WAVE_Y_SIZE / 2 + 70 -
                                                          mSPO2WaveList[i] / 3 * 2,
37.                  mSPO2XStep, WAVE_Y_SIZE / 2 + 70 - mSPO2WaveList[i + 1] / 3 * 2);
38.
39.              mSPO2XStep += 1F;
40.
41.              if (mSPO2XStep >= WAVE_X_SIZE)
42.              {
43.                  mSPO2XStep = 0;
44.              }
45.      }
46.
47.      mSPO2WaveList.RemoveRange(0, iCnt);
48. }
```

在 dealRcvPackData()方法中，添加第 15 至 18 行和第 32 至 35 行代码，如程序清单 11-7 所示，下面按照顺序对这些语句进行解释。

（1）第 15 至 18 行代码：添加判断模块 ID 的选项，若模块 ID 为 0x13，即血氧数据包的模块 ID，则执行处理血氧数据包的函数。

（2）第 32 至 35 行代码：判断血氧波形数据数量是否大于 2，若是，则执行绘制血氧波形函数。

程序清单 11-7

```
1.   private void dealRcvPackData()
2.   {
3.       ……
4.       for (int i = iTailIndex; i < iHeadIndex; i++)
5.       {
6.           ……
7.           else if (mPackAfterUnpackArr[index][0] == 0x14)     //血压相关的数据包
8.           {
9.               analyzeNIBPData(mPackAfterUnpackArr[index]);
10.          }
11.          else if (mPackAfterUnpackArr[index][0] == 0x11)     //呼吸相关的数据包
```

```
12.            {
13.                analyzeRespData(mPackAfterUnpackArr[index]);
14.            }
15.            else if (mPackAfterUnpackArr[index][0] == 0x13)    //血氧相关的数据包
16.            {
17.                analyzeSPO2Data(mPackAfterUnpackArr[index]);
18.            }
19.        }
20.
21.        lock (mLockObj)
22.        {
23.            //每次处理 cnt 个数据，处理完之后，数据要往后移 cnt 个
24.                mPackTail = (mPackTail + cnt) % PACK_QUEUE_CNT;
25.        }
26.
27.        if (mRespWaveList.Count > 2)        //呼吸波形数据超过 2 个才开始画波形
28.        {
29.            drawRespWave();
30.        }
31.
32.        if (mSPO2WaveList.Count > 2)        //血氧波形数据超过 2 个才开始画波形
33.        {
34.            drawSPO2Wave();
35.        }
36.    }
```

完成代码添加后，按 F5 键编译并运行程序，验证运行效果是否与 11.2.3 节一致。

本 章 任 务

基于前面学习的知识及对本章代码的理解，以及第 7 章所完成的独立测量血氧界面，设计一个只监测和显示血氧参数的应用。

本 章 习 题

1．脉率和心率有什么区别？

2．正常成人的血氧饱和度取值范围是多少？正常新生儿的血氧饱和度取值范围是多少？

3．如果血氧波形数据 1～5 均为 128，血氧探头和手指均为脱落状态，按照附录 B 的图 B-15 定义的血氧波形数据包应该是怎样的？

第12章　心电监测与显示实验

本章将在实现体温、血压、呼吸与血氧监测的基础上，继续添加心电监测的底层驱动程序，并对心电数据处理过程进行详细介绍。

12.1　实验内容

本章实验主要编写和完善实现以下功能的代码：①在心电显示区域显示心率和探头导联状态；②双击心电显示区域后，弹出心电设置窗口；③在ECG1和ECG2区域显示心电波形。

12.2　实验原理

12.2.1　心电测量原理

心电信号来源于心脏的周期性活动。在每个心动周期中，心脏窦房结细胞内外首先产生电位的急剧变化（动作电位），而这种电位的变化通过心肌细胞依次向心房和心室传播，并在体表不同部位形成一次有规律的电位变化。将体表不同时期的电位差信号连续采集、放大，并连续实时地显示，便形成心电图（ECG）。

在人体不同部位放置电极，并通过导联线与心电图机放大电路的正负极相连，这种记录心电图的电路连接方法称为心电图导联。目前广泛采纳的国际通用导联体系称为常规12导联体系，包括与肢体相连的肢体导联和与胸部相连的胸导联。

心电测量主要有以下功能：记录人体心脏的电活动，诊断是否存在心律失常的情况；诊断心肌梗死的部位、范围和程度，有助于预防冠心病；判断药物或电解质情况对心脏的影响，例如，有房颤的患者在服用胺碘酮药物后应定期做心电测量，以便于观察疗效；判断人工心脏起搏器的工作状况。

心电图是心脏搏动时产生的生物电位变化曲线，是客观反映心脏电兴奋的发生、传播及恢复过程的重要生理指标，如图12-1所示。

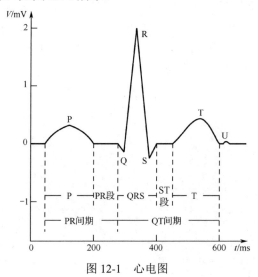

图12-1　心电图

临床上根据心电图波形的形态、波幅及各波之间的时间关系，能诊断出心脏可能发生的疾病，如心律不齐、心肌梗死、期前收缩、心脏异位搏动等。

心电图信号主要包括以下几个典型波形和波段。

1．P 波

心脏的兴奋发源于窦房结，最先传至心房。因此，心电图各波中最先出现的是代表左右心房兴奋过程的 P 波。心脏兴奋在向两心房传播的过程中，其心电去极化的综合向量先指向左下肢，然后逐渐转向左上肢。如果将各瞬间心房去极化的综合向量连接起来，便形成一个代表心房去极化的空间向量环，简称 P 环。通过 P 环在各导联轴上的投影即得出各导联上不同的 P 波。P 波形小而圆钝，随各导联稍有不同。P 波的宽度一般不超过 0.11s，多为 0.06～0.10s。电压（幅度）不超过 0.25mV，多为 0.05～0.20mV。

2．PR 段

PR 段是从 P 波的终点到 QRS 复合波起点的间隔时间，它通常与基线为同一水平线。PR 段代表从心房开始兴奋到心室开始兴奋的时间，即兴奋通过心房、房室结和房室束的传导时间。成人的 PR 段一般为 0.12～0.20s，小儿的稍短。这一期间随着年龄的增长有加长的趋势。

3．QRS 复合波

QRS 复合波代表两心室兴奋传播过程的电位变化。由窦房结产生的兴奋波，经传导系统首先到达室间隔的左侧面，然后按一定的路线和方向，由内层向外层依次传播。随着心室各部位先后去极化形成多个瞬间综合心电向量，在额面的导联轴上的投影，便是心电图肢体导联的 QRS 复合波。典型的 QRS 复合波包括三个相连的波动。第一个向下的波为 Q 波，继 Q 波后一个狭窄向上的波为 R 波，与 R 波相连接的又一个向下的波为 S 波。由于这三个波紧密相连且总时间不超过 0.10s，故合称为 QRS 复合波。QRS 复合波所占时间代表心室肌兴奋传播所需的时间，正常人为 0.06～0.10s，一般不超过 0.11s。

4．ST 段

ST 段是指从 QRS 复合波结束到 T 波开始的间隔时间，为水平线。它反映心室各部位在兴奋后所处的去极化状态，故无电位差。正常时接近于基线，向下偏移不应超过 0.05mV，向上偏移不应超过 0.1mV。

5．T 波

T 波是继 QRS 复合波后的一个波幅较小而波宽较宽的电波，它反映心室兴奋后复极化的过程。心室复极化的顺序与去极化过程相反，它缓慢地由外层向内层进行。在外层已去极化部分的负电位首先恢复到静息时的正电位，使外层为正，内层为负，因此与去极化时向量的方向基本相同。连接心室复极化各瞬间向量所形成的轨迹，就是心室复极化心电向量环，简称 T 环。T 环的投影即为 T 波。

复极化过程与心肌代谢有关，因而较去极化过程缓慢，占时较长。T 波与 ST 段同样具有重要的诊断意义。如果 T 波倒置，则说明发生心肌梗死。

在以 R 波为主的心电图上，T 波不应低于 R 波的 1/10。

6．U 波

U 波是在 T 波后 0.02～0.04s 出现的宽而低的波，波幅多小于 0.05mV，宽约 0.20s。临床上一般认为，U 波可能是由心脏舒张时各部位产生的后电位而形成的，也有人认为是浦肯野纤维再极化的结果。正常情况下，不容易记录到微弱的 U 波；当血钾不足、甲状腺功能亢进或服用强心药（如洋地黄等）时，都会使 U 波增大而被捕捉到。

表 12-1 所示为正常成人心电图各个波形的典型值范围。

表 12-1　心电图各个波形的典型值范围

波 形 名 称	电压幅度/mV	时　　间/s
P 波	0.05～0.25	0.06～0.10
Q 波	小于 R 波的 1/4	小于 0.04
R 波	0.5～2.0	—
S 波	—	0.06～0.11
T 波	0.1～1.5	0.05～0.25
PR 段	与基线同一水平	0.06～0.14
PR 间期	—	0.12～0.20
ST 段	水平线	0.05～0.15
QT 间期	—	小于 0.44

　　本章实验通过心电导联实现一定范围内对心率的精确测量，以及对心电波和导联脱落情况的实时监测。实验用到心电波形数据包、心电导联信息数据包、心率数据包，具体可参见附录 B。计算机（主机）在接收到人体生理参数监测系统（从机）发送的心电波形、心电导联信息和心率数据包后，通过应用程序窗口实时显示心电波、导联脱落状态和心率值。

12.2.2　设计框图

　　心电监测与显示实验的设计框图如图 12-2 所示。

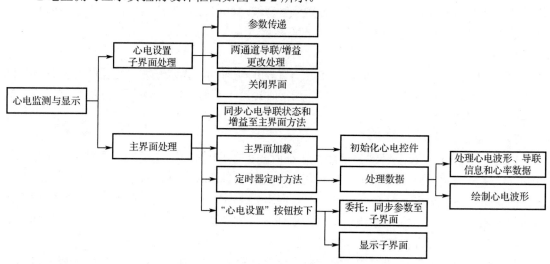

图 12-2　心电监测与显示实验的设计框图

12.2.3　心电监测与显示应用程序运行效果

　　开始程序设计之前，先通过一个应用程序来了解心电监测的效果。打开本书配套资料包中的"03.WinForm 应用程序\08.ECGMonitor"目录，双击运行 ECGMonitor.exe。

　　将人体生理参数监测系统硬件平台通过 USB 线连接到计算机，打开硬件平台，并设置为"演示模式""USB 连接"及"输出心电数据"，单击项目界面菜单栏的"串口设置"选项，在弹出的窗口中完成串口的配置，单击"打开串口"按钮，即可看到动态显示的两通道心电波形、心率和心电导联信息，如图 12-3 所示。由于心电监测与显示应用程序已经包含了体温、血压、呼吸和血氧监测与显示的功能，因此，如果人体生理参数监测系统硬件平台处于"五参演示"模式，可以同时看到动态的体温、血压、呼吸、血氧和心电参数。

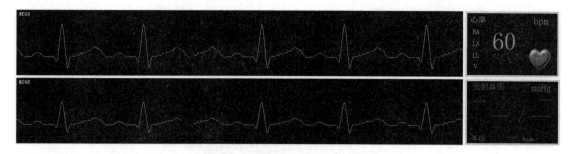

图 12-3　心电监测与显示效果图

12.3　实验步骤

步骤 1：复制基准项目

首先，将本书配套资料包中的"04.例程资料\Material\08.ECGMonitor\08.ECGMonitor"文件夹复制到"D:\WinFormTest"目录下。

步骤 2：复制并添加文件

将本书配套资料包"04.例程资料\Material\08.ECGMonitor\StepByStep"文件夹中的所有文件复制到"D:\WinFormTest\08.ECGMonitor\ParamMonitor\ParamMonitor"目录下。然后，在 Visual Studio 中打开项目。实际上，已经打开的 ParamMonitor 项目是第 11 章已完成的项目，所以也可以基于第 11 章完成的 ParamMonitor 项目开展本章实验。将 FormECGSet.cs 文件导入项目中。

步骤 3：添加控件的响应方法

双击打开 FormECGSet.cs 窗体的设计界面，心电参数设置界面如图 12-4 所示，对照表 12-2 所示的控件说明，为控件添加响应方法。

图 12-4　心电参数设置界面

表 12-2　心电参数设置界面控件说明

编　号	（Name）	功　能	响　应　方　法
①	FormECGSet		FormECGSet_Load()
②	comboBoxECGCh1LeadSet	ECG1 导联设置	comboBoxECGCh1LeadSet_SelectedIndexChanged()
③	comboBoxECGCh2LeadSet	ECG2 导联设置	comboBoxECGCh2LeadSet_SelectedIndexChanged()
④	buttonECGSetOK	确定按钮	buttonECGSetOK_Click()
⑤	buttonECGSetCancel	取消按钮	buttonECGSetCancel_Click()

双击打开 FormECGSet.cs 窗体的设计界面，心电参数显示模块如图 12-5 所示，对照表 12-3 所示的控件说明，为控件添加响应方法。

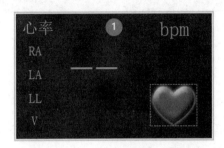

图 12-5　心电参数显示模块

表 12-3　心电参数显示模块控件说明

编　号	（Name）	响　应　方　法
①	buttonECGSet	buttonECGSet_Click()

步骤 4：完善 FormECGSet.cs 文件

在 FormECGSet.cs 文件中添加第 3 至 4 行、第 8 至 15 行、第 21 至 27 行代码，如程序清单 12-1 所示，下面按照顺序对这些语句进行解释。

（1）第 4 行代码：声明设置心电导联和增益的委托。

（2）第 8 至 12 行代码：定义 SendData 类变量和 ECG1、ECG2 导联信息和增益变量。

（3）第 15 行代码：声明设置心电导联和增益委托变量。

（4）第 21 至 27 行代码：将主界面传来的 SendData 类变量及 ECG1、ECG2 导联信息和增益赋给当前的 SendData 类变量及 ECG1、ECG2 导联信息和增益变量。

程序清单 12-1

```
1.   namespace ParamMonitor
2.   {
3.       //定义 ecgSetHandler 委托
4.       public delegate void ecgSetHandler(string lead1, string gain1, string lead2, string
                                                                                          gain2);
5.
6.       public partial class FormECGSet : Form
7.       {
8.           private SendData mSendData;      //声明串口，用于发送命令给从机（单片机）
9.           private string   mECG1Lead;      //通道 1 导联
```

```
10.          private string    mECG1Gain;      //通道 1 增益
11.          private string    mECG2Lead;      //通道 2 导联
12.          private string    mECG2Gain;      //通道 2 增益
13.
14.          //声明 ecgSetHandler 委托的事件 sendECGEvent，用于将心电通道 1 和通道 2 的导联和增益
                                                                        同步至主界面
15.          public event ecgSetHandler sendECGEvent;
16.
17.          public FormECGSet(SendData sendData, string lead1, string gain1, string lead2, string
                                                                              gain2)
18.          {
19.              InitializeComponent();
20.
21.              //将主界面的参数传到设置界面
22.              mSendData = sendData;
23.
24.              mECG1Lead = lead1;
25.              mECG1Gain = gain1;
26.              mECG2Lead = lead2;
27.              mECG2Gain = gain2;
28.          }
29.      }
30.  }
```

完善 FormECGSet_Load()方法、comboBoxECGCh1LeadSet_SelectedIndexChanged()方法和 comboBoxECGCh2LeadSet_SelectedIndexChanged()方法的实现代码，如程序清单 12-2 所示，下面按照顺序对部分语句进行解释。

（1）第 4 至 7 行代码：打开 FormECGSet 窗体时，将 ECG1、ECG2 导联信息和增益设置下拉列表的内容分别设置为与主界面传来的参数一致。

（2）第 12 行代码：判断 ECG1 导联信息下拉列表的内容是否与 ECG2 导联信息下拉列表的内容相同，这两个导联信息不可相同。

（3）第 14 至 17 行代码：若相同，则判断 ECG1 导联信息下拉列表的内容序号是否等于 6，若是，则将 ECG1 导联信息下拉列表的内容序号设置为 0。

（4）第 18 至 21 行代码：若不是，则将 ECG1 导联信息下拉列表的内容序号加 1。

（5）第 27 行代码：判断 ECG1 导联信息下拉列表的内容是否与 ECG2 导联信息下拉列表的内容相同，这两个导联信息不可相同。

（6）第 29 至 32 行代码：若相同，则判断 ECG2 导联信息下拉列表的内容序号是否等于 6，若是，则将 ECG2 导联信息下拉列表的内容序号设置为 0。

（7）第 33 至 36 行代码：若不是，则将 ECG2 导联信息下拉列表的内容序号加 1。

程序清单 12-2

```
1.   private void FormECGSet_Load(object sender, EventArgs e)
2.   {
3.       //窗口加载时显示主界面传来的心电参数
4.       comboBoxECGCh1LeadSet.Text = mECG1Lead;
5.       comboBoxECGCh1GainSet.Text = mECG1Gain;
6.       comboBoxECGCh2LeadSet.Text = mECG2Lead;
7.       comboBoxECGCh2GainSet.Text = mECG2Gain;
8.   }
```

```
9.
10.    private void comboBoxECGCh1LeadSet_SelectedIndexChanged(object sender, EventArgs e)
11.    {
12.        if (comboBoxECGCh1LeadSet.SelectedIndex == comboBoxECGCh2LeadSet.SelectedIndex)
13.        {
14.            if (comboBoxECGCh1LeadSet.SelectedIndex == 6)
15.            {
16.                comboBoxECGCh1LeadSet.SelectedIndex = 0;
17.            }
18.            else
19.            {
20.                comboBoxECGCh1LeadSet.SelectedIndex++;
21.            }
22.        }
23.    }
24.
25.    private void comboBoxECGCh2LeadSet_SelectedIndexChanged(object sender, EventArgs e)
26.    {
27.        if (comboBoxECGCh1LeadSet.SelectedIndex == comboBoxECGCh2LeadSet.SelectedIndex)
28.        {
29.            if (comboBoxECGCh2LeadSet.SelectedIndex == 6)
30.            {
31.                comboBoxECGCh2LeadSet.SelectedIndex = 0;
32.            }
33.            else
34.            {
35.                comboBoxECGCh2LeadSet.SelectedIndex++;
36.            }
37.        }
38.    }
```

完善 buttonECGSetOK_Click()和 buttonECGSetCancel_Click()方法的实现代码，如程序清单 12-3 所示，下面按照顺序对这些语句进行解释。

（1）第 3 行代码：获取 ECG1 导联信息下拉列表的内容序号。

（2）第 4 行代码：获取 ECG1 增益设置下拉列表的内容序号。

（3）第 5 行代码：获取 ECG2 导联信息下拉列表的内容序号。

（4）第 6 行代码：获取 ECG2 增益设置下拉列表的内容序号。

（5）第 8 至 11 行代码：判断上述 4 个序号是否小于 0，只要其中一个小于 0，就跳出方法。

（6）第 13 至 16 行代码：判断串口是否打开，若未打开，则弹出窗口显示"串口未打开，请先打开串口"；若已打开，则执行第 18 至 73 行代码。

（7）第 19 行代码：实例化线性链表对象。

（8）第 21 至 32 行代码：判断 ECG1 导联信息下拉列表的内容是否更改，若是，则获取 ECG1 导联信息下拉列表的内容，然后将 ECG1 导联信息下拉列表的内容序号加 1，根据协议内容合并出心电通道 1 的导联信息数据，向线性链表对象添加二级 ID，即 0x81，再添加心电通道 1 的导联信息数据，调用发送命令给上位机函数将数据包发送给上位机。

（9）第 34 至 45 行代码：判断 ECG2 导联信息下拉列表的内容是否更改，若是，则获取 ECG2 导联信息下拉列表的内容，实例化线性链表对象。然后将 ECG2 导联信息下拉列表的内容序号加 1，根据协议内容合并出心电通道 2 的导联信息数据，向线性链表对象添加二级

ID，即 0x81，再添加心电通道 2 的导联信息数据，调用发送命令给上位机函数将数据包发送给上位机。

（10）第 46 至 56 行代码：判断 ECG1 增益设置下拉列表的内容是否更改，若是，则获取 ECG1 增益设置下拉列表的内容，实例化线性链表对象，然后将 ECG1 增益设置下拉列表的内容序号转换成 byte 类型并存入 data 变量，向线性链表对象添加二级 ID，即 0x83，再添加心电通道 1 的增益设置数据，调用发送命令给上位机函数将数据包发送给上位机。

（11）第 57 至 69 行代码：判断 ECG2 增益设置下拉列表的内容是否更改，若是，则获取 ECG2 增益设置下拉列表的内容，实例化线性链表对象，然后将 ECG2 增益设置下拉列表的内容序号转换成 byte 类型并存入 data 变量，根据协议内容合并出心电通道 2 的增益设置数据，向线性链表对象添加二级 ID，即 0x83，再添加心电通道 2 的增益设置数据，调用发送命令给上位机函数将数据包发送给上位机。

（12）第 72 行代码：调用委托将 ECG1、ECG2 的导联信息和增益设置传到主界面。

（13）第 74、79 行代码：关闭心电设置界面。

程序清单 12-3

```
1.   private void buttonECGSetOK_Click(object sender, EventArgs e)
2.   {
3.       int leadSet1 = (byte)comboBoxECGCh1LeadSet.SelectedIndex;//获取下拉列表中通道 1 的导联
4.       int gain1 = (byte)comboBoxECGCh1GainSet.SelectedIndex;   //获取下拉列表中通道 1 的增益
5.       int leadSet2 = (byte)comboBoxECGCh2LeadSet.SelectedIndex;//获取下拉列表中通道 2 的导联
6.       int gain2 = (byte)comboBoxECGCh2GainSet.SelectedIndex;   //获取下拉列表中通道 2 的增益
7.
8.       if (leadSet1 < 0 || gain1 < 0 || leadSet2 < 0 || gain2 < 0)
9.       {
10.          return;
11.      }
12.
13.      if (!mSendData.mComPort.IsOpen)                          //串口没有打开
14.      {
15.          MessageBox.Show("串口未打开，请先打开串口");
16.      }
17.      else                                                    //串口打开才可以发命令
18.      {
19.      List<byte> dataLst = new List<byte>();
20.
21.      if (comboBoxECGCh1LeadSet.Text != mECG1Lead)//通道 1 的导联改变，需要向从机发送命令
22.      {
23.          mECG1Lead = comboBoxECGCh1LeadSet.Text;
24.
25.          byte data = (byte)(leadSet1 + 1);        //comboBox 的值是从零开始计数的
26.          byte ch = 0 << 4;           //协议：（7:4）0 为通道 1，1 为通道 2，因此要将高位置 1
27.          data = (byte)(data | ch);
28.          dataLst.Add(0x81);                       //二级 ID
29.          dataLst.Add(data);                       //通道 1 的导联
30.          //将更改后的通道 1 导联打包发送给 MCU，0x10-心电参数设置指令
31.          mSendData.sendCmdToMcu(dataLst, 0x10);
32.      }
33.
34.      if (comboBoxECGCh2LeadSet.Text != mECG2Lead)//通道 2 的导联改变，需要向从机发送命令
```

```
35.              {
36.                      mECG2Lead = comboBoxECGCh2LeadSet.Text;
37.
38.                      dataLst = new List<byte>();
39.                      byte data = (byte)(leadSet2 + 1);
40.                      byte ch = 1 << 4;
41.                      data = (byte)(data | ch);
42.                      dataLst.Add(0x81);
43.                      dataLst.Add(data);
44.                      mSendData.sendCmdToMcu(dataLst, 0x10);
45.              }
46.              if (comboBoxECGCh1GainSet.Text != mECG1Gain)//通道 1 的增益改变，需要向从机发送命令
47.              {
48.                      mECG1Gain = comboBoxECGCh1GainSet.Text;
49.
50.                      dataLst = new List<byte>();
51.                      byte data = (byte)(gain1);
52.                      dataLst.Add(0x83);
53.                      dataLst.Add(data);
54.                      mSendData.sendCmdToMcu(dataLst, 0x10);
55.
56.              }
57.              if (comboBoxECGCh2GainSet.Text != mECG2Gain) //通道 2 的增益改变，需要向从机发送命令
58.              {
59.                      mECG2Gain = comboBoxECGCh2GainSet.Text;
60.
61.                      dataLst = new List<byte>();
62.                      byte data = (byte)(gain2);
63.                      byte ch = 1 << 4;
64.                      data = (byte)(data | ch);
65.                      dataLst.Add(0x83);
66.                      dataLst.Add(data);
67.                      mSendData.sendCmdToMcu(dataLst, 0x10);
68.
69.              }
70.
71.              //将更改后的心电通道 1 和通道 2 的导联和增益发送给主界面
72.              sendECGEvent(mECG1Lead, mECG1Gain, mECG2Lead, mECG2Gain);
73.          }
74.      this.Close();
75. }
76.
77. private void buttonECGSetCancel_Click(object sender, EventArgs e)
78. {
79.      this.Close();
80. }
```

步骤 5：完善 MainForm.cs 文件

在 MainForm.cs 文件的 ParamMonitor 类中，添加第 9 至 19 行代码，如程序清单 12-4 所示，下面按照顺序对这些语句进行解释。

（1）第 10 至 13 行代码：定义 ECG1、ECG2 的导联状态和增益设置变量，分别初始化为

II、X1、I、X1。

（2）第 15 至 16 行代码：实例化 List 变量，用于存储心电两个通道的波形数据。

（3）第 17 行代码：定义心电波形画笔，颜色为绿色，宽度为 1。

（4）第 18 至 19 行代码：定义心电两个波形的横坐标，初始化为 0.0F。

程序清单 12-4

```
1.   public partial class ParamMonitor : Form
2.   {
3.       //血氧
4.       private string mSPO2SensSet = "中";               //血氧灵敏度设置
5.       private List<ushort> mSPO2WaveList = new List<ushort>();   //线性链表，内容为血氧的
                                                                        波形数据
6.       private Pen mSPO2WavePen = new Pen(Color.Cyan, 1);   //SPO2 波形画笔
7.       private float mSPO2XStep = 0.0F;                  //SPO2 横坐标
8.
9.       //心电
10.      private string mECG1LeadSet = "II";              //心电 1 导联设置
11.      private string mECG1GainSet = "X1";              //心电 1 增益设置
12.      private string mECG2LeadSet = "I";               //心电 2 导联设置
13.      private string mECG2GainSet = "X1";              //心电 2 增益设置
14.
15.      private List<ushort> mECG1WaveList = new List<ushort>();   //线性链表，内容为 ECG1
                                                                        的波形数据
16.      private List<ushort> mECG2WaveList = new List<ushort>();   //线性链表，内容为 ECG2
                                                                        的波形数据
17.      private Pen mECGWavePen = new Pen(Color.Lime, 1);   //ECG 波形画笔
18.      private float mECG1XStep = 0.0F;                 //ECG1 横坐标
19.      private float mECG2XStep = 0.0F;                 //ECG2 横坐标
20.  }
```

在 drawSPO2Wave() 方法后面添加 procECGSetup() 方法的实现代码，并完善 buttonECGSet_Click() 方法的实现代码，如程序清单 12-5 所示，下面按照顺序对这些语句进行解释。

（1）第 1 行代码：添加设置心电参数方法，其参数为 ECG1 和 ECG2 的导联状态和增益设置。

（2）第 3 至 6 行代码：将 ECG1 和 ECG2 的导联状态和增益值设置为与预先设置的 ECG1 和 ECG2 的导联状态和增益值一致。

（3）第 11 至 12 行代码：实例化心电设置界面，将主界面的 SendData 类变量及 ECG1、ECG2 的导联状态和增益变量传到心电设置界面。

（4）第 14 行代码：使心电设置界面加载时出现在主界面的正中间。

（5）第 18 行代码：向 sendECGEvent 添加 procECGSetup 方法。

（6）第 20 行代码：显示心电设置界面。

程序清单 12-5

```
1.   private void procECGSetup(string lead1, string gain1, string lead2, string gain2)
2.   {
3.       mECG1LeadSet = lead1;
4.       mECG1GainSet = gain1;
5.       mECG2LeadSet = lead2;
6.       mECG2GainSet = gain2;
```

```
7.   }
8.
9.   private void buttonECGSet_Click(object sender, EventArgs e)
10.  {
11.      FormECGSet ecgSetForm = new FormECGSet(mSendData, mECG1LeadSet,
12.          mECG1GainSet, mECG2LeadSet, mECG2GainSet);
13.
14.      ecgSetForm.StartPosition = FormStartPosition.CenterParent;
15.
16.      //加载委托 ecgSetHandler，对应事件为 sendECGEvent，对应方法名为 procECGSetup
17.      //功能：同步 FormECGSet 中的心电参数至主界面
18.      ecgSetForm.sendECGEvent += new ecgSetHandler(procECGSetup);
19.
20.      ecgSetForm.ShowDialog();
21.  }
```

在构造方法 ParamMonitor()后面添加 initDisp()方法的实现代码，如程序清单 12-6 所示，下面按照顺序对这些语句进行解释。

（1）第 1 行代码：添加心电参数显示控件初始化方法。

（2）第 3 至 7 行代码：将显示 RA、LA、LL、V 状态的显示控件设置为红色。

（3）第 7 行代码：将心率显示控件内容设置为 "--"。

程序清单 12-6

```
1.   private void initDisp()
2.   {
3.       labelECGRA.ForeColor = Color.Red;      //打开界面时心电导联状态为脱落，字体为红色
4.       labelECGLA.ForeColor = Color.Red;
5.       labelECGLL.ForeColor = Color.Red;
6.       labelECGV.ForeColor  = Color.Red;
7.       labelECGHR.Text = "--";
8.   }
```

在 ParamMonitor_Load()方法中，添加第 6 至 9 行代码，如程序清单 12-7 所示，下面按照顺序对部分语句进行解释。

（1）第 6 至 7 行代码：向心电两个波形数据链表添加 0。

（2）第 9 行代码：调用心电参数显示控件初始化方法。

程序清单 12-7

```
1.   private void ParamMonitor_Load(object sender, EventArgs e)
2.   {
3.       ......
4.       mRespWaveList.Add(0);          //将存储呼吸数据的链表添加 0
5.       mSPO2WaveList.Add(0);          //将存储血氧数据的链表添加 0
6.       mECG1WaveList.Add(0);          //将存储心电 1 数据的链表添加 0
7.       mECG2WaveList.Add(0);          //将存储心电 2 数据的链表添加 0
8.
9.       initDisp();
10.  }
```

在 buttonECGSet_Click()方法后面添加 analyzeECGData()方法的实现代码，如程序清单 12-8 所示，下面按照顺序对部分语句进行解释。

（1）第 1 行代码：添加处理心电数据包方法。

（2）第 13 至 15 行代码：定义 3 个 ushort 变量，分别是心电两个通道的波形数据和心率值。定义 10 个字节变量，分别是心电两个通道的波形高/低字节数据、RA、LA、LL、V 导联信息、心率高/低字节，皆初始化为 0。

（3）第 17 行代码：调用 Rectangle 方法画一个矩形，矩形框左上角坐标为（0，0），矩形框右下角坐标为（1080，135）。

（4）第 19 行代码：判断心电数据包二级 ID，根据不同二级 ID 执行不同代码段。

（5）第 21 至 33 行代码：若心电数据包二级 ID 为 0x02，即心电波形数据包，获取心电两个通道波形的高、低字节数据，并将高、低字节分别进行合并。

（6）第 35 至 36 行代码：将心电两个通道波形的数据添加到心电两个存储波形数据的线性链表中。

（7）第 40 至 44 行代码：若心电数据包二级 ID 为 0x03，即导联信息数据包，获取心电导联信息数据包中的 RA、LA、LL、V 导联信息。

（8）第 45 至 52 行代码：判断 LL 导联信息是否为脱落，若是，则将 LL 导联信息显示控件设置为红色；若不是，则设置为绿色。

（9）第 54 至 79 行代码：判断 LA、RA、V 导联信息是否为脱落，若是，则将相应的导联信息显示控件设置为红色；若不是，则设置为绿色。

（10）第 82 至 87 行代码：若心电数据包二级 ID 为 0x04，即心率数据包，获取心率高、低字节数据，并将高、低字节进行合并，结果存入心率变量。

（11）第 89 至 96 行代码：判断心率变量是否在 0～300 内，若是，则将心率显示控件的内容设置为心率变量转换成 string 类型的值；否则，将心率显示控件的内容设置为"--"。

程序清单 12-8

```
1.    private void analyzeECGData(byte[] packAfterUnpack)
2.    {
3.        byte ecg1HByte;              //心电 1 波形高字节
4.        byte ecg1LByte;              //心电 1 波形低字节
5.        byte ecg2HByte;              //心电 2 波形高字节
6.        byte ecg2LByte;              //心电 2 波形低字节
7.        ushort ecgWave1 = 0;         //心电 1 波形数据
8.        ushort ecgWave2 = 0;         //心电 2 波形数据
9.        byte leadV;                  //导联 V 导联信息
10.       byte leadRA;                 //导联 RA 导联信息
11.       byte leadLA;                 //导联 LA 导联信息
12.       byte leadLL;                 //导联 LL 导联信息
13.       byte hrHByte;                //心率高字节
14.       byte hrLByte;                //心率低字节
15.       ushort hr = 0;               //心率
16.
17.       Rectangle rct = new Rectangle(0, 0, WAVE_X_SIZE, WAVE_Y_SIZE);
18.
19.       switch (packAfterUnpack[1])        //二级 ID，去掉数据头
20.       {
21.           case 0x02:
22.
23.               ecg1HByte = packAfterUnpack[2];
```

```
24.          ecg1LByte = packAfterUnpack[3];
25.          ecgWave1 = (ushort)(ecgWave1 | ecg1HByte);
26.          ecgWave1 = (ushort)(ecgWave1 << 8);
27.          ecgWave1 = (ushort)(ecgWave1 | ecg1LByte);
28.
29.          ecg2HByte = packAfterUnpack[4];
30.          ecg2LByte = packAfterUnpack[5];
31.          ecgWave2 = (ushort)(ecgWave2 | ecg2HByte);
32.          ecgWave2 = (ushort)(ecgWave2 << 8);
33.          ecgWave2 = (ushort)(ecgWave2 | ecg2LByte);
34.
35.          mECG1WaveList.Add(ecgWave1);
36.          mECG2WaveList.Add(ecgWave2);
37.
38.          break;
39.
40.      case 0x03:
41.          leadLL = (byte)(packAfterUnpack[2] & 0x01);
42.          leadLA = (byte)(packAfterUnpack[2] & 0x02);
43.          leadRA = (byte)(packAfterUnpack[2] & 0x04);
44.          leadV  = (byte)(packAfterUnpack[2] & 0x08);
45.          if (leadLL == 0x01)
46.          {
47.              labelECGLL.ForeColor = Color.Red;
48.          }
49.          else
50.          {
51.              labelECGLL.ForeColor = Color.Lime;
52.          }
53.
54.          if (leadLA == 0x02)
55.          {
56.              labelECGLA.ForeColor = Color.Red;
57.          }
58.          else
59.          {
60.              labelECGLA.ForeColor = Color.Lime;
61.          }
62.
63.          if (leadRA == 0x04)
64.          {
65.              labelECGRA.ForeColor = Color.Red;
66.          }
67.          else
68.          {
69.              labelECGRA.ForeColor = Color.Lime;
70.          }
71.
72.          if (leadV == 0x08)
73.          {
74.              labelECGV.ForeColor = Color.Red;
75.          }
```

```
76.              else
77.              {
78.                  labelECGV.ForeColor = Color.Lime;
79.              }
80.              break;
81.
82.         case 0x04:
83.              hrHByte = (byte)(packAfterUnpack[2]);
84.              hrLByte = (byte)(packAfterUnpack[3]);
85.              hr = (ushort)(hr | hrHByte);
86.              hr = (ushort)(hr << 8);
87.              hr = (ushort)(hr | hrLByte);
88.
89.              if (0 < hr && 300 > hr)
90.              {
91.                  labelECGHR.Text = hr.ToString();
92.              }
93.              else
94.              {
95.                  labelECGHR.Text = "--";
96.              }
97.              break;
98.         }
99. }
```

在 analyzeECGData()方法后面添加 drawECG1Wave()和 drawECG2Wave()方法的实现代码，如程序清单 12-9 所示，下面按照顺序对部分语句进行解释。

（1）第 1 行代码：添加绘制心电通道 1 波形方法。

（2）第 3 行代码：获取心电通道 1 波形数据 List 中心电通道 1 数据的数量，存入变量 iCnt。

（3）第 4 行代码：若 iCnt 小于 2，则跳出方法。

（4）第 6 行代码：用心电 dataGridViewECG1 控件窗口的指定句柄创建新的 Graphics 对象，用于绘制心电通道 1 波形。

（5）第 8 行代码：定义并实例化 Brush 变量，设置刷子的颜色为黑色。

（6）第 9 行代码：判断心电通道 1 数据 List 变量中数据的数量是否大于画布剩余长度，若是，则执行第 10 至 17 行代码；否则，执行第 19 至 26 行代码。

（7）第 12 行代码：定义一个新的矩形，矩形左上角的 X 坐标为心电波形已绘制的 X 坐标（初始为 0），Y 坐标为 0；矩形右下角的 X 坐标为画布剩余长度，Y 坐标为 135。

（8）第 13 行代码：调用 FillRectangle 方法将上述定义的矩形区域刷成黑色。

（9）第 15 行代码：定义一个新的矩形，矩形左上角坐标为（0，0）；矩形右下角的 X 坐标为绘制剩余数据需要的长度，即 iCnt-(WAVE_X_SIZE-mFSPO2XStep)，其中 10 为步长，Y 坐标为 135。

（10）第 16 行代码：调用 FillRectangle 函数将上述定义的矩形区域刷成黑色。

（11）第 20 行代码：定义剩余数据长度变量，赋值为心电通道 1 波形数据的数量加上步长 10。

（12）第 21 至 22 行代码：判断加上步长的数值是否大于画布剩余长度，若是，则定义变量为画布剩余长度。

（13）第 24 行代码：定义新的矩形，矩形左上角的 X 坐标为心电通道 1 波形已绘制的 X 坐标（初始为 0），Y 坐标为 0；矩形右下角的 X 坐标为绘制剩余数据需要的长度，Y 坐标为 135。

（14）第 25 行代码：调用 FillRectangle 方法将上述定义的矩形区域刷成黑色。

（15）第 28 至 38 行代码：使用 for 循环，循环次数为心电通道 1 波形数据的数量，每取一个数据，即一个波形点，绘制一次波形，要使心电通道 1 波形绘制得平滑、美观，可在画图时对接收到的心电通道 1 波形数据进行处理，使绘制点的 Y 坐标为 80-(mECG1WaveList[i]-2048)/10，其中数据减去 2048 为基线处理。每绘制一次，已绘制波形的 X 坐标加 1 一次，在 for 循环中每绘制一个点，便对已绘制的心电通道 1 波形的 X 坐标进行判断，判断其是否大于或等于 1080（画布总长度），若是，则将心电通道 1 的已绘制波形的 X 坐标设置为 0。

（16）第 39 行代码：绘制完后，将心电通道 1 波形数据 List 中已绘制过的数据移除。

（17）第 42 至 81 行代码：添加绘制心电通道 2 波形方法，参见第 1 至 39 行代码。

程序清单 12-9

```
1.   private void drawECG1Wave()
2.   {
3.       int iCnt = mECG1WaveList.Count - 1;
4.       if (iCnt < 2) return;
5.
6.       Graphics graphics = Graphics.FromHwnd(dataGridViewECG1.Handle);
7.
8.       Brush br = new SolidBrush(Color.Black);
9.       if (iCnt > WAVE_X_SIZE - mECG1XStep)
10.      {
11.          //刷新区域，iCnt 点数大于剩余的空间时，把剩余的空间画完，然后再从头开始
12.          Rectangle rct = new Rectangle((int)mECG1XStep, 0, (int)(WAVE_X_SIZE - mECG1XStep),
                                                                         WAVE_Y_SIZE);
13.          graphics.FillRectangle(br, rct);
14.          //用指定的画笔填充指定的区域
15.          rct = new Rectangle(0, 0, (int)(10 + iCnt + mECG1XStep - WAVE_X_SIZE), WAVE_Y_SIZE);
16.          graphics.FillRectangle(br, rct);
17.      }
18.      else
19.      {
20.          int xEnd = (int)(iCnt + 10);
21.          if (xEnd > WAVE_X_SIZE - mECG1XStep)
22.              xEnd = (int)(WAVE_X_SIZE - mECG1XStep);
23.
24.          Rectangle rct = new Rectangle((int)mECG1XStep, 0, xEnd, WAVE_Y_SIZE);
25.          graphics.FillRectangle(br, rct);
26.      }
27.
28.      for (int i = 0; i < iCnt; i++)              //X 轴递增一次加 1
29.      {
30.          graphics.DrawLine(mECGWavePen, mECG1XStep - 1, 80 - (mECG1WaveList[i] - 2048) / 10,
31.              mECG1XStep, 80 - (mECG1WaveList[i + 1] - 2048) / 10);
32.
33.          mECG1XStep += 1F;
34.          if (mECG1XStep >= WAVE_X_SIZE)
35.          {
36.              mECG1XStep = 0;
37.          }
```

```
38.        }
39.        mECG1WaveList.RemoveRange(0, iCnt);    //删除列表里从 0 到 iCnt 的数据
40. }
41.
42. private void drawECG2Wave()
43. {
44.        int iCnt = mECG2WaveList.Count - 1;
45.        if (iCnt < 2) return;
46.
47.        Graphics graphics = Graphics.FromHwnd(dataGridViewECG2.Handle);
48.
49.        Brush br = new SolidBrush(Color.Black);
50.
51.        if (iCnt > WAVE_X_SIZE - mECG2XStep)
52.        {
53.            Rectangle rct = new Rectangle((int)mECG2XStep, 0, (int)(WAVE_X_SIZE - mECG2XStep),
                                                                        WAVE_Y_SIZE);
54.            graphics.FillRectangle(br, rct);
55.            rct = new Rectangle(0, 0, 10 + (int)(iCnt + mECG2XStep - WAVE_X_SIZE), WAVE_Y_SIZE);
56.            graphics.FillRectangle(br, rct);
57.        }
58.        else
59.        {
60.            int xEnd = (int)(iCnt + 10);
61.            if (xEnd > WAVE_X_SIZE - mECG2XStep) xEnd = (int)(WAVE_X_SIZE - mECG2XStep);
62.            Rectangle rct = new Rectangle((int)mECG2XStep, 0, xEnd, WAVE_Y_SIZE);
63.            graphics.FillRectangle(br, rct);
64.        }
65.
66.
67.        for (int i = 0; i < iCnt; i++)
68.        {
69.            graphics.DrawLine(mECGWavePen, mECG2XStep - 1, 80 - (mECG2WaveList[i] - 2048) / 10,
70.                mECG2XStep, 80 - (mECG2WaveList[i + 1] - 2048) / 10);
71.
72.            mECG2XStep += 1F;
73.
74.            if (mECG2XStep >= WAVE_X_SIZE)
75.            {
76.                mECG2XStep = 0;
77.            }
78.
79.        }
80.
81.        mECG2WaveList.RemoveRange(0, iCnt);
82. }
```

在 dealRcvPackData()方法中，添加第 11 至 14 行和第 33 至 37 行代码，如程序清单 12-10 所示，下面按照顺序对这些语句进行解释。

（1）第 11 至 14 行代码：在处理当前数据帧方法中，添加判断模块 ID 的选项，若模块 ID 为 0x10，即心电数据包的模块 ID，则执行处理心电数据包的方法。

（2）第 33 至 37 行代码：判断心电通道 1 波形数据数量是否大于 10，若是，则执行绘制心电通道 1、通道 2 波形方法。

程序清单 12-10

```
1.   private void dealRcvPackData()
2.   {
3.       ……
4.       for (int i = iTailIndex; i < iHeadIndex; i++)
5.       {
6.           ……
7.           else if (mPackAfterUnpackArr[index][0] == 0x13)     //血氧相关的数据包
8.           {
9.               analyzeSPO2Data(mPackAfterUnpackArr[index]);
10.          }
11.          else if (mPackAfterUnpackArr[index][0] == 0x10)     //心电相关的数据包
12.          {
13.              analyzeECGData(mPackAfterUnpackArr[index]);
14.          }
15.      }
16.
17.      lock (mLockObj)
18.      {
19.          //每次处理 cnt 个数据，处理完之后，数据要往后移 cnt 个
20.          mPackTail = (mPackTail + cnt) % PACK_QUEUE_CNT;
21.      }
22.
23.      if (mRespWaveList.Count > 2)        //呼吸波形数据超过 2 个才开始画波形
24.      {
25.          drawRespWave();
26.      }
27.
28.      if (mSPO2WaveList.Count > 2)        //血氧波形数据超过 2 个才开始画波形
29.      {
30.          drawSPO2Wave();
31.      }
32.
33.      if (mECG1WaveList.Count > 10)       //心电波形数据超过 10 个才开始画波形
34.      {
35.          drawECG1Wave();
36.          drawECG2Wave();
37.      }
38.  }
```

完成代码添加后，按 F5 键编译并运行程序，验证运行效果是否与 12.2.3 节一致。

本 章 任 务

基于前面学习的知识及对本章代码的理解，以及第 7 章所完成的独立测量心电界面，设计一个只监测和显示心电参数的应用。

本 章 习 题

1. 心电的 RA、LA、RL、LL 和 V 分别代表什么？
2. 正常成人的心率取值范围是多少？正常新生儿的心率取值范围是多少？
3. 如果心率为 80bpm，按照附录 B 的图 B-7 定义的心率数据包应该是怎样的？

第13章 数据存储实验

通过第 8~12 章的 5 个实验，实现了五大生理参数的监测功能。本章将在其基础上进一步完善应用的数据存储功能。

13.1 实验内容

本章实验主要编写和完善实现以下功能的代码：①单击项目界面菜单栏的"数据存储"选项，弹出数据存储子界面；②在数据存储子界面实现 UART 数据、RESP 波形、ECG 波形和 SpO_2 波形的选择存储；③可以选择数据存储路径。

13.2 实验原理

13.2.1 设计框图

数据存储实验的设计框图如图 13-1 所示。

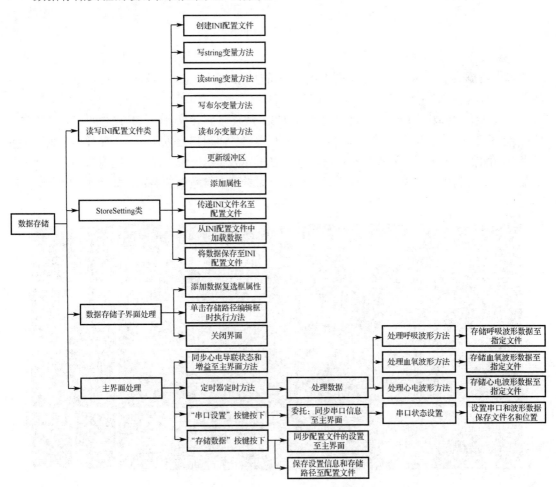

图 13-1 数据存储实验的设计框图

13.2.2　数据存储功能演示

开始程序设计之前，先通过一个应用程序来了解数据存储的效果。打开本书配套资料包中的"03.WinForm 应用程序\09.StoreDataMonitor"目录，双击运行 StoreDataMonitor.exe。

单击"数据存储"菜单项，在弹出的数据存储设置界面中勾选需要存储的数据，数据存储路径默认为当前项目的"…\bin\Debug\RcvData"文件夹，如图 13-2 所示。如果需要修改存储路径，可单击存储路径选项框，直接选择存储路径。注意，当前项目未使用到"UART数据"存储，这部分的底层代码未完善，若勾选，将出现程序异常。

图 13-2　数据存储设置界面

完成设置后单击"确定"按钮，程序便会将已勾选的数据以.csv 的格式存储在目标路径下。等待数据存储 1 分钟左右，需要将已勾选的数据存储对象取消勾选，否则数据会一直存储下去导致存储文件变得很大，占用内存。

将人体生理参数监测系统硬件平台通过 USB 线连接到计算机，打开硬件平台，并设置为"五参演示""USB 连接"模式，单击项目界面菜单栏的"串口设置"选项，在弹出的窗口中完成串口的配置，单击"打开串口"按钮，双击血压参数显示区域，在弹出的窗口中单击"开始测量"按钮监测血压，血压数据稳定后，可以同时看到五参数据的演示，如图 13-3 所示。

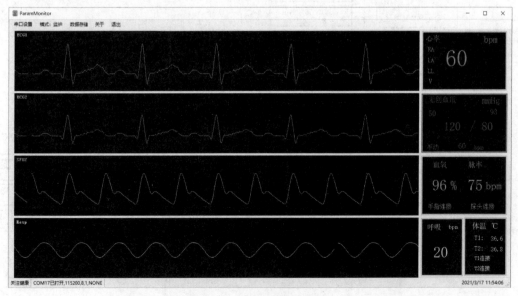

图 13-3　五参数据演示

13.3　实验步骤

步骤 1：复制基准项目

将本书配套资料包中的"04.例程资料\Material\09.StoreDataMonitor\09.StoreDataMonitor"文件夹复制到"D:\WinFormTest"目录下。

步骤 2：复制并添加文件

将本书配套资料包"04.例程资料\Material\09.StoreDataMonitor\StepByStep"文件夹中的FormStoreData.cs、FormStoreData.Designer.cs、FormStoreData.resx、IniHelper.cs 和 StoreSetting.cs文件复制到"D:\WinFormTest\09.StoreDataMonitor\ParamMonitor\ParamMonitor"目录下。

将本书配套资料包"04.例程资料\Material\09.StoreDataMonitor\StepByStep"文件夹中的Data 和 RcvData 文件夹复制到"D:\WinFormTest\09.StoreDataMonitor\ParamMonitor\ParamMonitor\bin\Debug"目录下。然后，在 Visual Studio 中打开项目。实际上，已经打开的 ParamMonitor项目是第 12 章已完成的项目，所以也可以基于第 12 章完成的 ParamMonitor 项目开展本章实验。将 FormStoreData.cs、IniHelper.cs 和 StoreSetting.cs 文件导入项目中。

步骤 3：添加控件的响应方法

双击打开 FormStoreData.cs 窗体的设计界面，数据存储设置界面如图 13-4 所示，对照表 13-1 所示的控件说明，为控件添加响应方法。

图 13-4　数据存储设置界面

表 13-1　数据存储设置界面控件说明

编　号	（Name）	功　　能	响　应　方　法
①	tbxSaveFolder	存储路径文本框	tbxSaveFolder_Click()
②	buttonStoreDataCancel	取消按钮	buttonStoreDataCancel_Click()

双击打开 MainForm.cs 窗体的设计界面，菜单栏视图如图 13-5 所示，对照表 13-2 所示的控件说明，为"数据存储"按钮添加响应方法。

图 13-5　菜单栏视图

表 13-2　数据存储控件说明

编　　号	（Name）	响 应 方 法
①	menuItemDataStore	menuItemDataStore_Click()

步骤 4：完善 IniHelper.cs 文件

在 IniHelper.cs 文件中添加第 3 至 11 行和第 15 至 34 行代码，如程序清单 13-1 所示，下面按照顺序对这些语句进行解释。

（1）第 3 行代码：定义 INI 文件名变量。

（2）第 6 至 7 行代码：引用写 INI 文件的 API 函数。

（3）第 9 至 11 行代码：引用读 INI 文件的 API 函数。

（4）第 15 行代码：实例化 FileInfo 类对象。

（5）第 18 行代码：判断文件是否存在，若不存在，执行第 18 至 30 行代码。

（6）第 21 行代码：建立相应名称的文件。

（7）第 22 至 26 行代码：尝试向文件写入"#表格配置档案"，再将文件关闭。

（8）第 27 至 30 行代码：若尝试中出现异常，则抛出内容为"INI 文件不存在"的异常。

（9）第 34 行代码：将文件的完整路径赋值给 INI 文件名变量。

程序清单 13-1

```
1.  class IniHelper
2.  {
3.      public string mFileName; //声明 INI 文件名
4.
5.      //声明读写 INI 文件的 API 函数
6.      [DllImport("kernel32")]
7.      private static extern bool WritePrivateProfileString(string section, string key, string
                                                              val, string filePath);
8.
9.      [DllImport("kernel32")]
10.     private static extern int GetPrivateProfileString(string section, string key, string def,
11.         byte[] retVal, int size, string filePath);
12.
13.     public IniHelper(string fileName)
14.     {
15.         FileInfo fileInfo = new FileInfo(fileName);
16.
17.         //判断文件是否存在
18.         if ((!fileInfo.Exists))
19.         {
20.             //文件不存在，建立文件
21.             StreamWriter sw = new StreamWriter(fileName, false, Encoding.Default);
22.             try
23.             {
24.                 sw.Write("#表格配置档案");
25.                 sw.Close();
26.             }
27.             catch
28.             {
29.                 throw (new ApplicationException("INI 文件不存在"));
```

```
30.                }
31.            }
32.
33.            //传递创建好的文件名，必须是完全路径，不能是相对路径
34.            mFileName = fileInfo.FullName;
35.        }
36.    }
```

在构造方法 IniHelper()后面添加 writeString()和 readString()方法的实现代码，如程序清单 13-2 所示，下面按照顺序对部分语句进行解释。

（1）第 1 行代码：添加写 string 变量到 INI 文件方法。

（2）第 3 至 6 行代码：判断写入是否失败，若失败，则抛出内容为"写 INI 文件出错"的异常。

（3）第 9 行代码：添加在 INI 文件读 string 变量方法。

（4）第 11 行代码：定义大小为 65535 的字节数组。

（5）第 12 行代码：读取 INI 文件的 string 变量数据到字节数组，并获取数组长度。

（6）第 14 行代码：设定系统默认代码页的编码方式，从字节数组的数据中获取 string 数据，存入 s 变量。

（7）第 15 行代码：将 s 变量中，从第 0 位开始、长度为 bufLen 的数据存入 s 变量中。

（8）第 16 行代码：返回 s 变量删除首部和尾部空格后的数据。

程序清单 13-2

```
1.  public void writeString(string section, string ident, string value)
2.  {
3.      if (!WritePrivateProfileString(section, ident, value, mFileName))
4.      {
5.          throw (new ApplicationException("写 INI 文件出错"));
6.      }
7.  }
8.
9.  public string readString(string section, string ident, string defaultStr)
10. {
11.     Byte[] buffer = new Byte[65535];   //缓存器
12.     int bufLen = GetPrivateProfileString(section, ident, defaultStr, buffer,
                                              buffer.GetUpperBound(0), mFileName);
13.     //必须设定 0（系统默认的代码页）的编码方式，否则无法支持中文
14.     string s = Encoding.GetEncoding(0).GetString(buffer);
15.     s = s.Substring(0, bufLen);
16.     return s.Trim();
17. }
```

在 readString()方法后面添加 readBool()和 writeBool()方法的实现代码，如程序清单 13-3 所示，下面按照顺序对这些语句进行解释。

（1）第 1 行代码：添加从 INI 文件读布尔变量方法。

（2）第 3 至 6 行代码：尝试返回将获取文件中的 string 变量数据转换成布尔类型的结果。

（3）第 7 至 11 行代码：若尝试出现异常，则输出异常信息，并返回错误。

（4）第 14 行代码：添加向 INI 文件写布尔变量方法。

（5）第 16 行代码：调用写 string 到 INI 文件方法，将欲写入的布尔变量转换成 string 变

量，再通过该方法写到 INI 文件。

程序清单 13-3

```
1.   public bool readBool(string section, string ident, bool defaultBool)
2.   {
3.       try
4.       {
5.           return Convert.ToBoolean(readString(section, ident, Convert.ToString(defaultBool)));
6.       }
7.       catch (Exception ex)
8.       {
9.           Console.WriteLine(ex.Message);
10.          return defaultBool;
11.      }
12.  }
13.
14.  public void writeBool(string section, string ident, bool value)
15.  {
16.      writeString(section, ident, Convert.ToString(value));
17.  }
```

在 writeBool()方法后面添加 updateFile()方法的实现代码，如程序清单 13-4 所示，下面按照顺序对这些语句进行解释。

（1）第 1 行代码：添加更新缓冲区方法。

（2）第 3 行代码：删除全部 Section。

程序清单 13-4

```
1.   public void updateFile()
2.   {
3.       WritePrivateProfileString(null, null, null, mFileName);
4.   }
```

在 updateFile()方法后面添加~IniHelper()方法的实现代码，如程序清单 13-5 所示，下面按照顺序对这些语句进行解释。

（1）第 1 行代码：添加类的析构方法，确保资源的释放。

（2）第 3 行代码：调用更新缓冲区方法。

程序清单 13-5

```
1.   ~IniHelper()
2.   {
3.       updateFile();
4.   }
```

步骤 5：完善 StoreSetting.cs 文件

在 StoreSetting.cs 文件中添加第 3 至 66 行代码，如程序清单 13-6 所示，下面按照顺序对这些语句进行解释。

（1）第 3 行代码：设置保存数据文件路径及名称。

（2）第 13 至 17 行代码：添加类的属性，该属性被访问变量是 mSaveFolder。使用后分别只读和只写 mSaveFolder 变量。

（3）第 19 至 23 行代码：添加类的属性，该属性被访问变量是 mSPO2，使用后分别只读和只写 mSPO2 变量。

（4）第 25 至 29 行代码：添加类的属性，该属性被访问变量是 mResp，使用后分别只读和只写 mResp 变量。

（5）第 31 至 35 行代码：添加类的属性，该属性被访问变量是 mECG，使用后分别只读和只写 mECG 变量。

（6）第 37 至 41 行代码：添加类的属性，该属性被访问变量是 mUART，使用后分别只读和只写 mUART 变量。

（7）第 43 至 48 行代码：添加类的构造方法，其中，新建指定名称和路径的文件，再调用加载文件方法。

（8）第 50 行代码：添加加载文件方法。

（9）第 52 至 56 行代码：分别读取数据存储文件中的 UART、ECG、Resp、SPO2 的布尔变量数据，并读取数据存储设置的文件存储路径。

（10）第 59 行代码：添加保存到文件方法。

（11）第 61 至 65 行代码：分别将 UART、ECG、Resp、SPO2 的布尔变量数据和数据存储设置的文件存储路径保存到数据存储设置文件中。

程序清单 13-6

```
1.    class StoreSetting
2.    {
3.        private const string STORE_DATA_FILE = @".\Data\storeData.ini";      //设置保存数据文件
                                                                                          路径及名称
4.
5.        private bool mUART;
6.        private bool mECG;
7.        private bool mResp;
8.        private bool mSPO2;
9.        private string mSaveFolder;
10.       private IniHelper mIniFile;
11.
12.       //添加类的属性
13.       public string saveFolder
14.       {
15.           get { return mSaveFolder; }
16.           set { mSaveFolder = value; }
17.       }
18.
19.       public bool bSaveSPO2
20.       {
21.           get { return mSPO2; }
22.           set { mSPO2 = value; }
23.       }
24.
25.       public bool bSaveResp
26.       {
27.           get { return mResp; }
28.           set { mResp = value; }
29.       }
30.
31.       public bool bSaveECG
```

```
32.        {
33.            get { return mECG; }
34.            set { mECG = value; }
35.        }
36.
37.        public bool bSaveUART
38.        {
39.            get { return mUART; }
40.            set { mUART = value; }
41.        }
42.
43.        public StoreSetting()
44.        {
45.            mIniFile = new IniHelper(STORE_DATA_FILE); //传递 INI 文件名至配置文件
46.
47.            loadFromFile();
48.        }
49.
50.        public void loadFromFile()
51.        {
52.            mUART = mIniFile.readBool("StoreSetting", "UART", false);
53.            mECG  = mIniFile.readBool("StoreSetting", "ECG",  false);
54.            mResp = mIniFile.readBool("StoreSetting", "Resp", false);
55.            mSPO2 = mIniFile.readBool("StoreSetting", "SPO2", false);
56.            mSaveFolder = mIniFile.readString("StoreSetting", "SaveFolder", @".\RcvData\");
57.        }
58.
59.        public void saveToFile()
60.        {
61.            mIniFile.writeBool("StoreSetting", "UART", mUART);
62.            mIniFile.writeBool("StoreSetting", "ECG",  mECG);
63.            mIniFile.writeBool("StoreSetting", "Resp", mResp);
64.            mIniFile.writeBool("StoreSetting", "SPO2", mSPO2);
65.            mIniFile.writeString("StoreSetting", "SaveFolder", mSaveFolder);
66.        }
67. }
```

步骤 6：完善 FormStoreData.cs 文件

在 FormStoreData.cs 文件的 FormStoreData 类中，添加第 3 至 31 行代码，如程序清单 13-7
所示，下面按照顺序对这些语句进行解释。

（1）第 3 至 25 行代码：添加类的属性，该属性被访问变量是数据存储设置界面中的
UART、ECG、RESP、SPO2 数据复选框的选中情况。使用后，分别只读和只写 UART、ECG、
RESP、SPO2 数据复选框是否被选中变量。

（2）第 27 至 31 行代码：添加类的属性，该属性被访问变量是数据存储设置界面中的文
件存储路径文本框的内容。使用后，分别只读和只写文件存储路径文本框的内容。

程序清单 13-7

```
1.   public partial class FormStoreData : Form
2.   {
3.       public bool saveUARTdata
4.       {
```

```
5.            get { return checkBoxUART.Checked; }
6.            set { checkBoxUART.Checked = value; }
7.        }
8.
9.        public bool saveECGdata
10.       {
11.           get { return checkBoxECGWave.Checked; }
12.           set { checkBoxECGWave.Checked = value; }
13.       }
14.
15.       public bool saveRespdata
16.       {
17.           get { return checkBoxRespWave.Checked; }
18.           set { checkBoxRespWave.Checked = value; }
19.       }
20.
21.       public bool saveSPO2data
22.       {
23.           get { return checkBoxSPO2Wave.Checked; }
24.           set { checkBoxSPO2Wave.Checked = value; }
25.       }
26.
27.       public string saveFolder
28.       {
29.           get { return tbxSaveFolder.Text; }
30.           set { tbxSaveFolder.Text = value; }
31.       }
32.   }
```

完善 tbxSaveFolder_Click()方法的实现代码，如程序清单 13-8 所示，其中，第 3 至 6 行代码：确定选择的路径后，将选择的路径存储到编辑框中。

程序清单 13-8

```
1.   private void tbxSaveFolder_Click(object sender, EventArgs e)
2.   {
3.       if (folderBrowserDialog1.ShowDialog() == DialogResult.OK)
4.       {
5.           tbxSaveFolder.Text = folderBrowserDialog1.SelectedPath;
6.       }
7.   }
```

完善 buttonStoreDataCancel_Click()方法的实现代码，单击数据存储设置界面的"取消"按钮时关闭界面，如程序清单 13-9 所示。

程序清单 13-9

```
1.   private void buttonStoreDataCancel_Click(object sender, EventArgs e)
2.   {
3.       this.Close();
4.   }
```

步骤 7：完善 MainForm.cs 文件

在 ParamMonitor 类中，添加第 7 至 27 行代码，如程序清单 13-10 所示，下面按照顺序对这些语句进行解释。

（1）第 7 行代码：定义文件存储类变量。

（2）第 10 至 15 行代码：定义 6 个 StreamWriter 变量，用于数据存储。

（3）第 18 至 27 行代码：定义 8 个 ushort 型变量，用于存储心电、血氧、呼吸的波形数据。

程序清单 13-10

```
1.    public partial class ParamMonitor : Form
2.    {
3.        ......
4.        private float mECG1XStep = 0.0F;                      //ECG1 横坐标
5.        private float mECG2XStep = 0.0F;                      //ECG2 横坐标
6.
7.        StoreSetting mStoreSetting;                           //文件存储类变量
8.
9.        //以下变量用于数据存储，用于设置保存数据的文件名及存储路径
10.       StreamWriter mECG1Directory;
11.       StreamWriter mECG2Directory;
12.       StreamWriter mRespDirectory;
13.       StreamWriter mSPO2Directory;
14.       StreamWriter mSWUART = null;
15.       StreamWriter mRawdata = null;
16.
17.       //用于存储的参数
18.       ushort mMaxECG1Wave;
19.       ushort mMinECG1Wave;
20.       ushort mMaxECG2Wave;
21.       ushort mMinECG2Wave;
22.
23.       ushort mMaxRespWave;
24.       ushort mMinRespWave;
25.
26.       ushort mMaxSPO2Wave;
27.       ushort mMinSPO2Wave;
28.   }
```

在 ParamMonitor 类的构造方法 ParamMonitor()中，添加第 6 行代码来实例化文件存储类变量，如程序清单 13-11 所示。

程序清单 13-11

```
1.    public ParamMonitor()
2.    {
3.        ......
4.        mSendData = new SendData(serialPortMonitor); //将串口传递到界面，为了把命令发送给单片机
5.
6.        this.mStoreSetting = new StoreSetting();     //定义一个存储数据类变量
7.    }
```

完善 menuItemDataStore_Click()方法的实现代码，如程序清单 13-12 所示，下面按照顺序对这些语句进行解释。

（1）第 3 行代码：实例化数据存储界面类变量。

（2）第 4 行代码：设置数据存储界面加载成功后显示在主界面的正中间。

（3）第 7 至 12 行代码：将数据存储界面 4 个复选框的选中情况和文件存储路径的内容

设置为与数据存储配置文件的设置一致。

（4）第 15 行代码：判断是否显示数据存储界面。

（5）第 18 至 23 行代码：若已出现数据存储界面，将数据存储界面中 4 个复选框的选中情况和文件存储路径的内容赋值给数据存储配置文件类变量。

（6）第 26 行代码：将新的数据存储配置存入数据存储配置文件。

程序清单 13-12

```
1.    private void menuItemDataStore_Click(object sender, EventArgs e)
2.    {
3.        FormStoreData storeDataForm = new FormStoreData();            //实例化数据存储界面类变量
4.        storeDataForm.StartPosition = FormStartPosition.CenterParent;
5.
6.        //设置数据存储界面 4 个复选框与数据存储配置文件的设置一致
7.        storeDataForm.saveUARTdata = mStoreSetting.bSaveUART;
8.        storeDataForm.saveECGdata  = mStoreSetting.bSaveECG;
9.        storeDataForm.saveRespdata = mStoreSetting.bSaveResp;
10.       storeDataForm.saveSPO2data = mStoreSetting.bSaveSPO2;
11.       //设置文件存储路径的内容与数据存储配置文件的设置一致
12.       storeDataForm.saveFolder   = mStoreSetting.saveFolder;
13.
14.       //如果 FormStoreData 窗口单击了"确定"按钮，执行如下代码
15.       if (storeDataForm.ShowDialog() == DialogResult.OK)
16.       {
17.           //将数据存储界面中 4 个复选框的选中情况赋值给数据存储配置文件类变量
18.           mStoreSetting.bSaveUART = storeDataForm.saveUARTdata;
19.           mStoreSetting.bSaveECG  = storeDataForm.saveECGdata;
20.           mStoreSetting.bSaveResp = storeDataForm.saveRespdata;
21.           mStoreSetting.bSaveSPO2 = storeDataForm.saveSPO2data;
22.           //将文件存储路径的内容赋值给数据存储配置文件类变量
23.           mStoreSetting.saveFolder = storeDataForm.saveFolder;
24.
25.           //将更新的 4 个复选框的选中情况和文件存储路径保存到配置文件
26.           mStoreSetting.saveToFile();
27.       }
28.   }
```

在 ParamMonitor_Load()方法中，添加第 7 至 16 行代码，如程序清单 13-13 所示，下面按照顺序对这些语句进行解释。

（1）第 7 至 10 行代码：将心电波形数据的范围设置为 0～4095。

（2）第 12 至 13 行代码：将呼吸波形数据的范围设置为 0～255。

（3）第 15 至 16 行代码：将血氧波形数据的范围设置为 0～127。

程序清单 13-13

```
1.    private void ParamMonitor_Load(object sender, EventArgs e)
2.    {
3.        ......
4.        mECG1WaveList.Add(0);              //将存储心电 1 数据的链表添加 0
5.        mECG2WaveList.Add(0);              //将存储心电 2 数据的链表添加 0
6.
7.        mMaxECG1Wave = 0;                  //心电波形数据的范围为 0～4095
8.        mMinECG1Wave = 4095;
```

```
9.      mMaxECG2Wave = 0;
10.     mMinECG2Wave = 4095;
11.
12.     mMaxRespWave = 0;                      //呼吸波形数据范围为 0～255
13.     mMinRespWave = 255;
14.
15.     mMaxSPO2Wave = 0;                      //血氧波形数据范围为 0～127
16.     mMinSPO2Wave = 127;
17.
18.     initDisp();
19. }
```

在 unpackRcvData()方法中，添加第 13 至 25 行代码，如程序清单 13-14 所示，下面按照顺序对这些语句进行解释。

（1）第 14 行代码：判断 UART 数据复选框选中情况，若选中，则执行第 15 至 25 行代码段。

（2）第 16 行代码：定义空的 string 型变量。

（3）第 18 至 21 行代码：将串口接收到的一个数据包的数据添加到 string 变量中。

（4）第 23 行代码：删除 string 变量中尾部的空格。

（5）第 24 行代码：向流中写入接收到的数据。

程序清单 13-14

```
1.  private bool unpackRcvData(byte recData)
2.  {
3.      ……
4.      if (findPack)
5.      {
6.          ……
7.          lock (mLockObj)
8.          {
9.              mPackHead = (mPackHead + 1) % PACK_QUEUE_CNT;  //添加数据，mPackHead 加 1
10.             if (mPackTail == -1) mPackTail = 0;
11.         }
12.
13.         //保存解包数据
14.         if (mStoreSetting.bSaveUART)
15.         {
16.             string packStr = "";
17.
18.             for (int j = 0; j < packLen - 2; j++)
19.             {
20.                 packStr = packStr + mPackAfterUnpackList[j].ToString() + " ";
21.             }
22.
23.             packStr.TrimEnd(' ');
24.             mSWUART.WriteLine(packStr);
25.         }
26.     }
27.
28.     return findPack;
29. }
```

在 menuItemDataStore_Click()方法后面添加 setDataSaveWriter()方法的实现代码，如程序清单 13-15 所示，下面按照顺序对这些语句进行解释。

（1）第 1 行代码：添加设置文件读取的 setDataSaveWriter 方法。

（2）第 3 行代码：判断参数是否为 true，若是，则执行第 4 至 36 行代码；否则，执行第 38 至 102 行代码。

（3）第 6 行代码：获取当前系统时间。

（4）第 9 至 13 行代码：判断数据存储界面中 UART 数据复选框的选中情况和 mSWUART 是否为空，若选中且变量为空，则实例化 mSWUART 对象，将 UART 数据需要读取的 StreamWriter 存入 mSWUART 变量。

（5）第 16 至 21 行代码：判断数据存储界面中 ECG 数据复选框的选中情况及心电 mECG1Directory 和 mECG2Directory 变量是否为空，若选中且变量为空，则实例化 mECG1Directory 和 mECG2Directory 对象，将 ECG 数据需要读取的 StreamWriter 分别存入 mECG1Directory 和 mECG2Directory 变量。

（6）第 24 至 28 行代码：判断数据存储界面中 RESP 数据复选框的选中情况和呼吸 mRespDirectory 变量是否为空，若选中且变量为空，则实例化 mRespDirectory 对象，将 RESP 数据需要读取的 StreamWriter 存入 mRespDirectory 变量。

（7）第 31 至 35 行代码：判断数据存储界面中 SPO2 数据复选框的选中情况和血氧 mSPO2Directory 变量是否为空，若选中且变量为空，则实例化 mSPO2Directory 对象，将 SPO2 数据需要读取的 StreamWriter 存入 mSPO2Directory 变量。

（8）第 39 至 44 行代码：判断变量 mRawdata 是否为空，若不为空，则关闭 mRawdata，并释放 mRawdata 对象使用过的所有资源，并将该对象赋值为 null。

（9）第 46 至 51 行代码：判断变量 mSWUART 是否为空，若不为空，则关闭 mSWUART，并释放 mSWUART 对象使用过的所有资源，并将该对象赋值为 null。

（10）第 53 至 70 行代码：判断心电 mECG1Directory 和 mECG2Directory 变量是否为空，若不为空，则向这两个变量中写入心电波形的最大值和最小值，尝试关闭它们，若有异常，则跳出当前判断语句并抛出异常信息；否则，执行之后的语句，释放 mECG1Directory 和 mECG2Directory 对象使用过的所有资源，并将 mECG1Directory 和 mECG2Directory 对象赋值为 null。

（11）第 72 至 86 行代码：判断呼吸 mRespDirectory 变量是否为空，若不为空，则向呼吸 mRespDirectory 变量中写入呼吸波形的最大值和最小值，尝试关闭 mRespDirectory，若有异常，则跳出当前判断语句并抛出异常信息；否则，执行之后的语句，释放 mRespDirectory 对象使用过的所有资源，并将 mRespDirectory 对象赋值为 null。

（12）第 88 至 101 行代码：判断血氧 mSPO2Directory 变量是否为空，若不为空，则向血氧 mSPO2Directory 变量中写入血氧波形的最大值和最小值，尝试关闭 mSPO2Directory，若有异常，则跳出，尝试抛出异常信息，释放 mSPO2Directory 对象使用过的所有资源，并将 mSPO2Directory 对象赋值为 null。

程序清单 13-15

```
1.    private void setDataSaveWriter(bool startSave)
2.    {
3.        if (startSave)              //串口打开才能进行存储，串口关闭则不会进行数据存储
4.        {
```

```
5.            //系统的当前时间，在存储数据文件名加上时间可以方便分清楚不同的文件
6.            string currentTime = DateTime.Now.ToString("yyyyMMddhhmmss");
7.
8.            //解包后的数据，包括心电、血氧、呼吸、体温、血压
9.            if (mStoreSetting.bSaveUART && (null == mSWUART))
10.           {
11.               //设置文件名及保存位置
12.               mSWUART = new StreamWriter(mStoreSetting.saveFolder + @"\" + currentTime +
                                                                        "Uart.csv");
13.           }
14.
15.           //心电
16.           if (mStoreSetting.bSaveECG && (mECG1Directory == null) && (mECG2Directory == null))
17.           {
18.               //设置文件名及保存位置
19.               mECG1Directory = new StreamWriter(mStoreSetting.saveFolder + @"\" + currentTime
                                                                    + "-ECG1" + ".csv");
20.               mECG2Directory = new StreamWriter(mStoreSetting.saveFolder + @"\" + currentTime
                                                                    + "-ECG2" + ".csv");
21.           }
22.
23.           //呼吸
24.           if (mStoreSetting.bSaveResp && (mRespDirectory == null))
25.           {
26.               //设置文件名及保存位置
27.               mRespDirectory = new StreamWriter(mStoreSetting.saveFolder + @"\" + currentTime
                                                                    + "-RESP" + ".csv");
28.           }
29.
30.           //血氧
31.           if (mStoreSetting.bSaveSPO2 && (mSPO2Directory == null))
32.           {
33.               //设置文件名及保存位置
34.               mSPO2Directory = new StreamWriter(mStoreSetting.saveFolder + @"\" + currentTime
                                                                    + "-SPO2" + ".csv");
35.           }
36.       }
37.       else
38.       {
39.           if (mRawdata != null)
40.           {
41.               mRawdata.Close();
42.               mRawdata.Dispose();
43.               mRawdata = null;
44.           }
45.
46.           if (mSWUART != null)
47.           {
48.               mSWUART.Close();
49.               mSWUART.Dispose();
50.               mSWUART = null;
51.           }
```

```
52.
53.        if ((mECG1Directory != null) && (mECG2Directory != null))
54.        {
55.            mECG1Directory.WriteLine("Max:" + mMaxECG1Wave + "," + "Min:" + mMinECG1Wave);
56.            mECG2Directory.WriteLine("Max:" + mMaxECG2Wave + "," + "Min:" + mMinECG2Wave);
57.            try
58.            {
59.                mECG1Directory.Close();
60.                mECG2Directory.Close();
61.            }
62.            catch (Exception ex)
63.            {
64.                MessageBox.Show(ex.Message);
65.            }
66.            mECG1Directory.Dispose();
67.            mECG2Directory.Dispose();
68.            mECG1Directory = null;
69.            mECG2Directory = null;
70.        }
71.
72.        if (mRespDirectory != null)
73.        {
74.            mRespDirectory.WriteLine("Max:" + mMaxRespWave + "," + "Min:" + mMinRespWave);
75.            try
76.            {
77.                mRespDirectory.Close();
78.
79.            }
80.            catch (Exception ex)
81.            {
82.                MessageBox.Show(ex.Message);
83.            }
84.            mRespDirectory.Dispose();
85.            mRespDirectory = null;
86.        }
87.
88.        if (mSPO2Directory != null)
89.        {
90.            mSPO2Directory.WriteLine("Max:" + mMaxSPO2Wave + "," + "Min:" + mMinSPO2Wave);
91.            try
92.            {
93.                mSPO2Directory.Close();
94.            }
95.            catch (Exception ex)
96.            {
97.                MessageBox.Show(ex.Message);
98.            }
99.            mSPO2Directory.Dispose();
100.           mSPO2Directory = null;
101.       }
102.   }
103. }
```

在 analyzeRespData()方法中，添加第 12 至 22 行代码，如程序清单 13-16 所示。此段代码判断数据存储界面中 RESP 数据复选框的选中情况和呼吸 mRespDirectory 变量是否为非空，若选中且非空，则判断：若呼吸波形数据大于最小值，则将呼吸波形数据的值赋值给最小值变量；若呼吸波形数据小于最大值，则将呼吸波形数据的值赋值给最大值变量，最后向 mRespDirectory 变量写呼吸波形数据。

程序清单 13-16

```
1.  private void analyzeRespData(byte[] packAfterUnpack)
2.  {
3.      ......
4.      switch (packAfterUnpack[1])
5.      {
6.          case 0x02:                          //呼吸波形数据
7.              for (int i = 2; i < 7; i++)      //一个包有 5 个数据
8.              {
9.                  respWave = packAfterUnpack[i];
10.                 mRespWaveList.Add(respWave);
11.
12.                 //当存储数据界面勾选呼吸数据且成功创建存储呼吸数据文件时，开始存储呼吸数据
13.                 if (mStoreSetting.bSaveResp && (mRespDirectory != null))
14.                 {
15.                     if (respWave > mMaxRespWave)
16.                         mMaxRespWave = respWave;
17.
18.                     if (respWave < mMinRespWave)
19.                         mMinRespWave = respWave;
20.
21.                     mRespDirectory.Write(respWave + " ");
22.                 }
23.             }
24.             break;
25.
26.         ......
27.     }
28. }
```

在 analyzeSPO2Data()方法中，添加第 12 至 22 行代码，如程序清单 13-17 所示。此段代码判断数据存储界面中 SPO2 数据复选框的选中情况和血氧 mSPO2Directory 变量是否为非空，若选中且非空，则判断：若血氧波形数据大于最小值，则将血氧波形数据的值赋值给最小值变量；若血氧波形数据小于最大值，则将血氧波形数据的值赋值给最大值变量，最后向 mSPO2Directory 变量写血氧波形数据。

程序清单 13-17

```
1.  private void analyzeSPO2Data(byte[] packAfterUnpack)
2.  {
3.      ......
4.      switch (packAfterUnpack[1])
5.      {
6.          case 0x02:                          //血氧波形数据、探头、手指导联
7.              for (int i = 2; i < 7; i++)
8.              {
```

```
9.                  spo2Wave = (ushort)packAfterUnpack[i];
10.                 mSPO2WaveList.Add(spo2Wave);
11.
12.                 //当存储数据界面勾选血氧数据且成功创建存储血氧数据文件时，开始存储血氧数据
13.                 if (mStoreSetting.bSaveSPO2 && (mSPO2Directory != null))
14.                 {
15.                     if (spo2Wave > mMaxSPO2Wave)
16.                         mMaxSPO2Wave = spo2Wave;
17.
18.                     if (spo2Wave < mMinSPO2Wave)
19.                         mMinSPO2Wave = spo2Wave;
20.
21.                     mSPO2Directory.Write(spo2Wave + " ");
22.                 }
23.             }
24.
25.             ......
26.         }
27. }
```

在 analyzeECGData()方法中，添加第 12 至 30 行代码，如程序清单 13-18 所示。此段代码判断数据存储界面中 ECG 数据复选框的选中情况和心电 mECG1Directory 是否为非空，若选中且非空，则判断：若心电通道 1 波形数据大于最小值，则将心电通道 1 波形数据的值赋值给最小值变量；若心电通道 1 波形数据小于最大值，则将心电通道 1 波形数据的值赋值给最大值变量，最后向心电通道 1 的 mECG1Directory 变量写心电通道 1 波形数据。和mECG2Directory 变量类似。

程序清单 13-18

```
1.  private void analyzeECGData(byte[] packAfterUnpack)
2.  {
3.      ......
4.      switch (packAfterUnpack[1])          //二级 ID，去掉数据头
5.      {
6.          case 0x02:
7.
8.              ......
9.              mECG1WaveList.Add(ecgWave1);
10.             mECG2WaveList.Add(ecgWave2);
11.
12.             //当存储数据界面勾选心电数据且成功创建存储心电数据文件时，开始存储心电数据
13.             if (mStoreSetting.bSaveECG && (mECG1Directory != null) && (mECG2Directory !=
                                                                            null))
14.             {
15.                 if (ecgWave1 > mMaxECG1Wave)
16.                     mMaxECG1Wave = ecgWave1;
17.
18.                 if (ecgWave1 < mMinECG1Wave)
19.                     mMinECG1Wave = ecgWave1;
20.
21.                 mECG1Directory.Write(ecgWave1 + " ");
22.
```

```
23.              if (ecgWave2 > mMaxECG2Wave)
24.                  mMaxECG2Wave = ecgWave2;
25.
26.              if (ecgWave2 < mMinECG2Wave)
27.                  mMinECG2Wave = ecgWave2;
28.
29.              mECG2Directory.Write(ecgWave2 + " ");
30.          }
31.
32.          break;
33.
34.      case 0x03:
35.          ……
36.      }
37. }
```

在 setUARTState()方法中，添加第 9 行、第 24 至 25 行和第 34 行代码，如程序清单 13-19 所示，下面按照顺序对这些语句进行解释。

（1）第 9 行代码：调用设置 setDataSaveWriter 函数，使能数据存储。

（2）第 24 至 25 行代码：通过 Clear()方法清空心电两个通道的波形数据缓冲区。

（3）第 34 行代码：关闭数据存储功能。

程序清单 13-19

```
1.  private void setUARTState(bool isOpen)
2.  {
3.      string strUARTInfo;
4.
5.      if (isOpen)        //如果当前串口的状态是关闭状态
6.      {
7.          try
8.          {
9.              setDataSaveWriter(true);        //使能存储方法
10.
11.             serialPortMonitor.PortName = mUARTInfo.portNum;                    //串口号
12.             serialPortMonitor.BaudRate = Convert.ToInt32(mUARTInfo.baudRate); //波特率
13.             ……
14.         }
15.         ……
16.     }
17.     else            //如果当前串口的状态是打开状态，则关闭串口
18.     {
19.         mUARTInfo.isOpened = false;   //串口状态设置为关闭
20.         try
21.         {
22.             serialPortMonitor.Close();        //关闭串口
23.
24.             mECG1WaveList.Clear();
25.             mECG2WaveList.Clear();
26.
27.             strUARTInfo = "串口已关闭";        //显示串口状态
28.         }
29.         catch        //一般情况下关闭串口不会出错，所以不需要加处理程序
```

```
30.          {
31.              strUARTInfo = "串口关闭异常";
32.          }
33.
34.          setDataSaveWriter(false);        //关闭存储方法的功能
35.      }
36.
37.      toolStripStatusLabelUARTInfo.Text = strUARTInfo;   //在主界面窗口的状态栏显示串口配置
                                                                            信息
38.  }
```

完成代码添加后，按 F5 键编译并运行程序，验证运行效果是否与 13.2.2 节一致。

本 章 任 务

基于对本章代码的理解，尝试在本项目的基础上进行改进，增加实现存储五大参数主界面核心参数的功能。

本 章 习 题

1．使用 getSaveFileName()方法只能返回保存文件的文件名，如何获取文件的路径？
2．使用 open()方法只能打开已存在的文件吗？什么情况下可以新建文件？

第14章 模式设置实验

本章将在实现数据存储功能的基础上，继续完善项目菜单栏的模式设置、关于和退出功能，然后通过代码对这些功能进行详细介绍。

14.1 实验内容

本章实验主要需要编写和完善实现以下功能的代码：①单击项目界面菜单栏的"模式：监护"选项，弹出模式设置子界面；②在模式设置子界面实现模式切换和目录索引；③单击项目界面菜单栏的"关于"选项，弹出关于子界面，在该子界面显示软件相关信息；④单击项目界面菜单栏的"退出"选项，退出应用。

14.2 实验原理

14.2.1 设计框图

模式设置实验的设计框图如图14-1所示。

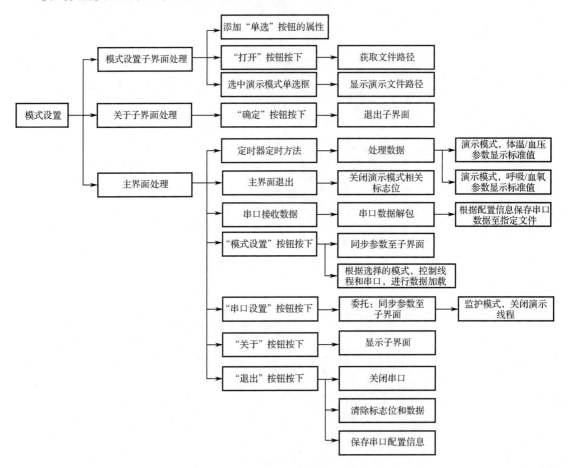

图 14-1　模式设置实验的设计框图

14.2.2 模式设置功能演示

开始程序设计之前，先通过一个应用程序来了解模式设置的效果。打开本书配套资料包中的"03.WinForm 应用程序\10.ParamMonitor"目录，双击运行 ParamMonitor.exe。

单击项目界面菜单栏的"模式：监护"选项，弹出模式设置子界面，如图 14-2 所示。"监护模式"主要监测实时的数据，需要连接到人体生理参数监测系统硬件平台才有效，前面五个人体生理参数的监测都是在"监护模式"下进行的；"回放模式"的功能是对一小段波形进行回放；在"演示模式"下，打开本地所给的演示数据.csv 文件，可以在不连接人体生理参数监测系统硬件平台的情况下看到五参数据的演示效果，如图 14-3 所示。

图 14-2　模式设置子界面

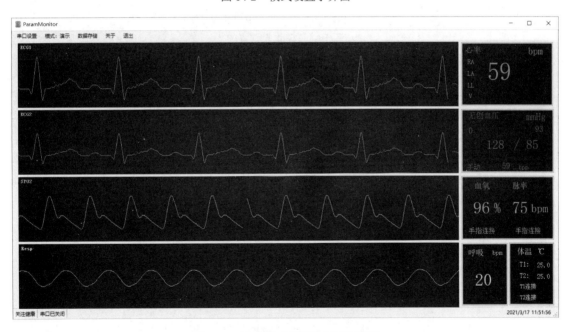

图 14-3　演示模式下的数据演示效果

14.3　实验步骤

步骤 1：复制基准项目

首先，将本书配套资料包中的"04.例程资料\Material\10.ParamMonitor\10.ParamMonitor"

文件夹复制到"D:\WinFormTest"目录下。

步骤 2：复制并添加文件

将本书配套资料包"04.例程资料\Material\10.ParamMonitor\StepByStep"文件夹中的所有文件复制到"D:\WinFormTest\10.ParamMonitor\ParamMonitor\ParamMonitor"目录下。然后，在 Visual Studio 中打开项目。实际上，已经打开的 ParamMonitor 项目是第 13 章已完成的项目，也可以基于第 13 章完成的 ParamMonitor 项目开展本章实验。将 FormAbout.cs 和 FormModeSet.cs 文件导入项目中。

步骤 3：添加控件的响应方法

双击打开 FormModeSet.cs 窗体的设计界面，模式设置界面如图 14-4 所示，对照表 14-1 所示的控件说明，为控件添加响应方法。

图 14-4　模式设置界面

表 14-1　模式设置界面控件说明

编　号	（Name）	功　能	响 应 方 法
①	rbDisplayData	切换模式	rbDisplayData_CheckedChanged()
②	btnOpenFile	打开数据文件	btnOpenFile_Click()

双击打开 FormAbout.cs 窗体的设计界面，关于界面如图 14-5 所示，对照表 14-2 所示的控件说明，为控件添加响应方法。

图 14-5　关于界面

表 14-2　关于界面控件说明

编　号	（Name）	功　能	响 应 方 法
①	buttonOK	确定按钮	buttonOK_Click()

双击打开 MainForm.cs 窗体的设计界面，菜单栏视图如图 14-6 所示，对照表 14-3 所示的控件说明，为控件添加响应方法。

图 14-6　菜单栏视图

表 14-3　菜单栏控件说明

编　号	（Name）	功　能	响 应 方 法
①	menuItemMonitorMode	模式选择	menuItemMonitorMode_Click()
②	menuItemAbout	打开关于窗口	menuItemAbout_Click()
③	menuItemExit	退出应用程序	menuItemExit_Click()

步骤 4：完善 FormModeSet.cs 文件

在 FormModeSet.cs 文件的类 FormModeSet 中添加第 3 至 29 行代码，如程序清单 14-1 所示，下面按照顺序对这些语句进行解释。

（1）第 4 行代码：添加获取演示文件路径的方法。

（2）第 6 至 7 行代码：先只读演示文件路径文本框的内容，再只写 value 到演示文件路径文本框中。

（3）第 11 行代码：添加选择监护模式方法。

（4）第 13 至 14 行代码：先只读监护模式选择框的选中情况，再只写 value 到监护模式选择框中。

（5）第 18 行代码：添加选择回放模式方法。

（6）第 20 至 21 行代码：先只读回放模式选择框的选中情况，再只写 value 到回放模式选择框中。

（7）第 25 行代码：添加选择演示模式方法。

（8）第 27 至 28 行代码：先只读演示模式选择框的选中情况，再只写 value 到演示模式选择框中。

程序清单 14-1

```
1.   public partial class FormModeSet : Form
2.   {
3.       //类属性：获取演示文件的路径
4.       public string UARTFileName
5.       {
6.           get { return tbxUARTFileName.Text; }
7.           set { tbxUARTFileName.Text = value; }
8.       }
9.
10.      //类属性：选择监护模式
```

```
11.        public bool isRealMode
12.        {
13.            get { return rbRealData.Checked; }
14.            set { rbRealData.Checked = value; }
15.        }
16.
17.        //类属性：选择回放模式
18.        public bool isLoadMode
19.        {
20.            get { return rbLoadData.Checked; }
21.            set { rbLoadData.Checked = value; }
22.        }
23.
24.        //类属性：选择演示模式
25.        public bool isDisplayMode
26.        {
27.            get { return rbDisplayData.Checked; }
28.            set { rbDisplayData.Checked = value; }
29.        }
30.
31.        ……
32.  }
```

完善 rbDisplayData_CheckedChanged()和 btnOpenFile_Click()方法的实现代码，如程序清单 14-2 所示，下面按照顺序对部分语句进行解释。

（1）第 3 行代码：将演示文件路径文本控件赋值为 RcvData\\演示文件.csv。

（2）第 8 行代码：设置弹出的界面的标题。

（3）第 9 行代码：设置对话框的初始路径为项目 exe 所在的目录。

（4）第 11 至 14 行代码：当弹出路径修改界面时，将界面所选的路径内容赋值给演示文件路径文本控件。

程序清单 14-2

```
1.   private void rbDisplayData_CheckedChanged(object sender, EventArgs e)
2.   {
3.       tbxUARTFileName.Text = "RcvData\\演示数据.csv";                    //显示演示数据文件路径
4.   }
5.
6.   private void btnOpenFile_Click(object sender, EventArgs e)
7.   {
8.       openFileDialog1.Title = "打开 UART 数据文件";                      //打开的界面的标题
9.       openFileDialog1.InitialDirectory = Application.StartupPath;      //对话框的初始目录
10.
11.      if (openFileDialog1.ShowDialog() == DialogResult.OK)
12.      {
13.          tbxUARTFileName.Text = openFileDialog1.FileName;             //显示选中的文件路径
14.      }
15. }
```

步骤 5：完善 FormAbout.cs 文件

完善 buttonOK_Click()方法的实现代码，实现单击关于界面的"确定"按钮时，关闭界面，如程序清单 14-3 所示。

程序清单 14-3

```
1.    private void buttonOK_Click(object sender, EventArgs e)
2.    {
3.        this.Close();
4.    }
```

步骤 6：完善 MainForm.cs 文件

在 MainForm.cs 文件的 ParamMonitor 类中添加第 7 至 16 行代码，如程序清单 14-4 所示，下面按照顺序对这些语句进行解释。

（1）第 7 至 10 行代码：定义 3 个布尔变量，分别是监护模式、回放模式、演示模式的选择情况。监护模式选择情况初始化为 true，其他为 false，定义一个空的 string 变量。

（2）第 13 行代码：定义线程状态变量，初始化为 false。

（3）第 14 行代码：定义 Task 变量，初始化为 null。

（4）第 15 行代码：定义演示模式状态变量，初始化为 false。

（5）第 16 行代码：实例化 List 对象，用于存储加载的演示文件数据。

程序清单 14-4

```
1.    public partial class ParamMonitor : Form
2.    {
3.        ……
4.        ushort mMaxSPO2Wave;
5.        ushort mMinSPO2Wave;
6.
7.        public bool mIsRealMode = true;                      //模式选择的监护模式变量
8.        public bool mIsLoadMode = false;                     //回放模式
9.        public bool mIsDisplayMode = false;                  //演示模式
10.       private string mUARTFile = "";                       //回放或演示的数据文件
11.
12.       //procLoadDataThread 线程启动标志，串口打开时为 true，串口关闭时为 false
13.       Boolean mThreadStartFlag = false;
14.       Task mProcLoadDataTask = null;                       //使用时需要添加命名空间
15.       Boolean mDisplayModeFlag = false;                    //演示模式的标志位，true 为演示模式
16.       private List<string> mUARTLoadDataList = new List<string>();    //加载的串口数据
17.       ……
18.   }
```

在 ParamMonitor_FormClosing()方法中添加第 3 至 4 行代码，如程序清单 14-5 所示。此段实现的功能是，代码执行主界面关闭方法时，将线程状态变量和演示模式状态变量设置为 false。

程序清单 14-5

```
1.    private void ParamMonitor_FormClosing(object sender, FormClosingEventArgs e)
2.    {
3.        mThreadStartFlag = false;        //演示线程开始标志位
4.        mDisplayModeFlag = false;        //演示模式标志位
5.
6.        WritePrivateProfileString("PortData", "PortNum", mUARTInfo.portNum, mFileName);
7.        WritePrivateProfileString("PortData", "BaudRate", mUARTInfo.baudRate, mFileName);
8.    }
```

在 setUARTState()方法中添加第 16 行代码，将线程状态变量设置为 false，如程序清单 14-6 所示。

程序清单 14-6

```
1.    private void setUARTState(bool isOpen)
2.    {
3.        string strUARTInfo;
4.
5.        if (isOpen)          //如果当前串口的状态是关闭状态
6.        {
7.            ......
8.        }
9.        else                //如果当前串口的状态是打开状态，则关闭串口
10.       {
11.           mUARTInfo.isOpened = false;        //串口状态设置为关闭
12.           try
13.           {
14.               serialPortMonitor.Close();      //关闭串口
15.
16.               mThreadStartFlag = false;
17.
18.               mECG1WaveList.Clear();
19.               mECG2WaveList.Clear();
20.
21.               strUARTInfo = "串口已关闭";      //显示串口状态
22.           }
23.           ......
24.       }
25.
26.       toolStripStatusLabelUARTInfo.Text = strUARTInfo;   //在主界面窗口的状态栏显示串口配置
                                                                              信息
27.   }
```

在 procUARTInfo() 方法中添加第 7 至 18 行代码，如程序清单 14-7 所示，下面按照顺序对部分语句进行解释。

（1）第 9 行代码：将菜单栏的 menuItemMonitorMode 按钮文本设置为"模式：监护"。

（2）第 12 行代码：将线程状态变量设置为 false。

（3）第 13 至 17 行代码：判断 Task 对象是否非空，若是，则等待完成执行过程，然后把 Task 对象设置为 null。

程序清单 14-7

```
1.    private void procUARTInfo(StructUARTInfo info)
2.    {
3.        mUARTInfo = info;  //将 UART 设置界面的串口参数传至主界面
4.
5.        if (!serialPortMonitor.IsOpen)
6.        {
7.            if (!mIsRealMode)
8.            {
9.                menuItemMonitorMode.Text = "模式：监护";
10.
11.               //关闭演示线程
12.               mThreadStartFlag = false;
13.               if (null != mProcLoadDataTask)
```

```
14.            {
15.                mProcLoadDataTask.Wait();
16.                mProcLoadDataTask = null;
17.            }
18.        }
19.
20.        //打开串口读取
21.        setUARTState(true);
22.    }
23.    else
24.    {
25.        //关闭串口读取
26.        setUARTState(false);
27.    }
28. }
```

在 unpackRcvData()方法中，将原本的代码修改为第 23 至 33 行和第 46 至 56 行代码，如程序清单 14-8 所示，下面按照顺序对部分语句进行解释。

（1）第 25 至 28 行代码：使用 for 循环，将解包后的数据存入数组中。

（2）第 30 至 33 行代码：若包长等于 2，则将解包后数据的第一位存入数组的第一位。

（3）第 48 至 51 行代码：使用 for 循环，将解包后的数据转换成 string 类型，并存入 string 变量。

（4）第 53 至 56 行代码：若包长等于 2，则将解包后数据的第一位转换成 string 类型，并存入 string 变量。

程序清单 14-8

```
1.  private bool unpackRcvData(byte recData)
2.  {
3.      bool findPack;
4.      int packLen;
5.
6.      findPack = mPackUnpack.unpackData(recData);          //findPack 不为 0 表示解包成功
7.
8.      if (findPack)
9.      {
10.         ......
11.
12.         lock (mLockObj)
13.         {
14.             iTail = mPackTail;
15.         }
16.
17.         if (iHead == iTail)
18.         {
19.             MessageBox.Show("缓冲溢出。");
20.         }
21.
22.         //包长减去 2，即解包后已经没有了数据头和校验和，但是 ID 还在
23.         if (packLen > 2)
24.         {
25.             for (int i = 0; i < packLen - 2; i++)
```

```
26.                 {
27.                     mPackAfterUnpackArr[iHead][i] = mPackAfterUnpackList[i];
28.                 }
29.             }
30.         else if (packLen == 2)
31.             {
32.                 mPackAfterUnpackArr[iHead][0] = mPackAfterUnpackList[0];
33.             }
34.
35.         lock (mLockObj)
36.             {
37.                 mPackHead = (mPackHead + 1) % PACK_QUEUE_CNT;   //添加数据，mPackHead 加 1
38.                 if (mPackTail == -1) mPackTail = 0;
39.             }
40.
41.         //保存解包数据
42.         if (mStoreSetting.bSaveUART)
43.             {
44.                 string packStr = "";
45.
46.                 if (packLen > 2)
47.                 {
48.                     for (int j = 0; j < packLen - 2; j++)
49.                     {
50.                         packStr = packStr + mPackAfterUnpackList[j].ToString() + ",";
51.                     }
52.                 }
53.                 else if (packLen == 2)
54.                 {
55.                     packStr = mPackAfterUnpackList[0].ToString();
56.                 }
57.
58.                 packStr.TrimEnd(' ');
59.                 mSWUART.WriteLine(packStr);
60.             }
61.     }
62.
63.     return findPack;
64. }
```

在 dealRcvPackData()方法中添加第 11 至 25 行代码，如程序清单 14-9 所示，下面按照顺序对这些语句进行解释。

（1）第 11 行代码：判断若是演示模式，则将血压和体温的参数显示进行初始化，皆显示标准值。

（2）第 13 至 17 行代码：将血压参数中的袖带压设置为 0，平均压设置为 93，收缩压设置为 128，舒张压设置为 85，脉率设置为 59。

（3）第 19 至 24 行代码：将体温参数中的体温通道 1 的数值设置为 25.0，体温通道 2 的数值设置为 25.0，体温通道 1 探头状态文本显示控件设置为白色，并设置内容为"T1 连接"，体温通道 2 探头状态文本显示控件设置为白色，并设置内容为"T2 连接"。

程序清单 14-9

```
1.    private void dealRcvPackData()
2.    {
3.        ......
4.
5.        if (mECG1WaveList.Count > 10)          //心电波形数据超过 10 个才开始画波形
6.        {
7.            drawECG1Wave();
8.            drawECG2Wave();
9.        }
10.
11.       if (mDisplayModeFlag)                  //演示模式，将血压、体温的各项值显示为标准值
12.       {
13.           labelNIBPCufPre.Text = "0";
14.           labelNIBPMean.Text = "93";
15.           labelNIBPSys.Text = "128";
16.           labelNIBPDia.Text = "85";
17.           labelNIBPPR.Text = "59";
18.
19.           labelTemp1Data.Text = "25.0";
20.           labelTemp2Data.Text = "25.0";
21.           labelTempPrb1Off.ForeColor = Color.White;
22.           labelTempPrb1Off.Text = "T1 连接";
23.           labelTempPrb2Off.ForeColor = Color.White;
24.           labelTempPrb2Off.Text = "T2 连接";
25.       }
26.   }
```

在 analyzeRespData()方法中添加第 12 至 15 行代码，判断若是演示模式，则将呼吸参数中的呼吸值设置为 20，如程序清单 14-10 所示。

程序清单 14-10

```
1.    rivate void analyzeRespData(byte[] packAfterUnpack)
2.    {
3.        ......
4.        switch (packAfterUnpack[1])
5.        {
6.            case 0x02:                         //呼吸波形数据
7.                for (int i = 2; i < 7; i++)    //一个包有 5 个数据
8.                {
9.                    ......
10.               }
11.
12.               if (mDisplayModeFlag)          //演示模式，将呼吸的各项值显示为标准值
13.               {
14.                   labelRespRR.Text = "20";
15.               }
16.
17.               break;
18.
19.           case 0x03:                         //呼吸率
20.               ......
```

```
21.        }
22.    }
```

在 analyzeSPO2Data()方法中添加第 18 至 26 行代码，如程序清单 14-11 所示，判断若是演示模式，则将血氧参数中的脉率设置为 75，血氧饱和度设置为 96，两个探头文本显示控件设置为青色，内容设置为"手指连接"。

程序清单 14-11

```
1.    private void analyzeSPO2Data(byte[] packAfterUnpack)
2.    {
3.        ......
4.        switch (packAfterUnpack[1])
5.        {
6.            case 0x02:                          //血氧波形数据、探头、手指导联
7.                ......
8.                if (sensorLead == 0x01)
9.                {
10.                    labelSPO2PrbOff.ForeColor = Color.Red;
11.                    labelSPO2PrbOff.Text = "探头脱落";
12.                }
13.                else
14.                {
15.                    labelSPO2PrbOff.ForeColor = Color.FromArgb(0, 255, 255);
16.                    labelSPO2PrbOff.Text = "探头连接";
17.                }
18.                if (mDisplayModeFlag)                    //演示模式，将血氧的各项值显示为标准值
19.                {
20.                    labelSPO2PR.Text = "75";
21.                    labelSPO2Data.Text = "96";
22.                    labelSPO2PrbOff.ForeColor = Color.FromArgb(0, 255, 255);
23.                    labelSPO2PrbOff.Text = "手指连接";
24.                    labelSPO2PrbOff.ForeColor = Color.FromArgb(0, 255, 255);
25.                    labelSPO2PrbOff.Text = "手指连接";
26.                }
27.                break;
28.
29.            case 0x03:            .              //脉率、血氧饱和度
30.                ......
31.        }
32.    }
```

在 setDataSaveWriter()方法后面添加 loadUARTFile()方法的实现代码，如程序清单 14-12 所示，下面按照顺序对部分语句进行解释。

（1）第 1 行代码：添加加载文件数据方法。

（2）第 3 至 6 行代码：判断若指定文件名为空或文件不存在，则跳出方法。

（3）第 8 行代码：实例化指定文件的 StreamReader 对象。

（4）第 9 行代码：清空存储的加载文件的内容。

（5）第 10 行代码：读取指定文件的一行数据。

（6）第 13 至 17 行代码：若获取的数据长度大于 0，则将获取的数据中的逗号替换为空格后添加到用于存储加载文件内容的 List 对象中。

（7）第 20 行代码：关闭指定文件的 fileReader 对象。

程序清单 14-12

```
1.    private void loadUARTFile(string fileName)
2.    {
3.        if ((fileName.Equals(""))) || (!File.Exists(fileName)))
4.        {
5.            return;
6.        }
7.
8.        StreamReader fileReader = new StreamReader(fileName);
9.        mUARTLoadDataList.Clear();
10.       string strLine = fileReader.ReadLine();                    //读取一行数据
11.       while (strLine != null)
12.       {
13.           if (strLine.Length > 0)
14.           {
15.               strLine = strLine.Replace(',', ' ');               //将.csv 文件的逗号替换为空格
16.               mUARTLoadDataList.Add(strLine);        //mUARTLoadDataList:存储的是一行行的数据
17.           }
18.           strLine = fileReader.ReadLine();
19.       }
20.       fileReader.Close();
21.   }
```

在 loadUARTFile() 方法后面添加 procLoadDataThread() 方法的实现代码，如程序清单 14-13
所示，下面按照顺序对部分语句进行解释。

（1）第 1 行代码：添加处理加载数据线程方法。

（2）第 5 行代码：使用 while 循环，若线程状态变量为 true，则一直循环。

（3）第 7 行代码：当加载文件内容的数量大于处理过的数据数量时，执行判断语句中的
代码。

（4）第 10 行代码：按行将数据存入加载文件。

（5）第 12 行代码：将 string 变量中的数据用空格间隔分开，存入 string 数组。

（6）第 14 行代码：将变量 mPackHead 加 1 再对 2000 求余，结果存入整型变量 iHead。

（7）第 17 至 20 行代码：锁定对象 mLockObj，执行第 19 行代码，使其不在其他线程执
行此代码段。

（8）第 22 至 25 行代码：判断 iHead 与 iTail 是否一致，若一致，则弹出"缓冲溢出"的
提示窗口。

（9）第 31 至 35 行代码：尝试将数据包的内容转换成 int 型后强制转换成 byte 型，存入
解包后数据的数组中。

（10）第 36 至 39 行代码：若尝试出现异常，则跳出尝试，执行向控制台写异常信息。

（11）第 43 至 50 行代码：锁定对象 mLockObj，执行第 45 行到第 49 行代码，使其不在
其他线程执行此代码段。将变量 mPackHead 加 1 再对 2000 求余，结果存入整型变量
mPackHead，再判断若 mPackTail 等于-1，则将 mPackTail 变量设置为 0。

（12）第 52 行代码：将处理加载文件数据的数量加 1。

（13）第 55 至 65 行代码：若存储的加载文件内容的数量小于或等于处理过的数据的数量，
则判断是否为演示模式，若是，则将 iDataIndex 变量设置为 0；否则，跳出 else。

（14）第 67 行代码：线程休眠 2ms，每隔 2ms 发送一帧数据。

程序清单 14-13

```
1.    private void procLoadDataThread()
2.    {
3.        int iDataIndex = 0;
4.
5.        while (mThreadStartFlag)
6.        {
7.            if (mUARTLoadDataList.Count > iDataIndex)
8.            {
9.                //该字符串为一帧原始指令，以空格分开，将一行行的数据赋给 strData
10.               string strData = mUARTLoadDataList[iDataIndex];
11.
12.               string[] dataArr = strData.Split(' ');        //将上面一行行的数据以空格分开
13.
14.               int iHead = (mPackHead + 1) % PACK_QUEUE_CNT;
15.               int iTail;
16.
17.               lock (mLockObj)
18.               {
19.                   iTail = mPackTail;
20.               }
21.
22.               if (iHead == iTail)
23.               {
24.                   MessageBox.Show("缓冲溢出。");
25.               }
26.
27.               for (int i = 0; i < dataArr.Length; i++)
28.               {
29.                   if (!dataArr[i].Equals(""))
30.                   {
31.                       try
32.                       {
33.                           //int.Parse: 转换为整型
34.                           mPackAfterUnpackArr[iHead][i] = (byte)int.Parse(dataArr[i]);
35.                       }
36.                       catch (Exception ex)
37.                       {
38.                           Console.WriteLine(ex.Message);
39.                       }
40.                   }
41.
42.               }
43.               lock (mLockObj)
44.               {
45.                   mPackHead = (mPackHead + 1) % PACK_QUEUE_CNT;
46.                   if (mPackTail == -1)
47.                   {
48.                       mPackTail = 0;
49.                   }
```

```
50.              }
51.
52.              iDataIndex++;
53.
54.          }
55.          else
56.          {
57.              if (mDisplayModeFlag)        //演示模式，当演示数据读完时再从头开始读取数据
58.              {
59.                  iDataIndex = 0;
60.              }
61.              else                         //不是演示模式，读完数据就停止画波形和显示数值
62.              {
63.                  break;
64.              }
65.          }
66.
67.          Thread.Sleep(2);                 //间隔 2ms 发送一帧需要添加命名空间
68.      }
69. }
```

完善 menuItemMonitorMode_Click()方法的实现代码，如程序清单 14-14 所示，下面按照顺序对部分语句进行解释。

（1）第 4 行代码：实例化模式设置界面。

（2）第 6 行代码：设置模式设置界面加载成功后显示在主界面的正中间。

（3）第 7 至 10 行代码：将主界面的模式选择信息和演示文件路径传至模式设置界面。

（4）第 15 至 17 行代码：将模式选择界面的选择信息分别存入对应变量中。

（5）第 20 行代码：将菜单栏的"模式设置"按钮内容设置为"模式：监护"。

（6）第 23 行代码：将线程状态变量设置为 false。

（7）第 25 行代码：将演示模式状态变量设置为 false。

（8）第 27 至 31 行代码：若 mProcLoadDataTask 为非空，则等待执行过程完成，再将 mProcLoadDataTask 设置为 null。

（9）第 34 行代码：调用串口状态设置方法，打开串口读取。

（10）第 38 行代码：获取当前的系统时间。

（11）第 40 行代码：将菜单栏的"模式设置"按钮内容设置为"模式：回放"。

（12）第 44 行代码：调用串口状态设置方法，关闭串口读取。

（13）第 52 行代码：将模式设置界面上的演示文件路径存入 mUARTFile 变量。

（14）第 53 行代码：调用加载演示文件方法，加载文件数据。

（15）第 58 行代码：开始线程。

（16）第 62 行代码：将菜单栏的"模式设置"按钮内容设置为"模式：演示"。

（17）第 66 行代码：调用串口状态设置方法，关闭串口读取。

（18）第 67 行代码：将线程状态变量设置为 false，停止演示线程，加载完数据再打开。

程序清单 14-14

```
1.  private void menuItemMonitorMode_Click(object sender, EventArgs e)
2.  {
3.      //将参数传递到子 Form
```

```
4.        FormModeSet modeSetForm = new FormModeSet();
5.
6.        modeSetForm.StartPosition = FormStartPosition.CenterParent;
7.        modeSetForm.isRealMode = mIsRealMode;
8.        modeSetForm.isLoadMode = mIsLoadMode;
9.        modeSetForm.isDisplayMode = mIsDisplayMode;
10.       modeSetForm.UARTFileName = mUARTFile;
11.
12.       //根据选择的模式进行数据加载
13.       if (modeSetForm.ShowDialog() == DialogResult.OK)
14.       {
15.           mIsRealMode = modeSetForm.isRealMode;
16.           mIsLoadMode = modeSetForm.isLoadMode;
17.           mIsDisplayMode = modeSetForm.isDisplayMode;
18.           if (mIsRealMode)                         //监护模式
19.           {
20.               menuItemMonitorMode.Text = "模式：监护";
21.
22.               //关闭演示线程
23.               mThreadStartFlag = false;
24.
25.               mDisplayModeFlag = false;
26.
27.               if (null != mProcLoadDataTask)
28.               {
29.                   mProcLoadDataTask.Wait();
30.                   mProcLoadDataTask = null;
31.               }
32.
33.               //打开串口读取
34.               setUARTState(true);
35.           }
36.           else if (mIsLoadMode)                    //回放模式
37.           {
38.               string currentTime = DateTime.Now.ToString("yyyyMMddhhmmss");
39.
40.               menuItemMonitorMode.Text = "模式：回放";
41.
42.               mDisplayModeFlag = false;
43.
44.               setUARTState(false);                 //关闭串口读取
45.               mThreadStartFlag = false;            //停止演示线程，加载完数据再打开
46.               if (null != mProcLoadDataTask)
47.               {
48.                   mProcLoadDataTask.Wait();
49.                   mProcLoadDataTask = null;
50.               }
51.
52.               mUARTFile = modeSetForm.UARTFileName;
53.               loadUARTFile(mUARTFile);             //加载文件数据
54.
55.               //打开演示线程
```

```
56.                    mThreadStartFlag = true;
57.                    mProcLoadDataTask = new Task(procLoadDataThread);
58.                    mProcLoadDataTask.Start();
59.            }
60.            else                                    //演示模式
61.            {
62.                    menuItemMonitorMode.Text = "模式：演示";
63.
64.                    mDisplayModeFlag = true;
65.
66.                    setUARTState(false);                    //关闭串口读取
67.                    mThreadStartFlag = false;               //停止演示线程，加载完数据在打开
68.                    if (null != mProcLoadDataTask)
69.                    {
70.                        mProcLoadDataTask.Wait();
71.                        mProcLoadDataTask = null;
72.                    }
73.
74.                    mUARTFile = modeSetForm.UARTFileName;
75.                    loadUARTFile(mUARTFile);
76.
77.                    //打开演示线程
78.                    mThreadStartFlag = true;
79.                    mProcLoadDataTask = new Task(procLoadDataThread);
80.                    mProcLoadDataTask.Start();
81.            }
82.       }
83. }
```

完善 menuItemAbout_Click()方法的实现代码，如程序清单 14-15 所示，下面按照顺序对部分语句进行解释。

（1）第 3 行代码：实例化关于界面。

（2）第 4 行代码：设置关于界面加载显示在主界面的正中间。

（3）第 6 行代码：显示关于界面。

程序清单 14-15

```
1.  private void menuItemAbout_Click(object sender, EventArgs e)
2.  {
3.      FormAbout aboutForm = new FormAbout();
4.      aboutForm.StartPosition = FormStartPosition.CenterParent;
5.
6.      aboutForm.ShowDialog();
7.  }
```

完善 menuItemExit_Click()方法的实现代码，如程序清单 14-16 所示，下面按照顺序对这些语句进行解释。

（1）第 3 至 14 行代码：尝试关闭串口，将线程状态变量和演示模式状态变量设置为 false，清除心电和呼吸波形的缓冲区数据。

（2）第 15 至 17 行代码：若尝试出现异常，则跳到 catch 代码段，一般情况下关闭串口不会出错，此处不需要添加处理的程序。

（3）第 20 至 21 行代码：将串口号和波特率写入串口配置 INI 文件。

（4）第 23 行代码：关闭主界面。

程序清单 14-16

```
1.   private void menuItemExit_Click(object sender, EventArgs e)
2.   {
3.       try
4.       {
5.           serialPortMonitor.Close();           //关闭串口
6.
7.           mThreadStartFlag = false;            //清除线程标志
8.
9.           mDisplayModeFlag = false;            //清除演示模式
10.
11.          mECG1WaveList.Clear();               //清除 mECG1WaveList
12.          mECG2WaveList.Clear();               //清除 mECG2WaveList
13.          mRespWaveList.Clear();               //清除 mRespWaveList
14.      }
15.      catch            //一般情况下关闭串口不会出错，所以不需要加处理程序
16.      {
17.      }
18.
19.      //将需要保存的信息写入 INI 文件
20.      WritePrivateProfileString("PortData", "PortNum", mUARTInfo.portNum, mFileName);
21.      WritePrivateProfileString("PortData", "BaudRate", mUARTInfo.baudRate, mFileName);
22.
23.      this.Close();                            //关闭 Form
24.  }
```

完成代码添加后，按 F5 键编译并运行程序，验证运行效果是否与 14.2.2 节一致。

本 章 任 务

本章实验在数据演示模式下将演示所有参数，基于前面所学知识和对本章代码的理解，尝试在本章实验的基础上进行改进，实现某个参数的单独演示。

本 章 习 题

1. 打开演示文件的路径用到了哪个类？

2. 通过调用哪个方法设置默认打开的路径？

3. 通过调用哪个方法设置默认打开的文件类型？

附录 A 人体生理参数监测系统使用说明

人体生理参数监测系统（型号：LY-M501）用于采集人体五大生理参数（体温、血氧、呼吸、心电、血压）信号，并对这些信号进行处理，最终将处理后的数字信号通过 USB 连接线、蓝牙或 Wi-Fi 发送到不同的主机平台，如医疗电子单片机开发系统、医疗电子 FGPA 开发系统、医疗电子 DSP 开发系统、医疗电子嵌入式开发系统、emWin 软件平台、MFC 软件平台、WinForm 软件平台、MATLAB 软件平台和 Android 移动平台等，实现人体生理参数监测系统与各主机平台之间的交互。

图 A-1 是人体生理参数监测系统正面视图，其中，左键为"功能"按键，右键为"模式"按键，中间的显示屏用于显示一些简单的参数信息。

图 A-2 是人体生理参数监测系统的按键和显示界面，通过"功能"按键可以控制人体生理参数监测系统按照"背光模式"→"数据模式"→"通信模式"→"参数模式"的顺序在不同模式之间循环切换。

图 A-1 人体生理参数监测系统正面视图　　　图 A-2 人体生理参数监测系统的按键和显示界面

"背光模式"包括"背光开"和"背光关"，系统默认为"背光开"；"数据模式"包括"实时模式"和"演示模式"，系统默认为"演示模式"；"通信模式"包括 USB、UART、BT 和Wi-Fi，系统默认为 USB；"参数模式"包括"五参""体温""血氧""血压""呼吸"和"心电"，系统默认为"五参"。

通过"功能"按键，切换到"背光模式"，然后通过"模式"按键切换人体生理参数监测系统显示屏背光的开启和关闭，如图 A-3 所示。

图 A-3 背光开启和关闭模式

通过"功能"按键，切换到"数据模式"，然后通过"模式"按键在"演示模式"和"实时模式"之间切换，如图 A-4 所示。在"演示模式"，人体生理参数监测系统不连接模拟器，也可以向主机发送人体生理参数模拟数据；在"实时模式"，人体生理参数监测系统需要连接模拟器，向主机发送模拟器的实时数据。

图 A-4　演示模式和实时模式

　　通过"功能"按键，切换到"通信模式"，然后通过"模式"按键在 USB、UART、BT 和 Wi-Fi 之间切换，如图 A-5 所示。在 USB 通信模式，人体生理参数监测系统通过 USB 连接线与主机平台进行通信，USB 连接线上的信号是 USB 信号；在 UART 通信模式，人体生理参数监测系统通过 USB 连接线与主机平台进行通信，USB 连接线上的信号是 UART 信号；在 BT 通信模式，人体生理参数监测系统通过蓝牙与主机平台进行通信；在 Wi-Fi 通信模式，人体生理参数监测系统通过 Wi-Fi 与主机平台进行通信。

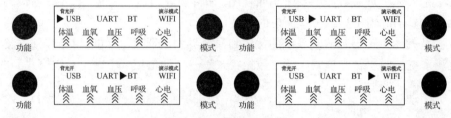

图 A-5　四种通信模式

　　通过"功能"按键，切换到"参数模式"，然后通过"模式"按键在"五参""体温""血氧""血压""呼吸"和"心电"之间切换，如图 A-6 所示。系统默认为"五参"模式，在这种模式，人体生理参数会将五个参数数据全部发送至主机平台；在"体温"模式，只发送体温数据；在"血氧"模式，只发送血氧数据；在"血压"模式，只发送血压数据；在"呼吸"模式，只发送呼吸数据；在"心电"模式，只发送心电数据。

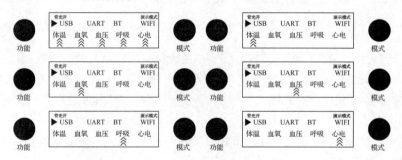

图 A-6　六种参数模式

　　图 A-7 是人体生理参数监测系统背面视图。NBP 接口用于连接血压袖带；SPO2 接口用于连接血氧探头；TMP1 和 TMP2 接口用于连接两路体温探头；ECG/RESP 接口用于连接心电线缆；USB/UART 接口用于连接 USB 连接线；12V 接口用于连接 12V 电源适配器；拨动开关用于控制人体生理参数监测系统的电源开关。

图 A-7　人体生理参数监测系统背面视图

附录 B　PCT 通信协议应用在人体生理参数监测系统的说明

附录 B 详细介绍了 PCT 通信协议在 LY-M501 型人体生理参数监测系统上的应用。本附录的内容由深圳市乐育科技有限公司于 2019 年发布，版本为 LY-STD008-2019。

B.1　模块 ID 定义

LY-M501 型人体生理参数监测系统包括 6 个模块，分别是系统模块、心电模块、呼吸模块、体温模块、血氧模块和无创血压模块，因此模块 ID 也有 6 个。LY-M501 型人体生理参数监测系统的模块 ID 定义如表 B-1 所示。

表 B-1　模块 ID 定义

序　号	模 块 名 称	ID 号	模块宏定义
1	系统模块	0x01	MODULE_SYS
2	心电模块	0x10	MODULE_ECG
3	呼吸模块	0x11	MODULE_RESP
4	体温模块	0x12	MODULE_TEMP
5	血氧模块	0x13	MODULE_SPO2
6	无创血压模块	0x14	MODULE_NBP

二级 ID 又分为从机发送给主机的数据包类型 ID 和主机发送给从机的命令包 ID。下面分别按照从机发送给主机的数据包类型 ID 和主机发送给从机的命令包 ID 进行介绍。

B.2　从机发送给主机数据包类型 ID

从机发送给主机数据包的模块 ID、二级 ID 定义和说明如表 B-2 所示。

表 B-2　从机发送给主机数据包的模块 ID、二级 ID 定义和说明

序　号	模块 ID	二级 ID 宏定义	二级 ID	发 送 帧 率	说　明
1	0x01	DAT_RST	0x01	从机复位后发送，若主机无应答，则每秒重发一次	系统复位信息
2		DAT_SYS_STS	0x02	1 次/秒	系统状态
3		DAT_SELF_CHECK	0x03	按请求发送	系统自检结果
4		DAT_CMD_ACK	0x04	接收到命令后发送	命令应答
5	0x10	DAT_ECG_WAVE	0x02	125 次/秒	心电波形数据
6		DAT_ECG_LEAD	0x03	1 次/秒	心电导联信息
7		DAT_ECG_HR	0x04	1 次/秒	心率
8		DAT_ST	0x05	1 次/秒	ST 值
9		DAT_ST_PAT	0x06	当模板更新时每 30ms 发送 1 次（整个模板共 50 个包，每 10s 更新 1 次）	ST 模板波形

序　号	模块 ID	二级 ID 宏定义	二级 ID	发 送 帧 率	说　明
10		DAT_RESP_WAVE	0x02	25 次/秒	呼吸波形数据
11	0x11	DAT_RESP_RR	0x03	1 次/秒	呼吸率
12		DAT_RESP_APNEA	0x04	1 次/秒	窒息报警
13		DAT_RESP_CVA	0x05	1 次/秒	呼吸 CVA 报警信息
14	0x12	DAT_TEMP_DATA	0x02	1 次/秒	体温数据
15	0x13	DAT_SPO2_WAVE	0x02	25 次/秒	血氧波形
16		DAT_SPO2_DATA	0x03	1 次/秒	血氧数据
17		DAT_NIBP_CUFPRE	0x02	5 次/秒	无创血压实时数据
18		DAT_NIBP_END	0x03	测量结束发送	无创血压测量结束
19	0x14	DAT_NIBP_RSLT1	0x04	接收到查询命令或测量结束发送	无创血压测量结果 1
20		DAT_NIBP_RSLT2	0x05	接收到查询命令或测量结束发送	无创血压测量结果 2
21		DAT_NIBP_STS	0x06	接收到查询命令发送	无创血压状态

下面按照顺序对从机发送给主机数据包进行详细介绍。

1．系统复位信息（DAT_RST）

系统复位信息数据包由从机向主机发送，以达到从机和主机同步的目的。因此，从机复位后，从机会主动向主机发送此数据包，如果主机无应答，则每秒重发一次，直到主机应答。图 B-1 即为系统复位信息数据包的定义。

模块ID	HEAD	二级ID	DAT1	DAT2	DAT3	DAT4	DAT5	DAT6	CHECK
01H	数据头	01H	保留	保留	保留	保留	保留	保留	校验和

图 B-1　系统复位信息数据包

人体生理参数监测系统的默认设置参数如表 B-3 所示。

表 B-3　人体生理参数监测系统的默认设置参数

序　号	选　项	默 认 参 数
1	病人信息设置	成人
2	3/5 导联设置	5 导联
3	导联方式选择	通道 1-II 导联；通道 2-I 导联
4	滤波方式选择	诊断方式
5	心电增益选择	×1
6	1mV 校准信号设置	关
7	工频抑制设置	关
8	起搏分析开关	关
9	ST 测量的 ISO 和 ST 点	ISO-80ms；ST-108ms
10	呼吸增益选择	×1
11	窒息报警时间选择	20s

续表

序　号	选　项	默 认 参 数
12	体温探头类型设置	YSI
13	SPO2 灵敏度设置	中
14	NBP 手动/自动设置	手动
15	NBP 设置初次充气压力	160mmHg

2. 系统状态（DAT_SYS_STS）

系统状态数据包是由从机向主机发送的数据包，图 B-2 即为系统状态数据包的定义。

模块ID	HEAD	二级ID	DAT1	DAT2	DAT3	DAT4	DAT5	DAT6	CHECK
01H	数据头	02H	电压监测	保留	保留	保留	保留	保留	校验和

图 B-2　系统状态数据包

电压监测为 8 位无符号数，其定义如表 B-4 所示。系统状态数据包每秒发送一次。

表 B-4　电压监测的解释说明

位	解 释 说 明
7:4	保留
3:2	3.3V 电压状态：00-3.3V 电压正常；01-3.3V 电压太高；10-3.3V 电压太低；11-保留
1:0	5V 电压状态：00-5V 电压正常；01-V 电压太高；10-5V 电压太低；11-保留

3. 系统的自检结果（DAT_SELF_CHECK）

系统自检结果数据包是由从机向主机发送的数据包，图 B-3 即为系统自检结果数据包的定义。

模块ID	HEAD	二级ID	DAT1	DAT2	DAT3	DAT4	DAT5	DAT6	CHECK
01H	数据头	03H	自检结果1	自检结果2	版本号	模块标识1	模块标识2	模块标识3	校验和

图 B-3　系统自检结果数据包

自检结果 1 定义如表 B-5 所示，自检结果 2 定义如表 B-6 所示。系统自检结果数据包按请求发送。

表 B-5　自检结果 1 的解释说明

位	解 释 说 明
7:5	保留
4	Watchdog 自检结果：0-自检正确；1-自检错
3	A/D 自检结果：0-自检正确；1-自检错
2	RAM 自检结果：0-自检正确；1-自检错
1	ROM 自检结果：0-自检正确；1-自检错
0	CPU 自检结果：0-自检正确；1-自检错

表 B-6　自检结果 2 的解释说明

位	解 释 说 明
7:5	保留
4	NBP 自检结果：0-自检正确；1-自检错
3	SPO2 自检结果：0-自检正确；1-自检错
2	TEMP 自检结果：0-自检正确；1-自检错
1	RESP 自检结果：0-自检正确；1-自检错
0	ECG 自检结果：0-自检正确；1-自检错

4. 命令应答（DAT_CMD_ACK）

命令应答数据包是从机在接收到主机发送的命令后，向主机发送的命令应答数据包，主机在向从机发送命令的时候，如果没收到命令应答数据包，应再发送两次命令，如果第三次发送命令后还未收到从机的命令应答数据包，则放弃命令发送，图 B-4 即为命令应答数据包的定义。

模块ID	HEAD	二级ID	DAT1	DAT2	DAT3	DAT4	DAT5	DAT6	CHECK
01H	数据头	04H	模块ID	二级ID	应答消息	保留	保留	保留	校验和

图 B-4　命令应答数据包

应答消息定义如表 B-7 所示。

表 B-7　应答消息的解释说明

位	解 释 说 明
7:0	应答消息：0-命令成功；1-校验和错误；2-命令包长度错误；3-无效命令；4-命令参数数据错误；5-命令不接受

5. 心电波形数据（DAT_ECG_WAVE）

心电波形数据包是由从机向主机发送的两通道心电波形数据，如图 B-5 所示。

模块ID	HEAD	二级ID	DAT1	DAT2	DAT3	DAT4	DAT5	DAT6	CHECK
10H	数据头	02H	ECG1波形数据高字节	ECG1波形数据低字节	ECG2波形数据高字节	ECG2波形数据低字节	ECG状态	保留	校验和

图 B-5　心电波形数据包

ECG1、ECG2 心电波形数据是 16 位无符号数，波形数据以 2048 为基线，数据范围为 0～4095，心电导联脱落时发送的数据为 2048。心电数据包每 2ms 发送一次。

6. 心电导联信息（DAT_ECG_LEAD）

心电导联信息数据包是由从机向主机发送的心电导联信息，如图 B-6 所示。

模块ID	HEAD	二级ID	DAT1	DAT2	DAT3	DAT4	DAT5	DAT6	CHECK
10H	数据头	03H	导联信息	过载报警	保留	保留	保留	保留	校验和

图 B-6　心电导联信息数据包

导联信息定义如表 B-8 所示。

表 B-8　导联信息的解释说明

位	解 释 说 明
7:4	保留
3	V 导联连接信息：1-导联脱落；0-连接正常
2	RA 导联连接信息：1-导联脱落；0-连接正常
1	LA 导联连接信息：1-导联脱落；0-连接正常
0	LL 导联连接信息：1-导联脱落；0-连接正常

在 3 导联模式下，由于只有 RA、LA、LL 共 3 个导联，不能处理 V 导联的信息。5 导联模式下，由于 RL 作为驱动导联，不检测 RL 的导联连接状态。

过载报警定义如表 B-9 所示。过载信息表明 ECG 信号饱和，主机必须根据该信息进行报警。心电导联信息数据包每秒发送 1 次。

表 B-9　过载报警的解释说明

位	解 释 说 明
7:2	保留
1	ECG 通道 2 过载信息：0-正常；1-过载
0	ECG 通道 1 过载信息：0-正常；1-过载

7. 心率（DAT_ECG_HR）

心率数据包是由从机向主机发送的心率值，图 B-7 即为心率数据包的定义。

模块ID	HEAD	二级ID	DAT1	DAT2	DAT3	DAT4	DAT5	DAT6	CHECK
10H	数据头	04H	心率高字节	心率低字节	保留	保留	保留	保留	校验和

图 B-7　心率数据包

心率是 16 位有符号数，有效数据范围为 0～350bpm，-100 代表无效值。心率数据包每秒发送 1 次。

8. 心电 ST 值（DAT_ST）

心电 ST 值数据包是由从机向主机发送的心电 ST 值，图 B-8 即为 ST 值数据包的定义。

模块ID	HEAD	二级ID	DAT1	DAT2	DAT3	DAT4	DAT5	DAT6	CHECK
10H	数据头	05H	ST1偏移高字节	ST1偏移低字节	ST2偏移高字节	ST2偏移低字节	保留	保留	校验和

图 B-8　心电 ST 值数据包

ST 偏移值为 16 位的有符号数，所有的值都扩大 100 倍。例如，125 代表 1.25mv，-125 代表-1.25mv。-10000 代表无效值。心电 ST 值数据包每秒发送 1 次。

9. 心电 ST 模板波形（DAT_ST_PAT）

心电 ST 模板波形数据包是由从机向主机发送的心电 ST 模板波形，图 B-9 即为心电 ST 模板波形数据包的定义。

模块ID	HEAD	二级ID	DAT1	DAT2	DAT3	DAT4	DAT5	DAT6	CHECK
10H	数据头	06H	顺序号	ST模板数据1	ST模板数据2	ST模板数据3	ST模板数据4	ST模板数据5	校验和

图 B-9　心电 ST 模板波形数据包

顺序号定义如表 B-10 所示。

表 B-10　顺序号的解释说明

位	解 释 说 明
7	通道号：0-通道 1；1-通道 2
6:0	顺序号：0~49，每个 ST 模板波形分 50 次传送，每次 5 字节，共计 250 字节

ST 模板数据 1~5 均为 8 位无符号数，250 字节的 ST 模板波形数据组成长度为 1 秒钟的心电波形，波形基线为 128，第 125 个数据为 R 波位置，上位机可以根据模板波形进行 ISO 和 ST 设置。心电 ST 模板波形数据包在 ST 模板更新完成后每 30ms 发送 1 次，整个模板共 50 个包，ST 模板波形每 10s 更新一次。

10．呼吸波形数据（DAT_RESP_WAVE）

呼吸波形数据包是由从机向主机发送的呼吸波形，图 B-10 即为呼吸波形数据包的定义。

模块ID	HEAD	二级ID	DAT1	DAT2	DAT3	DAT4	DAT5	DAT6	CHECK
11H	数据头	02H	呼吸波形数据1	呼吸波形数据2	呼吸波形数据3	呼吸波形数据4	呼吸波形数据5	保留	校验和

图 B-10　呼吸波形数据包

呼吸波形数据为 8 位无符号数，有效数据范围为 0~255，当 RA/LL 导联脱落时波形数据为 128。呼吸波形数据包每 40ms 发送一次。

11．呼吸率（DAT_RESP_RR）

呼吸率数据包是由从机向主机发送的呼吸率，图 B-11 即为呼吸率数据包的定义。

模块ID	HEAD	二级ID	DAT1	DAT2	DAT3	DAT4	DAT5	DAT6	CHECK
11H	数据头	03H	呼吸率高字节	呼吸率低字节	保留	保留	保留	保留	校验和

图 B-11　呼吸率数据包

呼吸率为 16 位有符号数，有效数据范围为 6~120bpm，-100 代表无效值，导联脱落时呼吸率等于-100，窒息时呼吸率为 0。呼吸率数据包每秒发送 1 次。

12．窒息报警（DAT_RESP_APNEA）

窒息报警数据包是由从机向主机发送的呼吸窒息报警信息，图 B-12 即为窒息报警数据包的定义。

模块ID	HEAD	二级ID	DAT1	DAT2	DAT3	DAT4	DAT5	DAT6	CHECK
11H	数据头	04H	报警信息	保留	保留	保留	保留	保留	校验和

图 B-12　窒息报警数据包

报警信息：0-无报警，1-有报警，窒息时呼吸率为 0。窒息报警数据包每秒发送 1 次。

13．呼吸 CVA 报警信息（DAT_RESP_CVA）

呼吸 CVA 报警信息数据包是由从机向主机发送的 CVA 报警信息，图 B-13 即为呼吸 CVA 报警信息数据包的定义。

模块ID	HEAD	二级ID	DAT1	DAT2	DAT3	DAT4	DAT5	DAT6	CHECK
11H	数据头	05H	CVA检测	保留	保留	保留	保留	保留	校验和

图 B-13　呼吸 CVA 报警信息数据包

CVA 报警信息：0-没有 CVA 报警信息，1-有 CVA 报警信息。CVA（cardiovascular artifact）为心动干扰，是心电信号叠加在呼吸波形上的干扰，如果模块检测到该干扰存在，则发送该报警信息。CVA 报警时呼吸率为无效值（-100）。呼吸 CVA 报警信息数据包每秒发送 1 次。

14．体温数据（DAT_TEMP_DATA）

体温数据包是由从机向主机发送的双通道体温值和探头信息，图 B-14 即为体温数据包的定义。

模块ID	HEAD	二级ID	DAT1	DAT2	DAT3	DAT4	DAT5	DAT6	CHECK
12H	数据头	02H	体温探头状态	体温通道1高字节	体温通道1低字节	体温通道2高字节	体温通道2低字节	保留	校验和

图 B-14　体温数据包

体温探头状态定义如表 B-11 所示，需要注意的是，体温数据为 16 位有符号数，有效数据范围为 0～500，数据扩大 10 倍，单位为摄氏度。例如，368 代表 36.8℃，-100 代表无效数据。体温数据包每秒发送 1 次。

表 B-11　体温探头状态的解释说明

位	解释说明
7:2	保留
1	体温通道 2：0-体温探头接上；1-体温探头脱落
0	体温通道 1：0-体温探头接上；1-体温探头脱落

15．血氧波形数据（DAT_SPO2_WAVE）

血氧波形数据包是由从机向主机发送的血氧波形数据，图 B-15 即为血氧波形数据包的定义。

模块ID	HEAD	二级ID	DAT1	DAT2	DAT3	DAT4	DAT5	DAT6	CHECK
13H	数据头	02H	血氧波形数据1	血氧波形数据2	血氧波形数据3	血氧波形数据4	血氧波形数据5	血氧测量状态	校验和

图 B-15　血氧波形数据包

血氧测量状态定义如表 B-12 所示。血氧波形为 8 位无符号数，数据范围为 0～255，探头脱落时血氧波形为 0。血压波形数据包每 40ms 发送一次。

表 B-12　血氧测量状态的解释说明

位	解 释 说 明
7	SPO2 探头手指脱落标志：1-探头手指脱落
6	保留
5	保留
4	SPO2 探头脱落标志：1-探头脱落
3:0	保留

16．血氧数据（DAT_SPO2_DATA）

血氧数据包是由从机向主机发送的血氧数据，如脉率和氧饱和度，图 B-16 即为血氧数据包的定义。

模块ID	HEAD	二级ID	DAT1	DAT2	DAT3	DAT4	DAT5	DAT6	CHECK
13H	数据头	03H	氧饱和度信息	脉率高字节	脉率低字节	氧饱和度数据	保留	保留	校验和

图 B-16　血氧数据包

氧饱和度信息定义如表 B-13 所示。脉率为 16 位有符号数，有效数据范围为 0～255bpm，-100 代表无效值。氧饱和度为 8 位有符号数，有效数据范围为 0～100%，-100 代表无效值。血氧数据包每秒发送 1 次。

表 B-13　氧饱和度信息的解释说明

位	解 释 说 明
7:6	保留
5	氧饱和度下降标志：1-氧饱和度下降
4	搜索时间太长标志：1-搜索脉搏的时间大于 15s
3:0	信号强度（0～8，15 代表无效值），表示脉搏搏动的强度

17．无创血压实时数据（DAT_NBP_CUFPRE）

无创血压实时数据包是由从机向主机发送的袖带压等数据，图 B-17 即为无创血压实时数据包的定义。

模块ID	HEAD	二级ID	DAT1	DAT2	DAT3	DAT4	DAT5	DAT6	CHECK
14H	数据头	02H	袖带压力高字节	袖带压力低字节	袖带类型错误标志	测量类型	保留	保留	校验和

图 B-17　无创血压实时数据包

袖带类型错误标志如表 B-14 所示，测量类型定义如表 B-15 所示。需要注意的是，袖带压力为 16 位有符号数，数据范围为 0～300mmHg，-100 代表无效值。无创血压实时数据包每秒发送 5 次。

表 B-14　袖带类型错误标志的解释说明

位	解 释 说 明
7:0	袖带类型错误标志 0-表示袖带使用正常 1-表示在成人/儿童模式下，检测到新生儿袖带 上位机在该标志为 1 时应该立即发送停止命令停止测量

表 B-15　测量类型的解释说明

位	解 释 说 明
7:0	测量类型： 1-在手动测量方式下 2-在自动测量方式下 3-在 STAT 测量方式下 4-在校准方式下 5-在漏气检测中

18．无创血压测量结束（DAT_NBP_END）

无创血压测量结束数据包是由从机向主机发送的无创血压测量结束信息，图 B-18 即为无创血压测量结束数据包的定义。

模块ID	HEAD	二级ID	DAT1	DAT2	DAT3	DAT4	DAT5	DAT6	CHECK
14H	数据头	03H	测量类型	保留	保留	保留	保留	保留	校验和

图 B-18　无创血压测量结束数据包

测量类型定义如表 B-16 所示，无创血压测量结束数据包在测量结束后发送。

表 B-16　测量类型的解释说明

位	解 释 说 明
7:0	测量类型： 1-手动测量方式下测量结束 2-自动测量方式下测量结束 3-STAT 测量结束 4-在校准方式下测量结束 5-在漏气检测中测量结束 6-STAT 测量方式中单次测量结束 10-系统错误，具体错误信息见 NBP 状态包

19．无创血压测量结果 1（DAT_NBP_RSLT1）

无创血压测量结果 1 数据包是由从机向主机发送的无创血压收缩压、舒张压和平均压，图 B-19 即为无创血压测量结果 1 数据包的定义。

模块ID	HEAD	二级ID	DAT1	DAT2	DAT3	DAT4	DAT5	DAT6	CHECK
14H	数据头	04H	收缩压 高字节	收缩压 低字节	舒张压 高字节	舒张压 低字节	平均压 高字节	平均压 低字节	校验和

图 B-19　无创血压测量结果 1 数据包

需要注意的是，收缩压、舒张压、平均压均为 16 位有符号数，数据范围为 0～300mmHg，–100 代表无效值，无创血压测量结果 1 数据包在测量结束后和接收到查询测量结果命令后发送。

20．无创血压测量结果 2（DAT_NBP_RSLT2）

无创血压测量结果 2 数据包是由从机向主机发送的无创血压脉率值，图 B-20 即为无创血压测量结果 2 数据包的定义。

模块ID	HEAD	二级ID	DAT1	DAT2	DAT3	DAT4	DAT5	DAT6	CHECK
14H	数据头	05H	脉率高字节	脉率高字节	保留	保留	保留	保留	校验和

图 B-20　无创血压测量结果 2 数据包

需要注意的是，脉率为 16 位有符号数，–100 代表无效值，无创血压测量结果 2 数据包在测量结束和接收到查询测量结果命令后发送。

21．无创血压测量状态（DAT_NBP_STS）

无创血压测量状态数据包是由从机向主机发送的无创血压状态、测量周期、测量错误、剩余时间，图 B-21 即为无创血压测量状态数据包的定义。

模块ID	HEAD	二级ID	DAT1	DAT2	DAT3	DAT4	DAT5	DAT6	CHECK
14H	数据头	06H	无创血压状态	测量周期	测量错误	剩余时间高字节	剩余时间低字节	保留	校验和

图 B-21　无创血压测量状态数据包

无创血压状态定义如表 B-17 所示，无创血压测量周期定义如表 B-18 所示，无创血压测量错误定义如表 B-19 所示。无创血压剩余时间为 16 位无符号数，单位为秒。无创血压状态数据包在接收到查询命令或复位后发送。

表 B-17　无创血压状态的解释说明

位	解 释 说 明
7:6	保留
5:4	病人信息：00-成人模式；01-儿童模式；10-新生儿模式
3:0	无创血压状态： 0000-无创血压待命 0001-手动测量中 0010-自动测量中 0011-STAT 测量方式中 0100-校准中 0101-漏气检测中 0110-无创血压复位 1010-系统出错，具体错误信息见测量错误字节

表 B-18 无创血压测量周期的解释说明

位	解 释 说 明
7:0	无创测量周期（8 位无符号数）： 0-在手动测量方式下 1-在自动测量方式下，对应周期为 1min 2-在自动测量方式下，对应周期为 2min 3-在自动测量方式下，对应周期为 3min 4-在自动测量方式下，对应周期为 4min 5-在自动测量方式下，对应周期为 5min 6-在自动测量方式下，对应周期为 10min 7-在自动测量方式下，对应周期为 15min 8-在自动测量方式下，对应周期为 30min 9-在自动测量方式下，对应周期为 1h 10-在自动测量方式下，对应周期为 1.5h 11-在自动测量方式下，对应周期为 2h 12-在自动测量方式下，对应周期为 3h 13-在自动测量方式下，对应周期为 4h 14-在自动测量方式下，对应周期为 8h 15-在 STAT 测量方式下

表 B-19 无创血压测量错误的解释说明

位	解 释 说 明
7:0	无创测量错误（8 位无符号数）： 0-无错误 1-袖带过松，可能是未接袖带或气路中漏气 2-漏气，可能是阀门或气路中漏气 3-气压错误，可能是阀门无法正常打开 4-弱信号，可能是测量对象脉搏太弱或袖带过松 5-超范围，可能是测量对象的血压值超过了测量范围 6-过分运动，可能是测量时信号中含有太多干扰 7-过压，袖带压力超过范围，成人为 300mmHg，儿童为 240mmHg，新生儿为 150mmHg 8-信号饱和，由于运动或其他原因使信号幅度太大 9-漏气检测失败，在漏气检测中，发现系统气路漏气 10-系统错误，充气泵、A/D 采样、压力传感器出错 11-超时，某次测量超过规定时间，成人/儿童袖带压超过 200mmHg 时为 120s，未超过时为 90s，新生儿为 90s

B.3 主机发送给从机命令包类型 ID

主机发送给从机命令包的模块 ID、二级 ID 定义和说明如表 B-20 所示。

表 B-20 主机发送给从机命令包的模块 ID、二级 ID 解释说明

序 号	模块 ID	ID 定义	ID 号	定 义	说 明
1		CMD_RST_ACK	0x80	格式同模块发送数据格式	模块复位信息应答
2	0x01	CMD_GET_POST_RSLT	0x81	查询下位机的自检结果	读取自检结果
3		CMD_PAT_TYPE	0x90	设置病人类型为成人、儿童或新生儿	病人类型设置

续表

序 号	模块ID	ID 定义	ID号	定 义	说 明
4	0x10	CMD_LEAD_SYS	0x80	设置 ECG 导联为 5 导联或 3 导联模式	3/5 导联设置
5		CMD_LEAD_TYPE	0x81	设置通道 1 或通道 2 的 ECG 导联：Ⅰ、Ⅱ、Ⅲ、AVL、AVR、AVF、V	导联方式设置
6		CMD_FILTER_MODE	0x82	设置通道 1 或通道 2 的 ECG 滤波方式:诊断、监护、手术	心电滤波方式设置
7		CMD_ECG_GAIN	0x83	设置通道 1 或通道 2 的 ECG 增益：×0.25、×0.5、×1、×2	ECG 增益设置
8		CMD_ECG_CAL	0x84	设置 ECG 波形为 1Hz 的校准信号	心电校准
9		CMD_ECG_TRA	0x85	设置 50/60Hz 工频干扰抑制的开关	工频干扰抑制开关
10		CMD_ECG_PACE	0x86	设置起搏分析的开关	起搏分析开关
11		CMD_ECG_ST_ISO	0x87	设置 ST 计算的 ISO 和 ST 点	ST 测量 ISO、ST 点
12		CMD_ECG_CHANNEL	0x88	选择心率计算为通道 1 或通道 2	心率计算通道
13		CMD_ECG_LEADRN	0x89	重新计算心率	心率重新计算
14	0x11	CMD_RESP_GAIN	0x80	设置呼吸增益为：×0.25、×0.5、×1、×2、×4	呼吸增益设置
15		CMD_RESP_APNEA	0x81	设置呼吸窒息的报警延迟时间：10~40s	呼吸窒息报警时间设置
16	0x12	CMD_TEMP	0x80	设置体温探头的类型：YSI/CY-F1	Temp 参数设置
17	0x13	CMD_SPO2	0x80	设置 SPO2 的测量灵敏度	SPO2 参数设置
18	0x14	CMD_NBP_START	0x80	启动一次血压手动/自动测量	NBP 启动测量
19		CMD_NBP_END	0x81	结束当前的测量	NBP 中止测量
20		CMD_NBP_PERIOD	0x82	设置血压自动测量的周期	NBP 测量周期设置
21		CMD_NBP_CALIB	0x83	血压进入校准状态	NBP 校准
22		CMD_NBP_RST	0x84	软件复位血压模块	NBP 模块复位
23		CMD_NBP_CHECK_LEAK	0x85	血压气路进行漏气检测	NBP 漏气检测
24		CMD_NBP_QUERY_STS	0x86	查询血压模块的状态	NBP 查询状态
25		CMD_NBP_FIRST_PRE	0x87	设置下次血压测量的首次充气压力	NBP 首次充气压力设置
26		CMD_NBP_CONT	0x88	开始 5min 的 STAT 血压测量	开始 5min 的 STAT 血压测量
27		CMD_NBP_RSLT	0x89	查询上次血压的测量结果	NBP 查询上次测量结果

下面按照顺序对主机发送给从机命令包进行详细讲解。

1. 模块复位信息应答（CMD_RST_ACK）

模块复位信息应答命令包是通过主机向从机发送的命令，当从机给主机发送复位信息，主机收到复位信息后就会发送模块复位信息应答命令包给从机，图 B-22 为模块复位信息应答命令包的定义。

模块ID	HEAD	二级ID	DAT1	DAT2	DAT3	DAT4	DAT5	DAT6	CHECK
01H	数据头	80H	保留	保留	保留	保留	保留	保留	校验和

图 B-22　模块复位信息应答命令包

2. 读取自检结果（CMD_GET_POST_RSLT）

读取自检结果命令包是通过主机向从机发送的命令，从机会返回系统的自检结果数据包，同时从机还应返回命令应答包。图 B-23 即为读取自检结果命令包的定义。

模块ID	HEAD	二级ID	DAT1	DAT2	DAT3	DAT4	DAT5	DAT6	CHECK
01H	数据头	81H	保留	保留	保留	保留	保留	保留	校验和

图 B-23　读取自检结果命令包

3. 病人类型设置（CMD_PAT_TYPE）

病人类型设置命令包是通过主机向从机发送的命令，以达到对病人类型进行设置的目的，图 B-24 即为病人类型设置命令包的定义。

模块ID	HEAD	二级ID	DAT1	DAT2	DAT3	DAT4	DAT5	DAT6	CHECK
01H	数据头	90H	病人类型	保留	保留	保留	保留	保留	校验和

图 B-24　病人类型设置命令包

病人类型定义如表 B-21 所示，需要注意的是，复位后，病人类型默认值为成人。

表 B-21　病人类型的解释说明

位	解 释 说 明
7:0	病人类型：0-成人；1-儿童；2-新生儿

4. 3/5 导联设置（CMD_LEAD_SYS）

3/5 导联设置命令包是通过主机向从机发送的命令，以达到对 3/5 导联设置的目的，图 B-25 即为心电 3/5 导联设置命令包说明。

模块ID	HEAD	二级ID	DAT1	DAT2	DAT3	DAT4	DAT5	DAT6	CHECK
10H	数据头	80H	3/5导联设置	保留	保留	保留	保留	保留	校验和

图 B-25　心电 3/5 导联设置命令包

3/5 导联设置定义如表 B-22 所示，由 3 导联设置为 5 导联时通道 1 的导联设置为 I 导，通道 2 的导联设置为 II 导。由 5 导联设置为 3 导联时通道 1 的导联设置为 II 导。复位后的默认值为 5 导联。注意，3 导联状态下 ECG 只有通道 1 有波形，通道 2 的波形为默认值 2048。导联设置只能设置通道 1 且只有 I、II、III 这 3 种选择，心率计算通道固定为通道 1。

表 B-22　3/5 导联设置的解释说明

位	解 释 说 明
7:0	导联设置：0-3 导联；1-5 导联

5. 导联方式设置（CMD_LEADTYPE）

导联方式设置命令包是通过主机向从机发送的命令，以达到对导联方式设置的目的，图 B-26 即为导联方式设置命令包的定义。

模块ID	HEAD	二级ID	DAT1	DAT2	DAT3	DAT4	DAT5	DAT6	CHECK
10H	数据头	81H	导联方式	保留	保留	保留	保留	保留	校验和

图 B-26　导联方式设置命令包

导联方式设置定义如表 B-23 所示。复位后默认设置为通道 1 为 II 导联，通道 2 为 I 导联。需要注意的是，3 导联状态下 ECG 只有通道 1 有波形，不能发送通道 2 的导联设置，通道 1 的导联设置只有 I 、II 、III 这 3 种选择。否则下位机会返回命令错误信息。

表 B-23　导联方式设置的解释说明

位	解 释 说 明
7:4	通道选择：0-通道 1；1-通道 2
3:0	导联选择：0-保留；1-I 导联；2-II 导联；3-III 导联；4-AVR 导联；5-AVL 导联；6-AVF 导联；7-V 导联

6. 心电滤波方式设置（CMD_FILTER_MODE）

心电滤波方式设置命令包是通过主机向从机发送的命令，以达到对滤波方式进行选择的目的，图 B-27 即为心电滤波方式设置命令包的定义。

模块ID	HEAD	二级ID	DAT1	DAT2	DAT3	DAT4	DAT5	DAT6	CHECK
10H	数据头	82H	心电滤波方式	保留	保留	保留	保留	保留	校验和

图 B-27　心电滤波方式设置命令包

心电滤波方式定义如表 B-24 所示。复位后默认设置为诊断方式。

表 B-24　心电滤波方式的解释说明

位	解 释 说 明
7:4	保留
3:0	滤波方式：0-诊断；1-监护；2-手术；3-保留

7. 心电增益设置（CMD_ECG_GAIN）

心电增益设置命令包是通过主机向从机发送的命令，以达到对心电波形进行幅值调节的目的，图 B-28 即为心电增益设置命令包的定义。

模块ID	HEAD	二级ID	DAT1	DAT2	DAT3	DAT4	DAT5	DAT6	CHECK
10H	数据头	83H	心电增益	保留	保留	保留	保留	保留	校验和

图 B-28　心电增益设置命令包

心电增益定义如表 B-25 所示，需要注意的是，复位时，主机向从机发送命令，将通道 1 和通道 2 的增益设置为×1。

表 B-25　心电增益的解释说明

位	解 释 说 明
7:4	通道设置：0-通道 1；1-通道 2
3:0	增益设置：0-×0.25；1-×0.5；2-×1；3-×2；4-×4

8. 心电校准（CMD_ECG_CAL）

心电校准命令包是通过主机向从机发送的命令，以达到对心电波形进行校准的目的，图 B-29 即为心电校准命令包的定义。

模块ID	HEAD	二级ID	DAT1	DAT2	DAT3	DAT4	DAT5	DAT6	CHECK
10H	数据头	84H	心电校准	保留	保留	保留	保留	保留	校验和

图 B-29　心电校准命令包

心电校准设置定义如表 B-26 所示。复位后默认设置为关。从机在收到心电校准命令后会设置心电信号为频率为 1Hz、幅度为 1mV 大小的方波校准信号。

表 B-26　心电校准设置的解释说明

位	解 释 说 明
7:0	导联设置：1-开；0-关

9. 工频干扰抑制开关（CMD_ECG_TRA）

工频干扰抑制开关命令包是通过主机向从机发送的命令，以达到对心电进行校准的目的，图 B-30 即为工频干扰抑制开关命令包的定义。

模块ID	HEAD	二级ID	DAT1	DAT2	DAT3	DAT4	DAT5	DAT6	CHECK
10H	数据头	85H	陷波开关	保留	保留	保留	保留	保留	校验和

图 B-30　工频干扰抑制开关命令包

陷波开关定义如表 B-27 所示，复位后默认设置为关。

表 B-27　陷波开关的解释说明

位	解 释 说 明
7:0	陷波开关：1-开；0-关

10. 起搏分析开关（CMD_ECG_PACE）

起搏分析开关设置命令包是通过主机向从机发送的命令，以达到对心电进行起搏分析设置的目的，图 B-31 即为起搏分析开关设置命令包定义。

模块ID	HEAD	二级ID	DAT1	DAT2	DAT3	DAT4	DAT5	DAT6	CHECK
10H	数据头	86H	分析开关	保留	保留	保留	保留	保留	校验和

图 B-31　起搏分析开关设置命令包

起搏分析开关设置定义如表 B-28 所示，复位后默认值为关。

表 B-28　起搏分析开关设置的解释说明

位	解 释 说 明
7:0	导联设置：1-起搏分析开；0-起搏分析关

11．ST 测量的 ISO、ST 点（CMD_ECG_ST_ISO）

ST 测量的 ISO、ST 点设置命令包是通过主机向从机发送命令，改变等电位点和 ST 测量点相对于 R 波顶点的位置，图 B-32 即为 ST 测量的 ISO、ST 点设置命令包的定义。

模块ID	HEAD	二级ID	DAT1	DAT2	DAT3	DAT4	DAT5	DAT6	CHECK
10H	数据头	87H	ISO点高字节	ISO点低字节	ST点高字节	ST点低字节	保留	保留	校验和

图 B-32　ST 测量的 ISO、ST 点设置命令包

ISO 点偏移量即为等电位点相对于 R 波顶点的位置，单位为 4ms，ST 点偏移量即为 ST 测量点相对于 R 波顶点的位置，单位为 4ms。复位后，ISO 点偏移量默认设置为 20×4=80ms，ST 点偏移量默认设置为 27×4=108ms。

12．心率计算通道（CMD_ECG_CHANNEL）

心率计算通道设置命令包是通过主机向从机发送的命令，以达到选择心率计算通道的目的，图 B-33 即为心率计算通道设置命令包的定义。

模块ID	HEAD	二级ID	DAT1	DAT2	DAT3	DAT4	DAT5	DAT6	CHECK
10H	数据头	88H	心率计算通道	保留	保留	保留	保留	保留	校验和

图 B-33　心率计算通道设置命令包

心率计算通道定义如表 B-29 所示，复位后默认值为通道 1。

表 B-29　心率计算通道的解释说明

位	解 释 说 明
7:0	导联设置：0-通道 1；1-通道 2；2-自动选择

13．心率重新计算（CMD_ECG_LEARN）

心率重新计算命令包是通过主机向从机发送的命令，以达到心率重新计算的目的，图 B-34 即为心率重新计算命令包的定义。

模块ID	HEAD	二级ID	DAT1	DAT2	DAT3	DAT4	DAT5	DAT6	CHECK
10H	数据头	89H	保留	保留	保留	保留	保留	保留	校验和

图 B-34　心率重新计算命令包

14．呼吸增益设置（CMD_RESP_GAIN）

呼吸增益设置命令包是通过主机向从机发送的命令，以达到对呼吸波形进行幅值调节的目的，图 B-35 即为呼吸增益设置命令包的定义。

模块ID	HEAD	二级ID	DAT1	DAT2	DAT3	DAT4	DAT5	DAT6	CHECK
11H	数据头	80H	呼吸增益	保留	保留	保留	保留	保留	校验和

图 B-35　呼吸增益设置命令包

呼吸增益具体设置如表 B-30 所示，复位时，主机向从机发送命令，将呼吸增益设置为×1。

表 B-30　呼吸增益具体设置的解释说明

位	解 释 说 明
7:0	增益设置：0-×0.25，1-×0.5，2-×1，3-×2，4-×4

15. 窒息报警时间设置（CMD_RESP_APNEA）

窒息报警时间设置命令包是通过主机向从机发送的命令，以达到对窒息报警时间进行设置的目的，图 B-36 即为窒息报警时间设置命令包的定义。

模块ID	HEAD	二级ID	DAT1	DAT2	DAT3	DAT4	DAT5	DAT6	CHECK
11H	数据头	81H	窒息报警时间	保留	保留	保留	保留	保留	校验和

图 B-36　窒息报警时间设置命令包

窒息报警延迟时间设置如表 B-31 所示，复位后窒息报警延迟时间默认设置为 20s。

表 B-31　窒息报警延迟时间设置的解释说明

位	解 释 说 明
7:0	窒息报警延迟时间设置： 0-不报警；1-10s；2-15s；3-20s；4-25s；5-30s；6-35s；7-40s

16. 体温参数设置（CMD_TEMP）

体温参数设置命令包是通过主机向从机发送的命令，以达到对体温模块进行参数设置的目的，图 B-37 即为体温参数设置命令包的定义。

模块ID	HEAD	二级ID	DAT1	DAT2	DAT3	DAT4	DAT5	DAT6	CHECK
12H	数据头	80H	探头类型	保留	保留	保留	保留	保留	校验和

图 B-37　体温参数设置命令包

探头类型如表 B-32 所示，复位时，主机向从机发送命令，将体温探头类型设置为 YSI 探头类型。

表 B-32　探头类型的解释说明

位	解 释 说 明
7:0	探头类型：0-YSI 探头；1-CY 探头

17. 血氧参数设置（CMD_SPO2）

血氧参数设置命令包是通过主机向从机发送的命令，以达到对血氧模块进行参数设置的目的，图 B-38 即为血氧参数设置命令包的定义。

模块ID	HEAD	二级ID	DAT1	DAT2	DAT3	DAT4	DAT5	DAT6	CHECK
13H	数据头	80H	计算灵敏度	保留	保留	保留	保留	保留	校验和

图 B-38　血氧参数设置命令包

计算灵敏度定义如表 B-33 所示，复位时，主机向从机发送命令，将计算灵敏度设置为中灵敏度。

表 B-33　计算灵敏度的解释说明

位	解 释 说 明
7:0	计算灵敏度：1-高；2-中；3-低

18. 无创血压启动测量（CMD_NBP_START）

无创血压启动测量命令包是通过主机向从机发送的命令，以达到启动一次无创血压测量的目的，图 B-39 即为无创血压启动测量命令包的定义。

模块ID	HEAD	二级ID	DAT1	DAT2	DAT3	DAT4	DAT5	DAT6	CHECK
14H	数据头	80H	保留	保留	保留	保留	保留	保留	校验和

图 B-39　无创血压启动测量命令包

19. 无创血压中止测量（CMD_NBP_END）

无创血压中止测量命令包是通过主机向从机发送的命令，以达到中止无创血压测量的目的，图 B-40 即为无创血压中止测量命令包的定义。

模块ID	HEAD	二级ID	DAT1	DAT2	DAT3	DAT4	DAT5	DAT6	CHECK
14H	数据头	81H	保留	保留	保留	保留	保留	保留	校验和

图 B-40　无创血压中止测量命令包

20. 无创血压测量周期设置（CMD_NBP_PERIOD）

无创血压测量周期设置命令包是通过主机向从机发送的命令，以达到设置自动测量周期的目的，图 B-41 即为无创血压测量周期设置命令包的定义。

模块ID	HEAD	二级ID	DAT1	DAT2	DAT3	DAT4	DAT5	DAT6	CHECK
14H	数据头	82H	测量周期	保留	保留	保留	保留	保留	校验和

图 B-41　无创血压测量周期设置命令包

测量周期定义如表 B-34 所示，复位后，默认值为手动方式。

表 B-34　测量周期的解释说明

位	解 释 说 明
7:0	0-设置为手动方式 1-设置自动测量周期为 1min 2-设置自动测量周期为 2min 3-设置自动测量周期为 3min 4-设置自动测量周期为 4min 5-设置自动测量周期为 5min 6-设置自动测量周期为 10min 7-设置自动测量周期为 15min 8-设置自动测量周期为 30min 9-设置自动测量周期为 60min 10-设置自动测量周期为 90min 11-设置自动测量周期为 120min 12-设置自动测量周期为 180min 13-设置自动测量周期为 240min 14-设置自动测量周期为 480min

21．无创血压校准（CMD_NBP_CALIB）

无创血压校准命令包是通过主机向从机发送的命令，以达到启动一次校准的目的，图 B-42 即为无创血压校准命令包的定义。

模块ID	HEAD	二级ID	DAT1	DAT2	DAT3	DAT4	DAT5	DAT6	CHECK
14H	数据头	83H	保留	保留	保留	保留	保留	保留	校验和

图 B-42 无创血压校准命令包

22．无创血压模块复位（CMD_NBP_RST）

无创血压模块复位命令包是通过主机向从机发送的命令，以达到模块复位的目的，无创血压模块复位主要是执行打开阀门、停止充气、回到手动测量方式操作，图 B-43 即为无创血压模块复位命令包的定义。

模块ID	HEAD	二级ID	DAT1	DAT2	DAT3	DAT4	DAT5	DAT6	CHECK
14H	数据头	84H	保留	保留	保留	保留	保留	保留	校验和

图 B-43 无创血压模块复位命令包

23．无创血压漏气检测（CMD_NBP_CHECK_LEAK）

无创血压漏气检测命令包是通过主机向从机发送的命令，以达到启动漏气检测的目的，图 B-44 即为无创血压漏气检测命令包的定义。

模块ID	HEAD	二级ID	DAT1	DAT2	DAT3	DAT4	DAT5	DAT6	CHECK
14H	数据头	85H	保留	保留	保留	保留	保留	保留	校验和

图 B-44 无创血压漏气检测命令包

24．无创血压查询状态（CMD_NBP_QUERY）

无创血压查询状态命令包是通过主机向从机发送的命令，以达到查询无创血压状态的目的，图 B-45 即为无创血压查询状态命令包的定义。

模块ID	HEAD	二级ID	DAT1	DAT2	DAT3	DAT4	DAT5	DAT6	CHECK
14H	数据头	86H	保留	保留	保留	保留	保留	保留	校验和

图 B-45 无创血压查询状态命令包

25．无创血压首次充气压力设置（CMD_NBP_FIRST_PRE）

无创血压首次充气压力设置命令包是通过主机向从机发送的命令，以达到设置首次充气压力的目的，图 B-46 即为无创血压首次充气压力设置命令包的定义。

模块ID	HEAD	二级ID	DAT1	DAT2	DAT3	DAT4	DAT5	DAT6	CHECK
14H	数据头	87H	病人类型	压力值	保留	保留	保留	保留	校验和

图 B-46 无创血压首次充气压力设置命令包

病人类型定义如表 B-35 所示，初次充气压力定义如表 B-36 所示。成人模式的压力范围为 80～250mmHg，儿童模式的压力范围为 80～200mmHg，新生儿模式的压力范围为 60～

120mmHg，该命令包只有在相应的测量对象模式时才有效。当切换病人模式时，初次充气压力会设为各模式的默认值，即成人模式初次充气的压力的默认值为 160mmHg，儿童模式初次充气的压力的默认值为 120mmHg，新生儿模式初次充气的压力的默认值为 70mmHg。另外，系统复位后的默认设置为成人模式，初次充气压力为 160mmHg。

表 B-35　病人类型的解释说明

位	解 释 说 明
7:0	病人类型：0-成人；1-儿童；2-新生儿

表 B-36　初次充气压力的解释说明

位	解 释 说 明
7:0	新生儿模式下，压力范围：60～120mmHg 儿童模式下，压力范围：80～200mmHg 成人模式下，压力范围：80～240mmHg 60-设置初次充气压力为 60mmHg 70-设置初次充气压力为 70mmHg 80-设置初次充气压力为 80mmHg 100-设置初次充气压力为 100mmHg 120-设置初次充气压力为 120mmHg 140-设置初次充气压力为 140mmHg 150-设置初次充气压力为 150mmHg 160-设置初次充气压力为 160mmHg 180-设置初次充气压力为 180mmHg 200-设置初次充气压力为 200mmHg 220-设置初次充气压力为 220mmHg 240-设置初次充气压力为 240mmHg

26．无创血压启动 STAT 测量（CMD_NIBP_CONT）

无创血压启动 STAT 测量命令包是通过主机向从机发送的命令，以达到启动 STAT 测量的目的，图 B-47 即为无创血压启动 STAT 测量命令包的定义。

模块ID	HEAD	二级ID	DAT1	DAT2	DAT3	DAT4	DAT5	DAT6	CHECK
14H	数据头	88H	保留	保留	保留	保留	保留	保留	校验和

图 B-47　无创血压启动 STAT 测量命令包

27．无创血压查询测量结果（CMD_NIBP_RSLT）

无创血压查询测量结果命令包是通过主机向从机发送的命令，以达到查询测量结果的目的，图 B-48 即为无创血压查询测量结果命令包的定义。

模块ID	HEAD	二级ID	DAT1	DAT2	DAT3	DAT4	DAT5	DAT6	CHECK
14H	数据头	89H	保留	保留	保留	保留	保留	保留	校验和

图 B-48　无创血压查询测量结果命令包

附录C C#语言软件设计规范（LY-STD003-2019）

本附录介绍的规范是由深圳市乐育科技有限公司于 2019 年发布的，版本为 LY-STD003-2019。该规范详细介绍了 C#语言的书写规范，包括源文件结构、命名、注释、排版、表达式、基本语句和注意事项。使用该规范可以使程序编写得更加规范和高效，对代码的理解和维护也起到至关重要的作用。

C.1 源文件基础

C.1.1 文件结构

文件结构各部分之间使用空行分隔，由上至下依次为：①版本文字注释说明；②using 语句；③namespace 命名空间；④类和接口定义，在类或接口定义前进行文字注释说明。

C.1.2 using 语句

using 语句在创建项目时会自动生成，using System 是指引用名称为 System 的命名空间，System 命名空间包含用于定义常用值和引用数据类型、事件和事件处理程序、接口、特性及处理异常的基础类和基类。在代码编写过程中需要用到对应的内容时，应在尾部添加所需要的 using 语句。

C.1.3 类成员的规范

类成员可分为以下几组，每组之间使用空行分隔：
（1）成员变量放在一起，成员方法放在一起；
（2）属性相同的放在一起，如心电与呼吸为两个大模块；
（3）重载的方法需要放在一起，不能被其他成员分开。

C.2 命名规范

标识符的命名要清晰、明了，有明确的含义，并使用完整的单词或容易理解的缩写，避免让人产生误解。

较短的单词可通过去掉"元音"来形成缩写，较长的单词可取单词的头几个字母来形成缩写；一些单词有大家公认的缩写。

例如：message 可缩写为 msg；flag 可缩写为 flg；increment 可缩写为 inc。

C.2.1 三种常用命名方式介绍

（1）骆驼命名法（camelCase）
骆驼命名法是指混合使用大小写字母来构成变量和方法的名字。例如，用骆驼命名法命名的方法有 printEmployeePayCheck()。

（2）帕斯卡命名法（PascalCase）

与骆驼命名法类似，只不过骆驼命名法是首字母小写，而帕斯卡命名法是首字母大写，如 InitRecData。

（3）匈牙利命名法（Hungarian）

匈牙利命名法通过在变量名前面加上相应的小写字母的符号标识作为前缀，标识出变量的作用域。这些符号可以多个同时使用，顺序是先 m（成员变量），再变量名。例如，mFreq 表示一个成员变量。匈牙利命名法关键是，标识符的名字以一个或多个小写字母开头作为前缀；前缀之后的是首字母大写的一个单词或多个单词的组合，该单词要指明变量的用途。

C.2.2　文件命名

文件命名通常按照帕斯卡命名法，如 PackUnpack。其中，主界面的源码文件命名为 MainForm；窗口界面的文件命名为 Form 加上名词修饰。

C.2.3　类命名

（1）使用帕斯卡命名法，所有单词的首字母大写。

（2）类名应为名词或名词短语，尽可能使用完整的单词，避免使用缩写（除非该缩写使用得更广泛）。

（3）不要使用类前缀，不要使用下画线字符"_"。

（4）规范中，首字母前加上 I 表示接口命名，不过也有以 I 开头的单词，这时以该单词作为类名称也是合理的。例如，类名称 IdentityStore 就是合理的。

（5）在合理的地方，使用复合单词命名派生的类，派生类名称的第二部分应当是基类的名称。例如，ApplicationException 类为 Exception 类的派生类，其命名时在后面加 Exception 是合理的。不过这种命名方式不适用于所有的派生类，在应用该规则时需要进行合理的判断。例如，Button 类为 Control 类的派生类，不需要在 Button 后面加上 Control 组合成派生类的名称，虽然按钮是一种控件，但是将 Control 作为类名称的一部分将使名称不必要地加长。

C.2.4　接口命名

（1）使用帕斯卡命名法，所有单词的首字母大写。

（2）接口可以包含事件、索引器、方法和属性这 4 种类型。

（3）接口名称应为名词或名词短语或描述其行为的形容词，尽可能使用完整的单词，如 IComponent 或 IEnumberable。

（4）使用字符 I 作为前缀，并紧跟一个大写字母（即接口名的首字母大写）。

例如：

```
interface ICompare
    {
        int Compare();
    }
```

C.2.5　方法命名

（1）使用骆驼命名法，第一个单词的首字母小写，其后单词的首字母大写。

（2）方法名称一般采用"动宾结构"。

（3）推荐名称应为动词或动词短语，如 getBookName，不要使用 bookNameGet。

类中常用的方法的命名如下：

① 类的获取方法（一般具有返回值），要求在被访问的字段名前加上前缀 get，如 getFirstName()。一般来说，get 前缀方法返回的是单个值，find 前缀的方法返回的是列表值。

② 类的设置方法（一般返回类型为 void），在被访问字段名的前面加上前缀 set，如 setFirstName()。

③ 构造方法用递增的方式排序，参数多的写在后面。

C.2.6　局部变量命名

（1）使用骆驼命名法，第一个单词的首字母小写，其后单词的首字母大写。

（2）局部变量包括形参（方法签名中定义的变量）、方法局部变量（在方法内定义）、代码块局部变量（在代码块内定义）。

（3）如果变量表示集合，则需要采用英文单词的复数形式。

例如：

```
ushort ecgWave1;
string[] books;
```

（4）尽量避免单个字符的变量名，除非是一次性的临时变量；在简单的循环语句中计数器变量使用 i、j、k、l、m、n。

（5）变量名应选用易于记忆的，即能够指出其用途。

C.2.7　成员变量命名

（1）使用骆驼命名法。

（2）非 static 的变量名称以 m 开头。

例如：

```
protected int mProtected;
public string mPrbType;
```

（3）static 变量名称以 s 开头。

例如：

```
private static int sDataStep;
```

注意，尽可能在定义变量的同时初始化该变量，如果变量的引用处和定义处相隔较远，变量的初始化很容易被忘记。如果引用了未被初始化的变量，可能会导致程序错误，而且很难找到出错处。

C.2.8　常量命名

（1）通常命名为变量名称，全部大写，单词之间用下画线隔开。

（2）力求语义表达完整清楚，不要嫌名称长。

例如：

```
public const int MAX_PACK_LEN = 10;
```

C.2.9　事件命名

（1）使用帕斯卡命名法。

（2）event handlers 命名使用后缀 EventHandler。

（3）两个参数分别使用 sender 及 e。

（4）事件参数使用后缀 EventArgs。

（5）事件命名使用语法时态反映其激发的状态，如 Changed、Changing。

（6）考虑使用动词命名。

自定义的属性以 Attribute 结尾，例如：

```
public class AuthorAttribute : Attribute
{
}
```

自定义的异常以 Exception 结尾，例如：

```
public class AppException : Exception
{
}
```

C.2.10　枚举命名

（1）对于 Enum 的名称使用帕斯卡命名法。

（2）少用缩写。

（3）在 Enum 类型名称上加前缀 Enum。

（4）对大多数 Enum 类型，使用单数名称，但是对作为位域的 Enum 类型则使用复数名称。

（5）枚举常量均为大写，不同单词之间用下画线隔开。

例如：

```
enum  EnumTimeVal
{
    TIME_VAL_HOUR = 0,
    TIME_VAL_MIN,
    TIME_VAL_SEC,
    TIME_VAL_MAX
};
```

C.2.11　结构体命名

（1）结构体的名称使用帕斯卡命名法。

（2）在名称前加上 Struct 作为前缀。

（3）结构体中的常量采用骆驼命名法。

例如：

```
public struct StructUARTInfo
{
    public List<string> portNumItem;
    public string portNum;
```

```
    public string baudRate;
    public string dataBits;
    public string stopBits;
    public string parity;
    public bool isOpened;
}
```

C.2.12　集合命名

（1）使用帕斯卡命名法。

（2）名称应为名词或名词短语。

（3）名称后面添加 Collection。

例如：DspModeCollection

C.3　注释

注释是源码程序中非常重要的一部分，有助于对程序的阅读理解，所以注释语言必须准确、简明扼要。注释不宜太多也不宜太少，内容要一目了然，意思表达准确，避免有歧义。

（1）行注释使用"//"符号，模块注释使用"/*...*/"符号。

（2）边写代码边注释，修改代码的同时修改相应的注释，以保证注释与代码的一致性。

（3）注释的内容要清楚、明了，含义准确，防止注释二义性。

（4）避免在注释中使用缩写，特别是非常用缩写。

（5）注释应考虑程序易读及外观排版的因素，使用的语言若是中文、英文兼有的，建议多使用中文，除非能用非常流利准确的英文表达，而且上下文的注释要对齐。

（6）对代码的注释应放在其上方或右方（对单条语句的注释）相邻的位置，如果放在上方，则需要与其上面的代码用空行隔开。对数据结构中的每个域的注释放在此域的右方。

C.3.1　文件注释

所有源文件都需要在开头给出注释，其中列出作者、日期和版权声明等，形式如下：

```
/*********************************************************************
* 模块名称: MainForm.cs
* 摘    要: 主程序
* 当前版本: 1.0.0
* 作    者:
* 完成日期:
* 内    容:
* 注    意:
* ******************************************************************
* 取代版本:
* 作    者:
* 完成日期:
* 修改内容:
* 修改文件:
* ******************************************************************/
```

C.3.2　方法注释

每一个方法都应包含如下格式的注释，包括当前方法的用途、当前方法参数的含义、当前方法返回值的内容和抛出异常的列表：

```
/*****************************************************************************
* 方法名称：UnpackWithCheckSum
* 功能说明：带校验和的数据解包
* 参数说明：（输入、输出参数和返回值的说明）
* 注    意：返回值 0-解包不成功，1-解包成功
*****************************************************************************/
```

C.3.3　其他注释

（1）变量和常量的注释在定义的同一行后面用 "//…" 进行注释，还应说明用途。如果变量可以接受 NULL 或-1 等警戒值，需说明；布尔型为 true 或 false 时需说明对应的含义。例如：

```
bool isUARTOpen = true; //串口是否打开，打开为 true，关闭为 false
```

（2）方法内部的注释，如果需要多行，使用 "/*…*/" 进行注释；如果为单行，则用 "//…" 形式。

（3）在程序块的结束行右方加注释标志，以表明某程序块的结束。当代码段较长，特别是多重嵌套时，这样做可以使代码更清晰，便于阅读。例如：

```
if(…)
{
while(1)
{


        }/*end of while(1)*/
}/* end of if(…)*/
```

C.4　排版

C.4.1　缩进

（1）代码的缩进用 Tab 键，而不用 Space 键。
（2）Tab 键的缩进为 2 个空格。
（3）如果一条语句太长需要换行，用 Enter 键换行，自动产生缩进。

C.4.2　垂直对齐

垂直对齐是指通过增加可变数量的空格来使某一行的字符与上一行相应的字符对齐。

注意，对齐可增加代码的可读性，但以后可能会给维护带来问题。假设未来某个时候需要修改一堆对齐的代码中的一行时，可能会导致原本对齐的代码错位，就需要调整周围代码的空格来重新对齐，因此做许多的无用功，并且可能导致更多的合并冲突，所以在使用水平对齐时应考虑以后是否更改，以及预留适当的空格以防将来更改。例如：

```
DAT_RESP    = 0x11,        //呼吸信息
DAT_NBP     = 0x14,        //无创血压信息
DAT_IBP     = 0x15,        //有创血压信息
```

C.4.3　空格

1. 不留冗余空格

如 "static int mfoo(chart *str);"，每个单词相隔一个空格，也可为了对齐格式多加空格。
例如：

```
short   timer;
int     nPressure;
```

2. 添加空格

（1）逗号后面加空格：

```
int a, b, c;
```

（2）双目、三目运算符加空格：

```
a = b + c;
a *= 2;
a = b ^ 2;
```

（3）逻辑运算符前后应加空格：

```
if(a >= b && c > d)
```

3. 不添加空格

（1）左括号后、右括号前不加空格：

```
if(a >= b && c > d)
```

（2）单目操作符前后不加空格：

```
i++;
p = &mem;
*p = 'a';
flag = !isEmpty;
```

（3）"->"".."前后不加空格：

```
p->id = pid;
p.id = pid;
```

C.4.4　空行

空行将逻辑相关性弱的代码段分隔开，以提高可读性。通常只使用单个空行作为间隔。

（1）类成员之间需要用空行隔开，如成员变量、构造函数、成员函数、内部类、静态初始化语句块等。

（2）在函数内部，根据代码逻辑分组的需要，设置空白行作为间隔。

注意，成员变量之间的空白行不是必需的。一般多个成员变量中间的空行是为了对成员变量做逻辑上的分组。例如：

```
void foo()
{
  int a = 10;
```

```
int b = 20;
-----------------------空行隔开-----------------------
setA(a);
}
```

C.4.5　换行

（1）不允许把多个短语句写在同一行中，即一行代码只做一件事情，如只定义一个变量，或只写一条语句。

例如：

```
int recData1 = 0;  int recData2 = 0;
```

应该写为

```
int recData1 = 0;
int recData2 = 0;
```

（2）当一个非赋值运算的语句断行时，应在运算符号之前换行。

（3）当一个赋值运算语句需要在赋值符号处断行时，应在赋值符号之后换行。

（4）在调用函数或构造函数需要换行时，与函数名相连的左括号与函数名应在一行，也就是在左括号之后换行。

（5）需要在逗号处换行时，应在逗号之后换行。

C.4.6　括号

（1）花括号通常与 if、else、for、do、while 语句一起使用。即使只有一条语句甚至空语句，也需要使用花括号。

（2）对于非空语句，花括号遵循如下格式：左花括号前换行，右花括号前换行。

（3）区分运算符的优先级，用括号明确表达式的操作顺序，避免使用默认优先级。

例如：

```
word = (high << 8) | low
if((a | b) < (c & d))
```

如果书写为

```
word = high << 8 | low
if(a | b < c & d)
```

由于表达式 high << 8 | low 与 (high << 8) | low 的运算顺序是一样的，因此第一条语句不会出错。

但是表达式 a | b < c & d 的运算顺序与 (a | b) < (c & d) 不一样，所以造成判断条件出错。

C.5　表达式和基本语句

C.5.1　if 语句

1．布尔变量与零值比较

（1）不可以将布尔变量直接与 true、false 或 1、0 进行比较。

（2）根据布尔类型的语义，零值为"假"（记为 false），任何非零值为是"真"（记为 true）。true 的值究竟是什么并没有统一的标准。

假设布尔变量名字为 flag，它与零值比较的标准 if 语句如下：

```
if (flag)    //表示 flag 为真
if (!flag)   //表示 flag 为假
```

以下用法尽量避免：

```
if (flag == true)
if (flag == 1)
if (flag == false)
if (flag == 0)
```

2．整型变量与零值比较

（1）应当将整型变量用"=="或"!="直接与 0 比较。

（2）假设整型变量的名称为 value，它与零值比较的标准 if 语句如下：

```
if (0 == value)
if (0 != value)
```

不可以模仿布尔变量的风格而写成

```
if (value)    //会让人误解 value 是布尔变量
if (!value)
```

3．浮点变量与零值比较

（1）不可以将浮点变量用"=="或"!="与任何数字比较。

（2）注意，无论是 float 类型还是 double 类型的变量，都有精度限制。所以一定要避免将浮点变量用"=="或"!="与数字比较，应设法转换成">="或"<="的形式。

（3）假设浮点变量名为 x，应当将

```
if (x == 0.0) //隐含错误的比较
```

转换为

```
if (0 == (x - x))
```

或者

```
if (x <1e-6 ) //其中 1e-6 是一个很小的数
```

4．指针变量与零值比较

（1）应当将指针变量用"=="或"!="与 null 比较。

（2）指针变量的零值为"空"（记为 null），尽管 null 的值与 0 相同，但是两者的意义不同。

假设指针变量的名称为 p，它与零值比较的标准 if 语句如下：

```
if (p == null)     //p 与 null 显式比较，强调 p 是指针变量
if (p != null)
```

不要写成

```
if (p == 0)        //容易让人误解 p 是整型变量
if (p != 0)
```

或者

```
if (p)             //容易让人误解 p 是布尔变量
if (!p)
```

补充说明：有时可能会看到 if (null == p)这样的格式，不是程序写错了，而是程序员为了防止将 if (p == null)误写成 if (p = null)，有意把 p 和 null 颠倒。编译器认为 if (p = null) 是合法的，但是会指出 if (null = p)是错误的，因为 null 不能被赋值。

C.5.2　循环语句

（1）在循环语句中，for 语句使用频率最高，while 语句其次，do 语句很少用。提高循环体效率的基本方法是降低循环体的复杂性。

（2）在多重循环中，如果可以，应当将最长的循环放在最内层，最短的循环放在最外层，以减少 CPU 跨切循环层的次数。

（3）如果循环体内存在逻辑判断，且循环次数很大，应将逻辑判断移到循环体的外面。

示例①：

```
for (i = 0; i < N; i++)
{
    if (condition)
        DoSomething();
    else
        DoOtherthing();
}
```

示例②：

```
if (condition)
{
  for(i = 0; i< N; i++)
  DoSomething();
}
else
{
  for(i = 0; i < N; i++)
  DoOtherthing();
}
```

示例①的程序比示例②多执行 $N-1$ 次逻辑判断。并且由于前者经常要进行逻辑判断，打断了循环"流水线"作业，使得编译器不能对循环进行优化处理，从而降低了效率。如果 N 非常大，建议采用示例②的写法，可以提高效率。如果 N 非常小，两者的效率差别并不明显，采用示例①的写法更好，可使程序更加简洁。

C.5.3　switch 语句

switch 是多分支选择语句，if 语句只有两个分支可供选择。虽然可以用嵌套的 if 语句来实现多分支选择，但使得程序冗长难读。switch 语句的基本格式为

```
switch (variable)
{
case value1 :
......
break;
case value2 :
......
break;
......
default :
......
break;
}
```

每个 case 语句的结尾需加 break，否则将导致多个分支重叠（除非有意使多个分支重叠）。

最后还需加 default 分支。即使程序不需要 default 处理，也应该保留 "default：break;" 语句。

C.6　注意事项

C.6.1　变量

（1）一行只声明一个变量。

（2）局部变量的作用范围越小越好，在第一次用到局部变量的地方声明此变量。

（3）通常情况下，需要在声明局部变量的同时进行初始化；如果当前还缺少足够的信息来正确地初始化变量，那么就推迟声明，直至可以初始化为止。

（4）循环变量都应在 for 语句内进行声明。

C.6.2　静态成员的访问

当访问某个类的某个静态成员时，需通过类名而不是具体的对象实例来访问。

C.6.3　参数和返回值

（1）一个方法的参数尽量不超过 4 个。

（2）如果一个方法返回的是一个错误码，需要使用异常来替代。

（3）尽量不要使用 null 替代异常，或使用空变量。

C.6.4　异常

（1）不要忽略异常。

（2）相较于捕获通用型的 Exception，更好的方案有如下几种：①分开捕获每一种异常，在一条 try 语句后面跟随多个 catch 语句块；②重新组织代码，使用多个 try 语句块，可以避免更多的错误；③再次抛出异常。有时没必要捕获这个异常，只要再次抛出该异常即可。

C.7　C#文件模板

每个.cs 文件模块由依赖包、类、变量和方法组成，下面是 C#文件 Demo 的示例：

```
1.   /************************************************************************
2.   * 模块名称: MainForm.cs
3.   * 摘    要: 主程序
4.   * 当前版本: 1.0.0
5.   * 作    者:
6.   * 完成日期: XXXX 年 XX 月 XX 日
7.   * 内    容:
8.   * 注    意:
9.   ************************************************************************
10.  * 取代版本:
11.  * 作    者:
12.  * 完成日期:
13.  * 修改内容:
14.  * 修改文件:
15.  ************************************************************************/
16.  using System;
17.  using System.Collections.Generic;
18.  using System.ComponentModel;
19.  using System.Data;
20.  using System.Drawing;
21.  using System.Linq;
22.  using System.Text;
23.  using System.Windows.Forms;
24.
25.  namespace Demo
26.  {
27.      /************************************************************************
28.      * 类 名 称: MainForm
29.      * 功能说明: 主界面的类
30.      * 注    意:
31.      ************************************************************************/
32.      public partial class MainForm : Form
33.      //MainForm 类命名, 帕斯卡命名法, 所有单词首字母大写
34.      {
35.          //多个类和成员变量的修饰符, 排版顺序如下:
36.          //public、protected、private、static
37.
38.          //成员变量, m+功能+修饰词
39.          protected float mECG1XStep = 0.0F;
40.          //成员变量, m+功能+修饰词
41.          private int mSPO2Cnt = 0;
42.          //常量, 所有单词大写, 以下画线隔开
43.          private const int WAVE_X_SIZE = 1078;
44.          //成员变量, m+功能+修饰词
45.          private bool mIsRealMode = true;
46.
47.          //枚举名称采用帕斯卡命名法, Enum+名称
48.          enum EnumTimeVal
49.          {
50.              //枚举常量, 均为大写, 不同单词间采用下画线隔开
51.              TIME_VAL_HOUR = 0,
52.              TIME_VAL_MIN,
```

```
53.        TIME_VAL_SEC,
54.        TIME_VAL_MAX
55.     };
56.
57.     //普通情况每个单词间只有一个空格，垂直对齐除外
58.     enum EnumPackID
59.     {
60.         //枚举常量通过增加空格来达到垂直对齐
61.       DAT_SYS     = 0x01,
62.       DAT_ECG     = 0x10,
63.       DAT_RESP    = 0x11,
64.       MAX_PACK_ID = 0x80
65.     }
66.
67.     //结构体名称采用帕斯卡命名法，Struct+名称
68.     struct StructUARTInfo
69.     {
70.         //结构体变量采用驼峰命名法
71.         public List<string> portNumItem;
72.         public string portNum;
73.         public string baudRate;
74.         public string dataBits;
75.         public string stopBits;
76.         public string parity;
77.         public bool isOpened;
78.     }
79.
80.     static int sPackLen;          //静态变量，s+功能+修饰词
81.
82.     /*********************************************************************
83.     * 方法名称：MainForm
84.     * 功能说明：构造方法
85.     * 参数说明：(输入、输出参数和返回值的说明)
86.     * 注    意：(注意事项)
87.     *********************************************************************/
88.     public MainForm()
89.     {
90.       InitializeComponent();
91.     }
92.
93.     /*********************************************************************
94.     * 方法名称：ICompare
95.     * 功能说明：接口方法(使用 interface 关键字定义)
96.     * 参数说明：(输入、输出参数和返回值的说明)
97.     * 注    意：(注意事项)
98.     *********************************************************************/
99.     interface ICompare
100.    //接口名称应该为名词及名词短语或者描述其行为的形容词，尽可能
101.    //用完整的词，使用字符 I 为前缀，并紧跟一个大写字母
102.    {
103.      int Compare();
104.    }
```

```
105.
106.    /***********************************************************************
107.    * 方法名称：（方法名）
108.    * 功能说明：（方法功能）
109.    * 参数说明：（输入、输出参数和返回值的说明）
110.    * 注      意：（注意事项）
111.    ***********************************************************************/
112.    public void UnpackData(byte data)
113.    //参数，命名和局部变量命名一样
114.    {
115.        int a, b, c;        //在一行定义多个变量时，逗号后面添加一个空格
116.        float x = 3.5F;     //浮点型变量赋值需要在数值后面+F
117.
118.        a = 2;             //双目、三目运算符加空格
119.        b = 3;
120.        c = b + a;
121.        a *= 2;
122.        a = b ^ 2;
123.
124.        /*
125.         * 逻辑运算符前后应加空格，左括号后、右括号前不加空格
126.         * if、else、for、do、while 语句，即使只有一条语句甚至空语句，
127.         * 需要使用花括号
128.         */
129.        if (a >= b && c > b)
130.        {
131.
132.        }
133.
134.        /*
135.         * 单目操作符前后不加空格，如：i++;  p = &mem;  *p = 'a';
136.         * flag = !isEmpty;
137.         * "->"、"." 前后不加空格，如：p->id = pid;  p.id = pid;
138.         * for 循环语句中的变量一般在循环里面定义，避免在外面定义;
139.         * 尽量不要使用 i、j、k 这些没有含义的单个字符变量，除了 for 循环
140.         * 或一次性临时变量
141.         */
142.        for (int i = 0; i < 10; i++)
143.        {
144.
145.        }
146.
147.        /*
148.         * 不可将布尔变量直接与 true、false 或者 1、0 进行比较
149.         * 下面为真的正确写法，为假的正确写法为 if(!mIsRealMode)
150.         */
151.        if (mIsRealMode)
152.        {
153.
154.        }
155.
156.        /*
```

```
157.        * 将整型变量用 "==" 或 "!=" 直接与 0 比较
158.        * 把 0 放在前面，为了避免写成赋值语句 "a = 0" 出现错误
159.        */
160.        if (0 == a)
161.        {
162.
163.        }
164.
165.        /*
166.        * 不可将浮点变量用 "==" 或 "!=" 与任何数字比较；
167.        * 无论是 float 还是 double 类型的变量，都有精度限制，
168.        * 所以一定要避免将浮点变量用 "==" 或 "!=" 与数字比较，应该设
169.        * 法转换成 ">=" 或 "<=" 形式。
170.        */
171.        if (0 == (x - x))
172.        {
173.
174.        }
175.
176.        /*
177.        * 每个 case 语句的结尾不要忘了加 break
178.        * 最后 default 分支，即使程序真的不需要 default 处理，也
179.        * 应该保留语句 default : break;
180.        */
181.        switch (b)
182.        {
183.          case 1:
184.          break;
185.
186.          case 2:
187.          break;
188.
189.          default:
190.          break;
191.        }
192.    }
193.  }//End of "public partial class MainForm : Form"
194.}//End of "namespace Demo"      //块结束标志，以表明某程序块的结束
```

参 考 文 献

[1] 钱哨，李挥剑. C# WinForm 实践开发教程. 北京：中国水利水电出版社，2010.

[2] 廉龙颖，王希斌，赵艳芹. WinForm 程序设计与实践. 北京：清华大学出版社，2019.

[3] 明日科技. C#从入门到精通，5 版. 北京：清华大学出版社，2019.

[4] [美]本杰明·帕金斯. C#入门经典，8 版. 北京：清华大学出版社，2019.

[5] 电脑编程技巧与维护杂志社. C#编程典型实例解析. 北京：中国水利水电出版社，2007.

[6] [美] 杰里米·吉布森·邦德著. 姚待艳，刘思嘉，张一淼译. 基于 Unity 与 C#从构思到实现，2 版. 北京：电子工业出版社，2020.

[7] 谭浩强. Visual C#程序设计基础. 北京：清华大学出版社，2012.

[8] 聚慕课教育研发中心. C#从入门到项目实践. 北京：清华大学出版社，2019.